全国农业推广硕士专业学位教育指导委员会
全国农业推广硕士专业学位研究生教学用书建设项目

农林业机械学

李树森　郭秀荣　王　也　编著

科学出版社
北　京

内 容 简 介

本书简要说明了常用农林业机械的国内外发展现状及趋势，详细介绍了一些重要农林业机械的基本构造、工作原理及设计方法。其内容有绪论、耕地机械、整地机械、播种机械、收获机械、营林机械、起重输送机械及精准林业技术。本书广泛吸收国内外先进技术成果，重点反映当前农林业机械的特点及发展动态，特别注重农林业机械的设计方法，突出农林业机械在生产中的具体应用。

本书可作为高等院校农林业机械相关专业本科生和硕士研究生的教学用书，也可作为工程技术人员的指导用书。

图书在版编目(CIP)数据

农林业机械学 / 李树森，郭秀荣，王也编著. —北京：科学出版社，2019.11

ISBN 978-7-03-062905-0

Ⅰ. ①农… Ⅱ. ①李… ②郭… ③王… Ⅲ. ①农业机械－高等学校－教材 ②林业机械－高等学校－教材 Ⅳ. ①S22 ②S776

中国版本图书馆 CIP 数据核字(2019)第 250795 号

责任编辑：张 震 张 庆 / 责任校对：樊雅琼
责任印制：吴兆东 / 封面设计：无极书装

科学出版社发行 各地新华书店经销
*
2019年11月第 一 版 开本：720 × 1000 1/16
2020年 1 月第二次印刷 印张：15 3/4
字数：309 000

定价：62.00 元

（如有印装质量问题，我社负责调换）

前　言

本书主要介绍农林业生产过程中各种机械的类型、结构、工作原理、理论分析、参数确定、基本设计、性能试验，以及国内外研究现状与发展趋势等。农林业机械学是农业推广硕士研究生农业机械化方向的必修课程之一，也是该方向的核心专业课程之一。本书得到全国农业推广硕士专业学位教育指导委员会全国农业推广硕士专业学位研究生教学用书建设项目立项，将对农业推广硕士研究生的培养起到非常重要的作用。同时，东北林业大学是以林业科学为优势、林业工程为特色的重点大学，林业机械是其传统优势和特色，而林业和农业之间存在“相互促进、协调发展”的紧密联系，因此把林业机械相关知识融入农业机械化专业课程体系建设中，为农业机械化方向硕士研究生开设“农林业机械学”课程，编写好《农林业机械学》教学用书，必将为培养更多更好的农林业机械类高级应用技术人才创造非常有利的条件。

第 1 章绪论，简要介绍农林业机械的范畴、农林机械在农林业生产过程中的作用、国内外农林业机械的发展趋向。

第 2 章耕地机械，介绍铧式犁的类型和基本构造、犁体曲面工作原理及设计方法、犁体外载及犁耕牵引阻力、悬挂犁悬挂参数的正确选择。

第 3 章整地机械，介绍圆盘耙及其设计计算、齿耙及其设计计算、旋耕机及其设计计算。

第 4 章播种机械，介绍播种机的类型及一般构造、排种器的设计及理论、开沟器的设计及理论。

第 5 章收获机械，介绍收割机械的类型和一般构造及理论分析，重点介绍脱粒及分离清选机械、谷物联合收获机械和玉米收割机械的结构及工作原理。

第 6 章营林机械，介绍营林机械的特点、设计制造要求、分类、发展趋势，重点讲解林地清理机械、整地机械、育苗机械等。

第 7 章起重输送机械，介绍国内外起重输送机械的发展状况、林业起重机械基本参数、林业起重机械的基本机构、输送机械的种类和主要性能参数。

第 8 章精准林业技术，介绍精准林业的概念与特点，以及 3S 技术和人工智能在精准林业中的应用等。

本书由李树森、郭秀荣、王也编著，李树森负责第 1、3、5、7 章的编写和全书统稿工作。郭秀荣负责第 2、4 章的编写。王也负责第 6、8 章的编写。东北林业大学机电工程学院的博士研究生崔巍、张岩，硕士研究生王成成、陈强、周梓健、徐跃东、孙佳丽、李苗、邵梓秦对本书的部分插图进行了绘制，并对本书配套的教学课件进行了整理。

由于编者水平有限，书中难免有不足之处，还请广大读者批评指正。

编　者

2019 年 04 月

目　录

第1章 绪　　论

1.1 概　　述

1.1.1 农业机械具体范畴

随着社会的发展，人口、粮食、资源、环境等问题逐渐成为阻碍人类可持续发展的全球性问题。以消耗资源、破坏生态、牺牲环境为代价发展农业逐渐成为历史；如何实现可持续发展的“高产、优质、高效”农业，已成为国际社会关注的热点。农业机械化，简单地说就是用机械设备代替人力、畜力进行农业生产的各项作业，实现“优质、高效、低耗、安全”的农业生产。农业机械化虽然是农业现代化的重要组成部分，但是不能代替农业现代化，只是农业现代化中的一个环节，又必须与先进的农业科学技术、科学管理以及水利、化学化和电气化紧密结合，才能充分发挥作用[1, 2]。

农机具和备有动力机的联合作业机的种类繁多，习惯上也称为农业机械，即狭义的农业机械，主要包括：①农田基本建设机械；②土壤耕作机械；③播种、栽植、施肥机械；④农田排灌机械；⑤植物保护机械；⑥收获(割收、摘收、挖收等)、脱粒、精选机械；⑦风干和烘干机械；⑧农产品粗加工机械；⑨装卸运输机械；⑩畜牧和饲养机械，饲料加工机械，畜产品(乳、毛、皮)收集、加工和冷藏运输机械等；⑪农用汽车和飞机等。

我国农业现代化突出的标志是农业机械化和农业机械逐步走向自动化。农业现代化的目的是大规模地、不断地提高农产品的单位面积产量和质量，提高劳动生产率，改善劳动条件和降低生产成本。

1.1.2 林业机械具体范畴

现代科学技术的不断发展及社会生活节奏的加快，使机械渗透到人类生活、生产的各个方面。机械设备的介入不但节省了人的体力，而且提升了生产效率、增强了竞争能力。尤其在大型的农业、林业和工业生产中机械设备的重要性更加凸显。

林业机械一般包括营林机械、园林机械、木材生产机械等：一是专用于林业生产的各种专用机械，即营林机械(包括整地机械、播种机械、造林机械、抚育机械、病虫害防治机械、采运机械等)和园林机械(包括草坪机械、乔灌木栽植与养护机械、园林工程机械、花卉栽培设施与装备等)；二是在森林采伐、木材运输和贮木场作业三个主要生产过程中引进的通用机械和其他机械，即木材生产机械，主要指立木伐倒、打枝、造材、集材、运输、贮存等工序所使用的机械，主要包括木材采伐机械、集材机械、木材运输机械、贮木场机械等。这里主要介绍营林机械，主要包括种子采集和处理、林地清理、整地、育苗、中幼林抚育、林木保护和护林防火等作业用的机械。按照传统的营林生产的程序，可把营林机械分为：①整地机械(犁和耙、筑床机)；②播种机械(播种机、插条机)；③造林机械(按作业的立地条件分为选择植树机、沙地植树机、容器苗植树机、大苗植树机、采伐迹地植树机，以及间断开沟、连续开沟、选择挖树机等；按作业的机械化程度分为简单植树机、半自动植树机、自动植树机等)；④抚育机械(割灌机以及喷灌设施等)；⑤病虫害防治机械；⑥采运机械(各种动力机械、起重运输机械、拖拉机和汽车)等。传统的林业机械一般体型较大，需要相应的场所和人员，而且一般需要在露天及移动情况下作业，受自然环境条件的影响较大。随着人们对机械装备研究的深入，林业机械有了长远的发展，其局限性得以逐渐克服，变得更加系统与完善。林业行业中机械的应用对于加快绿化速度、扩大森林资源和促进生态系统良性循环都具有重要的现实意义。

1.2 农林机械在农林业生产过程中的作用

1.2.1 农业机械在农业生产过程中的作用

根据我国自然环境特点和农业生产情况，以及总结我国农业机械化的经验，农业机械在农业现代化和农业生产中起着显著作用。

1. 保证农业增产措施的实现、抗御自然灾害和减少农业损失

首先，利用农业机械，能有效地抗御自然灾害，减少农业损失。例如，利用机引犁进行深耕深松以增加单位面积产量；用浅耕的犁播机、茬地播种施肥机等进行少耕和免耕以防止水土流失、跑墒，并抢农时播种二茬作物；利用大功率、大管径水泵进行灌溉和排除洪涝；用钻井机和深井泵来钻深井进行灌溉以防止水旱灾；利用飞机在低空喷洒农药和除草剂大面积防治病虫草害，在高空暖云和冷云中撒盐粉、干冰和碘化银等以促使雨云降雨等，以避免局部地区旱灾；利用大型收割机和联合收获机等及时收获稻、麦，可减少谷粒损失；用风干和烘干机具干燥农产品以防止发霉变质等。其次，利用农业机械能大规模地、迅速地扩大耕

地面积。例如，采用精密播种联合作业机组一趟完成整地、精播、压密、施肥料、喷洒农药和除草剂等以减少机组进地次数，节省种子并增产；采用工厂化温室育苗，插秧机可迅速插秧以赶季节进行增产；利用飞机在农、林和牧区及时迅速地播撒种子以大面积增产，以及建设植被、草场和护田林带；用水泵进行排灌，以及用喷灌、滴灌系统进行适时适量的灌溉，以保证大幅度增产。

2. 提高土地产出率与资源利用率

农业发展靠科技，农业科技的实施靠农业机械。随着机械科学技术的发展，农业机械不仅能提高各种作业的质量，而且能完成人力、畜力所不可能完成的工作。例如，用机引犁耕地深度可达 25～30cm；机械播种可以做到播量准确、粒距均匀，深浅一致；利用机械喷洒药剂，雾滴均匀，喷洒周到。这给农作物的生长发育创造了良好条件，因而可以提高作物产量。20 世纪 90 年代“精细农业”的发展及智能化农业机械装备的应用，以高新技术投入和科学管理取得对自然资源的最大节约与利用，促成高产、优质、高效、低耗、环保型可持续发展的农业。

3. 持续、合理利用农业资源

我国农业自然资源相对短缺，人均耕地和人均水资源更少；我国是世界上 13 个贫水国家之一，人均水资源占有量相当于世界人均水平的 1/4。长期土渠输水、大水漫灌使灌溉用水有效利用率只有 30%～40%，浪费的水量相当于全国总用水量的 40%。与传统地面沟渠灌溉相比，节水机械化技术(喷灌、微灌和滴灌等)已显示出节水、扩大耕地、增加产量的巨大优越性。因此，要积极推进先进节水机械的发展，持续合理地利用农业资源。

4. 提高劳动生产率

利用机械动力和农业机械，一个农业劳动力可以比用人畜力生产多几倍至几十倍的产量。在作业高峰负荷时期采用成套的农业机械以提高机械化程度，能大大地提高劳动生产率，并腾出更多的人力从事其他事业。

5. 降低农业生产成本

使用农业机械保证了增产措施的实施、抗御了自然灾害，因此能大幅度地增加农产品的产量；同时由于提高了劳动生产率，工资成本大大降低；农畜产品质量的提高，可以简化部分生产流程，也相应地降低了生产成本。但是必须注意：如果农机质量不好、可靠性差、不配套且造价很高、使用管理不善，那么在农产品价格较低和农业劳动报酬较低的情况下反而会增加成本。

6. 减轻农业劳动强度和改善劳动条件

使用农业机械后，农业生产艰苦、繁重的劳动条件大大改善。现在人们已根据人体工程学的要求，逐步设计出具有防尘、防噪声、防疲劳(如座椅舒适可调)功能的设备。比如：在拖拉机与联合收获机的驾驶室里安装空调设备，能保证安全操作，避免伤亡事故；建立电子监视监测、计算机控制、自动调节和警报系统，可以有效降低过去拖拉机手、农具手常患的腰疼、腿疼、胃下垂、耳聋等职业病的发病几率。农业劳动条件的改善，有利于缩小工农差别和城乡差别。

7. 有助于防治农业环境污染

造成农业环境污染加剧的主要原因是化肥、农药、地膜的大量施用和焚烧秸秆等。机械化深施化肥提高了化肥的利用率，减少了化肥挥发、施用量和对环境的污染。国外植保机械大量采用静电喷雾、低量喷雾、控滴喷雾等技术，可使药液在植物叶片上的有效沉积达90%以上；我国已实现国际先进水平的低量喷雾、喷雾防滴漏技术、弥雾喷粉、热烟雾机和常温烟雾机等技术，可较手动喷雾机具降低20%的农药用量。今后要开展低毒高效农药、精密喷洒技术和生物防治技术研究，以减少农药对生态环境的污染。机械秸秆粉碎还田，具有肥田和防止污染的双重效果，能提高土壤养分、减少地表径流和水分蒸发、抑制杂草生长，目前我国秸秆还田已有800万 hm^2，成为许多地区农业技术的重点推广项目。此外，收集、粉碎的秸秆等也可作为生物质材料，在饲料、制碳、菌类原料和发电等方面进行再利用。全国每年地膜用量500万t，由于回收不净，带来了白色污染，包括地上污染和土层内污染。有关单位正在研究开发可自然降解地膜和地膜清理回收机械等。

1.2.2　林业机械在林业生产过程中的作用

由于林业生产具有大型化、精细化的特点，所以机械成为必不可少的工具。林业机械的应用在林业生产中已经贯穿到每个环节，从造林、育林、护林到伐木、加工，从起重到运输等。在传统的林业机械基础上，又发展出更多新型的林业机械，为林业行业的发展创造了更好的条件。林业机械主要应用在以下几方面。

1. 造林抚育

在造林抚育方面应用的林业机械主要有割灌机和植树机等。割灌机是造林和抚育幼林用的机械，一般多用于林地清理、幼林抚育、次生林改造、割除灌木和杂草、伐小径木，是小型轻便的机械。在割灌机上增设一些附属装置和设备后，还可用于收割稻麦、抽水、钻孔等，实现一机多用。植树机是机械化植树造林的主要设备，多与拖拉机配套使用，代替人工植树和挖坑，一般由发动机带动，通过传动装置，利用开沟器开沟植树。目前新型植树机采用液压技术等均可随意调节开沟深度和植树深度，不受地理环境和障碍物的影响，工作效率高、速度快。

2. 森林防护

病虫害、火灾是林木的两大天敌，每年有大量森林毁于病虫害和火灾。森林的健康生长应有完整的森林保护措施。护林方面的机械主要是为了保护林木、防治病虫害。因此，森林防火、灭火设备以及喷药设备有着不可替代的作用。其中，热雾发生器，俗称喷烟机，是一种小型机械，由燃烧、冷却系统，燃油、空气供给系统，药剂供给系统和启动系统等组成。现在研制的热雾发生器，烟剂喷出得更高更远，效果更好，其将向降低对人体危害的方向进一步发展。目前在小范围林木中兴起的新型设备是树干注射器。树干注射器主要由贮液瓶、压力表、输液管、注药口、气门嘴、注射针头等几部分组成。试验表明，树干注射器适用于树干注射防治虫害，且携带方便、安全经济，能更好地保护生态环境。火灾的预防、监测、预报和扑灭，要使用各种设备仪器，如开设防火墙的犁耕设备、红外探测设备、通信联络设备、各种形式的灭火器、风力灭火机等。

3. 林业起重输送

林业起重输送机械包括集材、装卸、选材、归楞、出河等作业用的机械，主要有森林铁道和机车车辆、林用汽车、拖拉机、装卸桥、输送机和绞盘机等。

1.3 国内外农林业机械的发展趋向

1.3.1 国内外农业机械的发展趋向

1. 国外农业机械的发展趋向

随着现代科学技术的进步和高效农业的不断发展，高新技术在农业机械上的应用更加广泛，发达国家农业劳动生产率提高的根本原因是实现了农业机械化。发达国家的农业机械化是从 20 世纪初开始的，至今已有 100 多年的历史。由于自然条件、土地资源、农业生产和劳动力等特点不同，实现农业机械化的过程也不一样。

美国是世界上农业机械化程度较高的国家之一，美国发展农业机械化重点在于提高劳动生产率。在20世纪40年代最早实现了粮食生产机械化，60年代后期，粮食生产从土地耕翻、整地、播种、田间管理、收获到干燥等实现了全过程机械化，70年代初完成了棉花、甜菜等经济作物从种植到收获各个环节的全面机械化。

德国农业机械化程度较高，农产品的自给率达到了80%以上。德国农场的经营规模相对较小。目前平均每1000hm^{2}农用地拥有124辆拖拉机，在欧洲排名第一。德国的农业机械工业也很发达，数量约占全球农业机械的50%，出口额在西欧各国前列。农机产品制造水平高，农机企业对市场需求反映及时，适应能力强，因此在世界上占有较高市场份额。20世纪50年代中期以后，德国开展了农业技术革命，加快了农业生产过程中的机械化和电气化发展进程，使农业生产迅速发展，劳动生产率成倍增加。

从整个世界范围来看，农业机械的发展趋向有以下几个方面。

1) 高生产率农业机械的发展

为了提高农业劳动生产率，必须提高作业机组的生产率。所以，大功率拖拉机逐年增加，作业机械的工作幅宽也相应加大，机组速度普遍提高。此外，拖拉机的配套农具数量大大增加，作业项目齐全，拖拉机的利用率较高。

2) 联合作业机械的发展

所谓联合作业，就是用一台机器，在一次行程内，同时完成两种或数种作业项目。例如，耕耙联合作业机，能一次完成耕地和整地作业；整播联合作业机，能一次完成整地、播种、施肥、施农药作业。这样既可提高劳动生产率，抢农时，降低成本，又减少了机器的类型和在田间的运行次数，避免压实土壤。

3) 多用途机械的发展

为了提高机器的利用率和降低成本，将一台机器经过简单的改装就能进行多种作业。多用途机械是当前农业机械研究的一项重要课题。例如，美国生产一些谷物联合收获机，备有5～6种适应收获不同作物(小麦、玉米、水稻、大豆等)的收割台，只由驾驶员一人操纵，便可在短时间内完成收割台的更换工作。

4) 农用飞机的发展

近几十年来，农用航空事业发展迅速，根据近年来的统计，欧美国家研制了几十种型号的近两万架农用飞机，作业面积达50多亿亩(1亩≈667m^2)。农用飞机可进行播种、施肥、防治病虫害、除草、人工降雨、护林防火等多种作业。其突出的优点是生产率高、成本低、效果好，同时还能避免人工或机械在田间作业造成土壤压实和损坏庄稼的问题。

5) 工厂化生产的发展

发展工厂化生产是人们多年来的愿望，实现工厂化生产有利于实现生产过程的自动化、电气化，既可缩短生产周期，又可提高劳动生产率。例如，国外建立的大型自动化养牛、养猪、养鸡工厂，一个工厂每年可提供几十万斤(1 斤 = 500g)肉类和上百万只鸡；栽培蔬菜的自动化温室可保证一年四季向市场供应新鲜蔬菜。

6) 采用先进科学技术

近年来新技术在农业机械上的应用已日益广泛。

(1) 电子技术和其他新技术的应用。将电子监控装置用在联合收获机和播种机上，能让机器的操作者随时知道机器是否处于正常工作状态，以及根据监视装置提供的信号对某些作业部分进行随时调整，以保证作业的高质量。将激光技术用于开沟、平地等作业机上，可以大大提高作业的精确程度。例如，将光电传感器用于中耕、间苗和蔬菜水果的分选；将微波技术用于杀死草籽、昆虫和干燥谷物；将红外线、超声波等技术用于干燥谷物和消灭病虫害等方面。

(2) 农机与农艺互相配合。把工程技术与生物技术相结合，共同解决某些技术难题，已经取得了很大的成就。例如，过去番茄收摘与水稻插秧机械化是全世界的老大难问题，现在作物育种技术与机械技术相结合，育种学专家培育出了表皮较坚韧且收获期较为一致的番茄品种，机械工程师设计出了番茄收摘机，使番茄收获得以实现机械化。水稻插秧机械化也是由于农学专家与工程师结合发展了小苗移栽技术和工厂化育苗设备，才得以大面积推广。今后，进一步联合许多有关学科来共同解决农业机械化的某些复杂问题，将有广阔的前景。

(3) 机器人技术正在进入农庄。目前，用机器人采摘柑橘、葡萄、蓝莓和剪羊毛等作业已收到成效。今后必将有更多的工作要由机器人来完成。

(4) 电子计算机技术的应用正逐渐普及。借助电子计算机来编制农、牧场的种植方案和机械配套方案，可以迅速地优选出最佳结果。将微计算机技术用于清选和烘干，可以保证质量并实现机械化。用电子计算机对机具开发进行辅助设计，亦可事半功倍。

(5) 改变或调节自然环境的工程技术正在发展。人工降雨技术以及喷灌、微灌和滴灌等技术的应用已日益广泛。近年来，控制地面条件的机械设施也发展很快，地膜覆盖、大棚温室越来越多，形成了保护地的机械化。

(6) 产品系列化、标准化和通用化。农业机械工业发达的国家，对于产品及零部件的系列化、标准化、通用化方面的工作做得都比较好。因此，所生产的农业机械系列型号均比较完整，可以满足各种不同农业生产条件的需要，生产批量易于提高，产品成本可以降低，维修也较方便。例如，美国的赛克罗型气力播种机系列共有牵引式、半悬挂式和悬挂式等 16 种机型，并备有多种部件，仅排种滚筒就有 24 种，适应性很强。

(7) 测试技术水平大大提高。过去由于受到农时季节环境和仪器设备的限制，农业机械在田间的试验工作总是既艰苦又缓慢。现在许多试验已可在室内进行，通过电子仪器可同时记录多项不同性质的数据(如力、速度、形变、位移等)。高速摄影技术对农业机械的试验有很大的帮助，它可以将极其快速的动作(如机器脱粒时，谷粒脱下瞬间的运动或土壤破碎裂开时的情况)以每秒钟几千张的速度拍摄成影片，然后以慢数百倍的速度放映，供研究者观察分析。微型电子计算机可以将成千上万个数据当即整理打印出来，使研究者可以立即得知试验结果。

遥测技术在科学研究和生产工作中应用，使实验者在实验室内即可收到田间试验的数据并进行处理，十分方便。利用遥感技术还可以监视田间情况的变化。目前，在田间作业时，工作人员用无线电对讲机进行通信联系已相当普遍。

此外，许多新材料、新工艺也广泛用于农业机械。例如，植保机械的药箱采用聚乙烯、聚丙烯塑料，既耐腐蚀又减轻了重量，同时简化了生产工艺，降低了制造成本；大型药箱则采用旋转浇注工艺制成，喷头采用高铝陶瓷制成，从而保证了工作性能，延长了使用寿命。

2. 我国农业机械的发展趋向

随着我国农业产业结构的调整，设施农业、农产品加工、规模化养殖和经济作物生产所需的新型农业机械有了较快发展；随着我国农业机械装备数量的不断增加，我国农业主要作业项目的机械化作业水平均有了不同程度的提高。为了加快我国农业机械的发展，可以借鉴国外的先进经验，从中吸取有益的部分，再结合我国的实际具体情况，走自主创新发展的道路。我国农业机械化的发展正在突破原来主要依赖国家和集体的模式，形成了多种所有制经济共同发展的新格局，调动了广大农民购置、经营和使用农业机械的积极性，加速了农业机械化的发展进程。全国农机行业能生产拖拉机、内燃机、耕作机械、植保机械、排灌机械、收获机械、畜牧机械、农业运输机械、渔业机械、设施农业装备、小农具、农副产品加工机械等 14 个大类、95 个小类、3000 多个品种的农机产品，基本上能满足市场需求。此外，我国在积极引进、消化和吸收国外先进技术的同时，自主创新，并与国外高新技术企业进行科技合作，所研发出的大功率拖拉机已经投放市场。中型功率轮式拖拉机及配套农机具、小型自走式联合收割机、小型碾米和制粉加工机组等农机产品已出口北美、南美、东南亚及非洲等地区。我国农机工业虽然有了巨大发展，但与实现农业现代化的目标相比尚有许多差距，具体主要体现在：农业机械新产品研制、开发相对落后，产品的品种与质量尚不能满足农业生产要求和农民的需求；农机企业整体水平较低，限制了产品质量和技术水平的进一步提高；以农机企业为主导的销售和售后服务体系尚未形成规模是影响农机产品进一步发展和扩大市场占有率的关键因素；市场管理混乱、企业无序竞争等都影响了农机工业的健康和迅速发展。

我国近期仍以发展中小型农业机械为主，并积极研发大型农业机械。重点发展的项目是经济效益高、能提高抗御自然灾害能力、保证稳产高产和增产增收的农业机械品种，如育苗、播种、排灌、植物保护和施肥等机械。根据《2016中国农业发展报告》，目前在发展农业机械化方面还存在不少问题，应该解放思想，从以下几个方面来促进农业机械的健康和快速发展。

1)完善农业机械购置补贴政策

自2004年农业机械购置补贴政策实施以来，中央财政连年大幅度增加补贴资金，2009年农业机械购置补贴资金增加到了130亿元，补贴机具种类和实施范围进一步扩大。截止到2014年，我国拖拉机总保有量约为2335万台。为进一步促进农业机械的发展，农业机械购置补贴总的来说要遵循公正、公开和农民直接受益的原则。农业机械购置补贴政策主要从以下几个方面来完善：一是进一步扩大农业机械购置补贴资金规模。二是在扩大财政补贴资金的同时，需要运用各种市场化运作方式，扩大其他补贴支持渠道来完善补贴机制，通过广泛吸纳社会资金，带动多渠道多方面的资金投入，使农业机械购置补贴满足不同补贴对象的需求。三是农业机械购置补贴资金必须专款专用，不得截留、挪用、挤占，各级农机部门应把补贴资金交由专人负责，并加强对资金使用情况的检查和管理。四是扩大全国补贴机具的种类，同时结合各地实际，用好国家补贴政策，切实选出适合本地区具有特色的机具采用中央补贴资金进行补贴，以满足当地农业生产的实际需要。

2)建立和完善农业机械服务体系

建立以区级为中心、各乡镇为站点的农业机械综合服务体系，为农业机械事业的新技术、新信息、新政策以及安全方面提供最有效的宣传服务，为农业机械的维修提供最规范的服务。以此为契机培养一批懂技术、有知识的农村技术能人和农业机械专业技术人才。农业机械社会化服务组织要适应城镇化、农业产业化、农村工业化的要求，立足农业、面向农村、服务农民。通过发展和完善农业机械服务的社会化、市场化、产业化，提高农业机械化程度以及农业机械化的经济效益和社会效益。

3)推广农业机械服务范围

农业机械比较少的地区，正是今后发展的潜力所在。从水稻机械推广到油菜等多种经济作物机械；从平坦地域推广到山区乡镇，同时希望国家多研制适合山区作业的农业机械；要将单项技术推广为综合配套技术；鉴于不适宜家家户户买农机的实际，还要从发展农机大户向发展农机社会化服务组织延伸，促进农机服务社会化推广。

根据《2016中国农业发展报告》，截至2015年，全国农业机械总动力达11亿kW。农作物耕种收综合机械化水平达到63%，“十二五”期间年均提高两个百分点。农机装备结构进一步优化，大中型拖拉机、水稻联合收获机、插秧机保有量分别是“十一五”末的1.55倍、1.75倍和2.18倍，小型拖拉机占比持续下降，粮食生产环节高性能机具占比持续提高。主要农作物薄弱环节机械化快速推进，水稻种植、玉米收获机械化率分别超过 40%、63%，比“十一五”末分别提高 19 个百分点、37 个百分点，棉油糖主要经济作物机械化取得实质性进展。产前、产中、产后全环节加快拓展，农机社会化服务向纵深发展，以耕种收环节为代表的各类新型主体不断涌现，农机专业合作社超过 5.65 万个，全程机械化服务能力明显增强。服务模式不断创新，农机深松整地等农机化生产大会战顺利开展，完成深松土地 1366.67 万 hm^2，超额完成了 1333.33 万 hm^2 深松整地任务。大中型拖拉机、联合收获机、插秧机、烘干机保有量增幅分别达到 7.4%、8.2%、6.0%、19.5%，新增秸秆还田离田、固液分离、残膜回收等绿色环保机具 18 万台(套)，装备结构持续优化。

面对新的机遇与挑战，要深入研究国内外市场需求，加强技术创新，加快农业机械新产品的开发进程。近期应重点开发的新产品与新技术有以下几个方面。

(1)适度规模经营所需主要粮食和经济作物生产的关键技术与设备。如水稻工厂化育苗、栽植和收获机械，玉米育苗移栽和收获机械，大田作物间作套种成套机械，棉花、油料(花生、油菜、大豆)、甘蔗、甜菜、菌类等主要经济作物种植、收获和产后加工机械与运输机械等。

(2)农业先进专业机械。农业可持续发展及农业资源高效利用所需的低污染、节能型内燃机、拖拉机、农用运输车；机械化旱作节水农业成套机械，如耕整地联合作业机、免耕播种机；无污染、低污染、病虫害防治技术与设备；化肥、有机肥、复合肥、缓释肥等深施机械；先进高效的集雨贮水补灌技术和节水灌溉技术与设备(喷灌、微滴灌设备)；秸秆及根茬粉碎还田机，地膜覆盖、捡拾机；适应西部大开发战略生态建设要求的坡耕地退耕还草、还林所需的牧草种植、营林与植物保护用机械。

(3)经济作物机械。畜禽及经济动物集约化、工厂化成套饲养设备，大型饲料加工成套技术与装备；设施农业生产技术与装备，如低污染、小动力的耕作、种植、收获机械及温室环境因子(温度、湿度、光照、二氧化碳等)的自动控制设备；水产养殖、捕捞与初加工、保鲜、运输设备等。

(4)农业产业化经营及农产品加工机械。如粮食、棉花、油料、果品、蔬菜、茶叶及中药材等，精深加工、贮藏、保鲜、运输、分级与包装设备等。

(5)加强研究农业机械共性。例如，研究保护农业生态的低污染技术；加强研究农业机械关键零部件、配套件的可靠性，农业机械工作部件与物料相互作用的机理(如地面机械脱附减黏理论与技术)，农业机械现代设计方法与试验技术、仪器、设备研究等。

(6)逐步实现农业机械作业的精准化、高效化与自动化。跟踪世界农业机械技术发展动向，采用高新技术，重点研究机电液一体化、微计算机技术、航空航天技术在农业机械上的应用。发展精细农业，不断提高农业机械自动监控水平以及舒适性与安全性。

1.3.2 国内外林业机械的发展趋向

1. 国外林业机械发展趋向

林业机械的发展大致分为三个阶段。

第一阶段为初级阶段，此阶段始于美国，主要用于木材的搬运。1892年，第一台拖拉机在美国问世，很快在林区得到应用，但由于不适应林区复杂的生产条件，效率较低。19世纪后期，人们仿效采矿工业，开始在林区使用铁轨道、木轨道和简易车辆搬运树木，20世纪初又开始建造铁道用于木材运输。1913年，美国研制成蒸汽机集材绞盘机，1914年德国制成第一台双人动力链锯，从此林区开始用动力锯进行伐木，用绞盘机拖运木材。

第二阶段为中级发展阶段。20世纪40年代末期，苏联制造出履带式集材拖拉机。然后轮式集材拖拉机问世，其速度快、效率高、重量轻、耗油少，因此迅速发展起来。60年代初期，各主要林业国家都实现了木材生产机械化。60年代以来，随着汽车工业和林区道路网的发展，汽车运输方式逐渐取代费用高、耗费大的铁路运输方式。运材汽车发展成为具有随车液压起重臂的自装卸集运材汽车，并与拖车组合使用。60年代后期出现的机械化程度较高的伐区作业联合机是林业生产机械化的重大突破。而营林机械因为林木生产周期长、工作环境复杂、投资大、收益慢而发展缓慢，直到70年代，由于人工造林日益受到重视，营林逐渐走向集中化，营林机械的发展速度才逐步加快。

第三阶段为稳定发展阶段。目前，发达国家的林业机械产业发展已非常成熟。有种子处理机械、育苗机械、栽植机械、抚育机械等，有进行采运的大型联合采伐机，还有一系列以木材为原料的生物质燃料生产和利用机械。其林业机械的显著特点为：广泛应用电子技术、自动化技术和信息技术。发达国家的林业生产基本实现了机械化，保障工人的生命安全，提高生产效率，真正做到了解放生产力。总体看来，国外林业机械的自动化程度和生产效率很高，应用十分广泛，对木材的深加工机械的发展也较为成熟，如生物质燃料成型机和人造板机械等。其发展的动力是政策的大力扶持和充足的研究资金以及经济杠杆，发达国家的劳动力价格十分昂贵，因此机械化可以大大降低生产成本，推动林业生产形成从种植、抚育、采运到深加工一条龙的机械化链，使林业机械产业呈良性发展态势。

2. 我国林业机械发展趋向

林业机械是林业生产和林产品加工过程中为提高生产效率所应用的机械与成套装备。我国林业机械发展经历了初创巩固、发展停滞、恢复振兴和快速发展等四个阶段，已经从无到有、从小到大、从弱到强，具有了相当规模。林业机械制造业是现代林业产业和机械工业的重要组成部分，是国民经济发展的重要基础。

我国林业机械发展虽然取得了长足进步，但全国林业机械化程度仍然很低，林业机械制造业大而不强、发展不平衡，企业规模很小、管理制度不够完善、技术创新不够、自主研发经费投入不足、新产品成果推广困难、国际竞争力较弱等问题仍然存在，特别是营林生产、园林绿化和林果生产机械技术与国际先进水平相比差距十分明显。

为使我国林业机械制造水平满足林业生产和木材工业发展的实际需要，尽快赶上世界先进水平，必须解决上述发展中遇见的问题，今后我国林业机械发展将出现如下几大趋势。

(1)向便携式林业机械发展。按林业生产特点和我国国情，便携式林业机械的产品种类和数量将呈现上升趋势。例如，目前已有或正在研制的油锯、割灌机、喷雾机、风力灭火机、草坪修剪机、微型绞盘机和上树打枝机等。

(2)向成套生产线方向发展。除了目前已有的生产线，其他生产线也将有较大发展，包括林木种子处理、工厂化育苗、竹材加工、集成材、油漆、刨切单板、两次加工和小径木加工等方面都将有成套设备。这些专业化生产线连续化、自动化程度将不断提高，有些生产线还将采用计算机自动控制等技术。

(3)向精加工方向发展。这就要求林业机械产品的加工精度更高。一方面是木材资源越来越紧缺，提高加工精度可以提高出材率，减少切削余量；另一方面是木材加工业的工业化生产水平提高，要求木材加工件精度相应提高。

(4)向深度加工方向发展。我国森林资源短缺将是长期的，因此对林产品必须进行深度加工，以扩大对社会的有效供给，缓解林产品紧缺的矛盾。加强对小径木加工、小料拼接、胶合用材的使用，对木材进行防腐、防虫、防火、防蚁等处理，可使木材使用寿命延长3～5倍，对木材进行改性处理可扩大木材使用范围。另外，可将木材加工剩余物加工成各种用途的生物质材料和燃料等。这些对林产品进行深度加工所需的机械在我国很多还是空白，需加以研究和开发。

(5)向数字化方向发展。微控制器及其发展奠定了机械产品数字化的基础，如机器人操作等；而计算机网络的迅速崛起，为数字化设计与制造铺平了道路，如虚拟设计、计算机集成制造等。相应地数字化也对生产环境、人才等提出了更高的要求。数字化的实现将便于生产的远程操作、故障诊断和修复。

(6)向两极化方向发展。现阶段我国林业生产呈现两极化发展的趋势，一方面，需要大型机械满足生产高效率的要求；另一方面，过大的机械设备限制了工作环境及操作人员条件，在可能的情况下发展小型机械能克服大型机械带来的问题。如便携式林业机械对人体平衡和安全更有利，树干注射器对防治虫害的效果显著等。

(7) 向绿色化方向发展。在资源逐渐减少、生态环境恶化的今天，保护环境、回归自然、实现可持续发展成为恒久的主题，因此林业机械应做到低能耗、低材耗、低污染。在其设计、制造、使用、维护和销毁时应符合环保及人类健康的要求。

(8) 向人性化方向发展。机械最终是为人服务的，因此设计、制造林业机械应充分考虑人员操作的安全，工作环境尽量舒适、便捷，降低劳动强度，简化工序等。同时应加大控制系统的科技含量，使操作人员通过仪表装置随时了解机器的工作状态，使机械发挥出最大的效能。

复习思考题

1-1 农业机械具体范畴包括哪些?

1-2 林业机械具体范畴包括哪些?

1-3 简述农业机械在农业生产过程中的作用。

1-4 简述林业机械在林业生产过程中的作用。

1-5 联系生产实际，简述农林业机械的发展趋向。

第2章 耕地机械

2.1 概 述

土壤耕作是整个农业生产过程中的重要环节。耕作的目的是疏松土壤，恢复土壤的团粒结构，以便积蓄水分和养分，覆盖杂草和肥料，防止病虫害，为作物、蔬菜、果树的生长发育创造良好的条件。土壤耕作可以分为耕地作业和整地作业两种。

(1)通过翻转土层，把失去团粒结构的表层土壤翻埋下去而使耕层下部未经破坏的土壤翻转上来，以恢复土壤肥力，改善土壤结构。

(2)通过覆盖植被而消灭杂草和病虫害。

(3)将作物残茬和肥料(厩肥、绿肥等)混合到土壤中，保持和增加有机质。

(4)松碎土壤，增加孔隙度，使雨水易于渗入，空气得以流通，有利于作物根系的生长发育。

由于我国幅员辽阔，各地自然条件和作物种类不尽相同，所以农业技术对耕地机械作业质量的要求也不完全一样。但归纳起来主要有以下几方面。

(1)耕深应随土壤、作物、地区、动力、肥源、气候和季节等不同而合理选择。

(2)良好的翻垡覆盖性能是耕地作业的主要指标之一，要求耕后植被不露头，回垡少。对于水田旱耕，要求耕后土垡架空透气，便于晒垡，以利恢复和提高土壤肥力。

(3)犁耕作业还需兼顾碎土性能，耕后土垡松碎、田面平整。对于旱田，要求耕后土层蓬松；水田则要求断条尺寸尽量小，耕后土垡架空，以利通风晒垡。

(4)不得有重耕或漏耕。

土壤耕作机械的种类较多，根据耕作的深度和用途可分为两大类：一类是耕地机械，它是对整个耕作层进行耕作的机具；另一类是整地机械，即对耕作后的浅层表土再进行耕作的机具。按动力来源可分为牵引型和驱动型两种。

耕地机械是对整个耕作层进行耕作的机具，常用的有铧式犁、圆盘犁、松土犁和深松机等。其中历史最悠久、使用最广泛的是铧式犁，它的翻土和覆盖性能为其他耕地机具所不及。圆盘犁多用于铧式犁难以入土的干硬土壤或黏湿土壤，这种机具在我国很少使用。黑龙江、吉林等省广泛使用深松机。一般来说，深松机具有较强的入土能力，可以破碎犁底层。由于作物残茬多留在地表，故有利于减少土壤水分的蒸发[3, 4]。

2.2 铧式犁的类型和基本构造

2.2.1 铧式犁的基本类型

按照不同的划分方式，铧式犁可分为很多种。按动力可分为畜力犁、手扶拖拉机犁和机力犁。机力犁是与拖拉机配套的犁。按与拖拉机挂接的形式可分为直接挂接犁、牵引犁、悬挂犁和半悬挂犁。直接挂接犁主要与手扶拖拉机配套；牵引犁主要与履带拖拉机和大功率四轮拖拉机配套；悬挂犁主要与中小型拖拉机配套；半悬挂犁主要与大功率拖拉机配套。按重量可分为轻型犁和重型犁。按用途可分为通用犁和特种犁。通用犁用于熟地、熟荒地和水田、旱地的耕作；特种犁用于开荒和森林、果园、沼泽灌木地的耕作等。

我国地域辽阔，自然条件复杂，在耕作方面，不同地区有不同的要求。根据其适用地区不同可分南方水田犁和北方旱作犁两大系列。每个系列按其强度及适于土壤比阻值范围不同，又分多种型号。南方水田犁系列主要为中型犁，水、旱耕通用，耕深一般为16～22cm，犁体幅度为20～25cm。北方旱作犁可分为中型犁和重型犁两类，耕深范围是18～30cm，耕幅是30～35cm；中型犁适用于地表残茬较少的轻质和中等土壤，重型犁适用于残茬较多的黏重土壤。

2.2.2 铧式犁的一般构造

1. 牵引犁

牵引犁由尾轮拉杆、水平调节机构、耕深调节机构、牵引杆、沟轮、地轮、犁架、犁体、尾轮等组成(图2-1)。

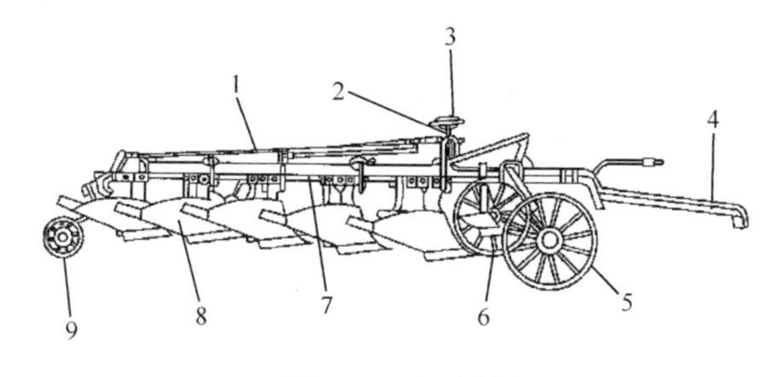

图2-1 牵引犁

1. 尾轮拉杆；2. 水平调节机构；3. 耕深调节机构；4. 牵引杆；5. 沟轮；6. 地轮；7. 犁架；8. 犁体；9. 尾轮

牵引犁通过牵引装置单点挂接在拖拉机牵引板上。这种单点挂接式，其约束性质犹如球铰链，拖拉机对犁只起牵引作用。犁本身由三个犁轮支撑，在耕地时，沟轮和尾轮走在沟底，地轮走在未耕地上。通过耕深调节机构调整地轮的位置，可改变犁的耕深。当三个犁轮一起相对犁架向下运动时，犁架和犁体即被抬起，犁呈运输状态。犁从工作状态转换到运输状态，可借助机械式起落机构或拖拉机液压系统，推动犁上的分置油缸，带动地轮、沟轮弯臂的摆动而达到。犁的水平调节机构是调整沟轮的位置，使工作状态时的犁架能保持水平，以保证各犁体耕深一致。

2. 悬挂犁

悬挂犁由犁架、中央支杆、右支杆、左支杆、悬挂轴、限深轮、犁刀、犁体等组成(图 2-2)。犁通过悬挂架和悬挂轴上的三个挂接点和拖拉机悬挂机构的上下拉杆末端球铰连接，这种挂接方式称为三点悬挂。

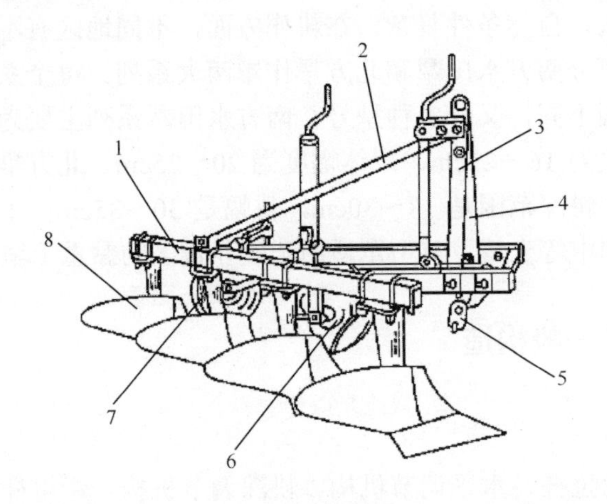

图 2-2　悬挂犁

1. 犁架；2. 中央支杆；3. 右支杆；4. 左支杆；5. 悬挂轴；6. 限深轮；7. 犁刀；8. 犁体

犁的耕深由拖拉机液压系统自动调整控制，这种方法通常称为阻力调节耕深法，简称力调节法。装有限深轮的犁，其耕深可由调节限深轮的高度位置来控制，这种方法称为高度调节法。作业时，液压系统应处于浮动位置。没有限深轮的犁，不与装有分置式液压系统的拖拉机配套使用。

犁宽调节装置的功用是使悬挂犁第一犁体的耕宽正确，既不漏耕也不重耕。这种调整亦称正位调整。其调整方法就是变更犁的两下悬挂点的前后相对位置，左悬挂点朝前调，能纠正重耕；反之，能纠正漏耕。

3. 半悬挂犁

半悬挂犁由液压油缸、犁架、悬挂架、地轮、犁体、限深尾轮等组成(图 2-3)。

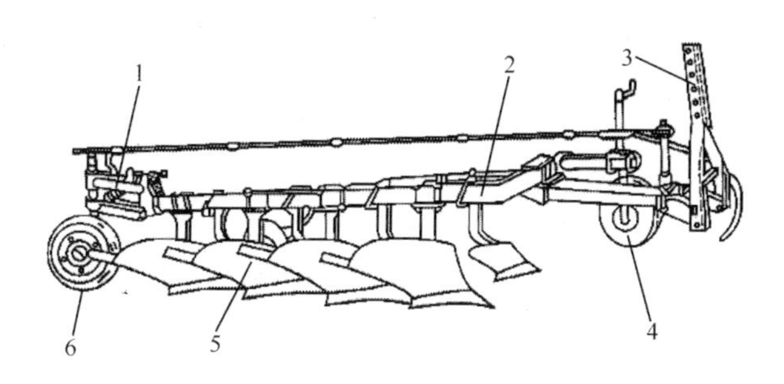

图 2-3 半悬挂犁

1. 液压油缸；2. 犁架；3. 悬挂架；4. 地轮；5. 犁体；6. 限深尾轮

拖拉机挂接半悬挂犁时，悬挂机构的两根下拉杆必须相互拉紧固定。半悬挂犁以人字架上的三个悬挂点和拖拉机悬挂机构上下拉杆末端球铰连接。犁的牵引横梁既与人字架水平铰接，又与牵引纵梁垂直铰接。犁的起落由拖拉机液压装置控制；犁升起时，犁的前端被拖拉机悬挂机构抬起，犁的尾部借助分置油缸推动尾轮下伸而升起。

犁的耕深由前地轮以高度调节法调节。如果采用力调节法调节耕深，则犁上不需装置前地轮。为了减小运输状态机组的回转半径，半悬挂犁上常装有尾轮操向机构。

2.2.3 铧式犁的主要部件

铧式犁的主要部件有犁体、小前犁、犁刀、犁架、安全装置等。

1. 犁体

犁体是铧式犁的主要工作部件，一般由犁铧、犁壁、犁侧板、犁托及犁柱等组成(图 2-4)。犁铧、犁壁、犁托等部件组成一个整体，通过犁柱安装在犁架上。犁体的功用是切土、破碎和翻转土壤，达到覆盖杂草、残茬和疏松土壤的目的。

1) 犁铧

犁铧主要起入土、切土作用，常用的有凿形犁铧、梯形犁铧和三角形犁铧(图 2-5)。

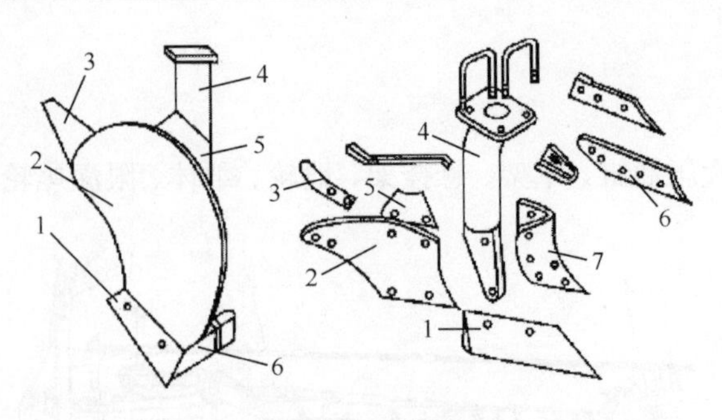

图 2-4　犁体

1. 犁铧；2. 犁壁；3. 延长板；4. 犁柱；5. 滑草板；6. 犁侧板；7. 犁托

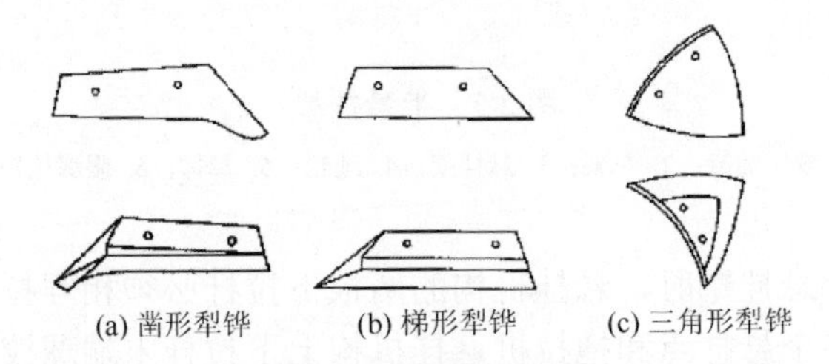

图 2-5　常用犁铧形式

凿形犁铧分为铧尖、铧翼、铧刃、铧面等部分。工作时，铧尖首先入土，然后铧刃水平切土，土垡沿铧面上升到犁壁。凿形犁铧入土较容易，工作较稳定，因而可用于较黏重土壤。梯形犁铧的铧刃为一直线，整个外形呈梯形。与凿形铧相比，入土性较差，铧尖易磨损，但结构简单、制造较容易。三角形犁铧一般呈等腰三角形，有两个对称的铧刀，主要用在畜力犁上，耕后沟底面容易呈波浪状，沟底不平。

犁铧的材料一般采用坚硬、耐磨，具有较高强度和韧性的钢材，如 65Mn 钢或 65SiMn 稀土钢，刃口部分须经热处理。

2) 犁壁

犁壁与犁铧一起构成犁体曲面，将犁铧移来的土壤加以破碎和翻转。犁壁有整体式、组合式和栅条式。

犁壁与犁铧前缘一起组成犁胫，是犁体工作时切出侧面犁沟墙的垂直切土刃。胫刃线一般为曲线，有的犁也采用一外凸曲线，对沟墙起挤压作用，以利于沟墙稳定。犁壁的前部称为犁胸，后部称为犁翼，这两部分的不同形状，可使犁壁达到滚、碎、翻、窜等不同的碎土、翻垡效果，满足农艺的不同要求。

犁壁一般由钢板冲压而成，采用的材料有 65Mn 钢或经渗碳处理的低碳钢，由于犁壁前部磨损较快，磨损后不易更换整个犁壁，常将犁壁分两部分制造，即组合式犁壁。

3) 犁侧板

犁侧板位于犁铧的后上方，耕地时紧贴沟壁，承受并平衡耕作时产生的侧向力和部分垂直压力。最常用的是平板式犁侧板，犁侧板的后端始终与沟底接触，极易磨损，在有的多铧犁上除了后一铧犁的犁侧板较长，还在后端装有可更换的犁踵(图 2-6)，水田犁的犁侧板多采用刀形。

犁侧板要求耐磨、强度高，一般采用锰钢或 45 号钢经热处理而成。犁踵也可用白口铸铁制造。

4) 犁托

犁托为一联结件，犁铧、犁壁、犁侧板、犁柱通过犁托联成一体，起承托和传力作用。犁托可用钢板冲压而成，也可焊合或铸造。也有些犁托与犁柱组合成一体(图 2-7)。

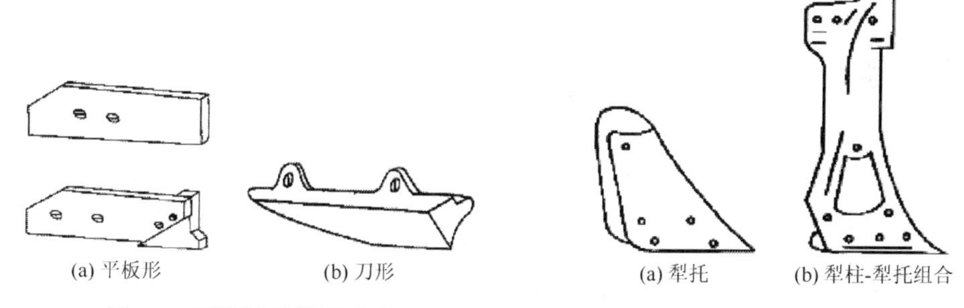

(a) 平板形 (b) 刀形

图 2-6 犁侧板的常用形式

(a) 犁托 (b) 犁柱-犁托组合

图 2-7 犁托和犁柱-犁托组合

5) 犁柱

犁柱用来将犁体固定在犁架上，并将动力由犁架传给犁体，带动犁体工作。犁柱可做成空心圆或椭圆的直犁柱，也可以做成实心扁钢的弯犁柱。空心犁柱一般用球墨铸铁或铸钢制成，重量较轻、强度好、安装简便。

2. 小前犁

小前犁位于主犁体左前方，将土垡上层部分土壤、杂草耕起，并先于主垡片的翻转落入沟底，从而改善主犁体的翻垡覆盖质量。在杂草少、土壤较松的熟地耕作时，可以不用小前犁。小前犁主要有铧式、切角式和圆盘式三种结构形式，各种小前犁及其翻垡见图 2-8。

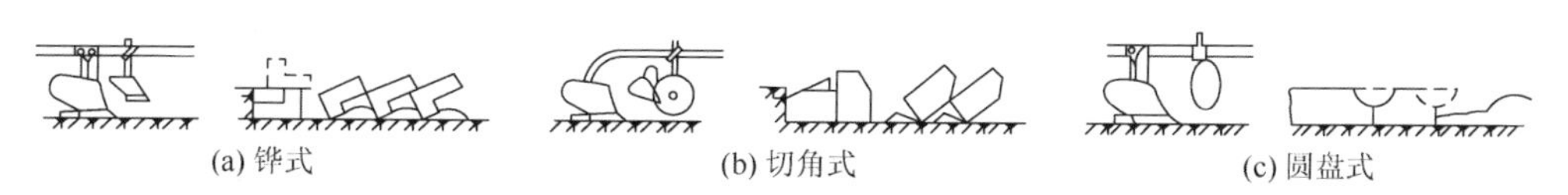

(a) 铧式 (b) 切角式 (c) 圆盘式

图 2-8 各种小前犁及其翻垡

3. 犁刀

犁刀装在主犁体和小前犁的前方。它的功用是沿垂直方向切开土壤，减少主犁体的切土阻力和磨损，防止沟墙塌落。犁刀有圆犁刀和直犁刀两种(图 2-9)，直犁刀工作阻力较大，适用于特种犁。圆犁刀切土阻力较小，不易挂草和堵塞，应用较广。熟地耕作仅在最后一个犁体前装圆犁刀，荒地耕作时可在每个主犁体前装上圆犁刀。

4. 犁架

犁的绝大多数零部件都直接或间接地装在犁架上，因此犁架应有足够的强度来传递动力。最常见的犁架是空心矩形管焊接犁架(图 2-10)。这种犁架结构简单、强度好、重量轻、制造容易，故得到广泛应用。除此之外，也有采用扁钢制造的钩形犁架和螺栓固定的可拆式犁架。

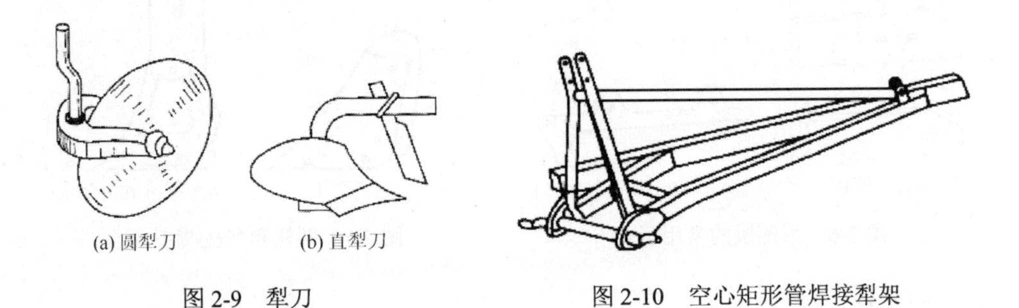
(a) 圆犁刀 (b) 直犁刀

图 2-9 犁刀

图 2-10 空心矩形管焊接犁架

5. 安全装置

安全装置是当犁碰到意外的障碍时，为防止犁损坏而设置的超载保护装置。在多石地或开荒地上使用的犁，特别是高速作业机组，一般都要设置安全装置。

安全装置有整体式和单体式两类。整体式装在整台犁的牵引装置上，而单体式则装在每个犁体上。

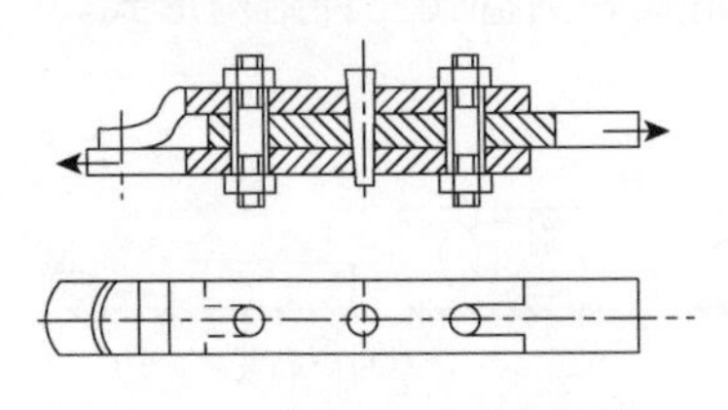
图 2-11 摩擦销式安全装置

1)摩擦销式安全装置

如图 2-11 所示，当障碍物的阻力与工作阻力之和大于销子的剪应力及纵拉板与挂钩间的摩擦力时，销子被剪断，犁与拖拉机脱开。这种装置主要用在牵引犁的牵引架上，结构简单，工作可靠。

2)单体式犁体安全装置

常用的单体式犁体安全装置有销钉式、弹簧式和液压式三种(图 2-12)。销钉式安全装置的作用原理是当犁体碰到障碍物引起异常载荷时，销钉被剪断，起到保护作用，但销钉被剪断后必须停车才能更换；弹簧式与液压式安全装置的作用原理相同，犁体在障碍的异常载荷作用下会克服弹簧或液压油缸的力而升起，越过障碍后，自动复位，不需停车即可连续工作，工作效率高，但结构复杂。

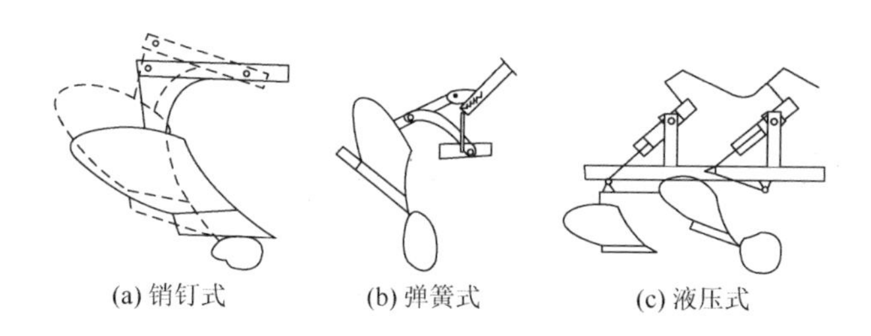

图 2-12 单体式犁体安全装置

2.2.4 特种犁

1. 高速犁

高速犁是与大功率拖拉机配套设计的。普通犁的耕作速度 v_0 为 4.5～6km/h，当耕作速度超过 7km/h 时，即属高速作业。

高速犁在国外(如美国)应用较多，国内只在大型国有农场有应用。高速犁因作业速度较高，同样幅宽条件下犁的牵引阻力会增加很多，犁体的耕作质量也相应发生变化。经过试验，用普通犁体高速耕作一般砂壤土，拖拉机前进速度的增高，使土垡的绝对速度增大，土垡过分地向已耕地抛送，土垡过于粉碎，犁沟过宽，同时土垡沿犁体曲面的升土阻力也增加很多。为减少这种现象，设计高速犁体时，在犁翼末端，选择水平截面与前进方向的夹角 θ 时，应使土垡沿犁体曲面的运动速度的侧向分速 v_y 不超过 1m/s(与普通犁体的侧向抛土速度相同)，并适当减小起土角 α，以减小升土阻力，如图 2-13 所示。

2. 圆盘犁

圆盘犁如图 2-14 所示，是利用球面圆盘进行翻土碎土的耕地机具。其耕作原理较原有的耕作机具有很大区别。圆盘犁是以滑切和撕裂的形式、扭曲和拉伸共同作用而加工土壤的。耕作时圆盘旋转，同圆盘耙耙片一样，圆盘与前进方向呈

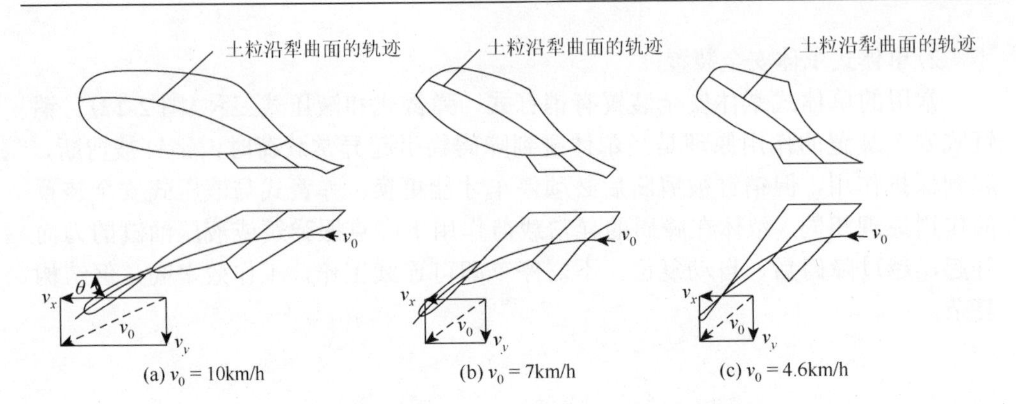

图 2-13　在三种速度下，具有同样侧向分速的犁体形状

一偏角，另外圆盘犁体的回转平面还与铅垂面呈一倾角，圆盘犁工作时，是依靠其重量强制入土的，入土性能比铧式犁差，因此其重量一般要求较大，通常配用重型机架，有时还要加配重，来获得较好的入土性能。

圆盘犁的优点是工作部件滚动前进与土壤的摩擦阻力小，不易缠草堵塞，圆盘刃口长，耐磨性好，较易入土；缺点是重量较大，沟底不平，耕深稳定性和覆盖质量较差，造价较高，只在某些地区使用。

3. 耕耙犁

耕耙犁按其碎土器配置方式不同，可分为分组立式、分组卧式和整组卧式三种。其中分组立式耕耙犁国内外应用较多，如图 2-15 所示，它是将每个犁体的翼部截短，在犁体侧上方各装一个立式旋转碎土部件，由拖拉机的动力输出轴经传

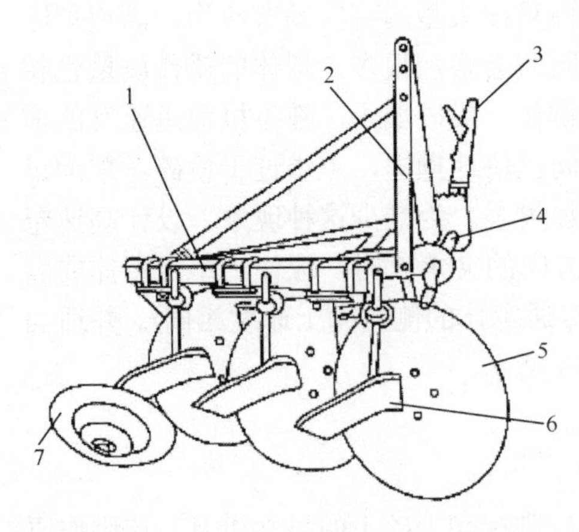

图 2-14　圆盘犁

1. 犁架；2. 悬挂架；3. 悬挂轴调节手柄；4. 悬挂轴；5. 圆盘犁体；6. 翻土板；7. 尾轮

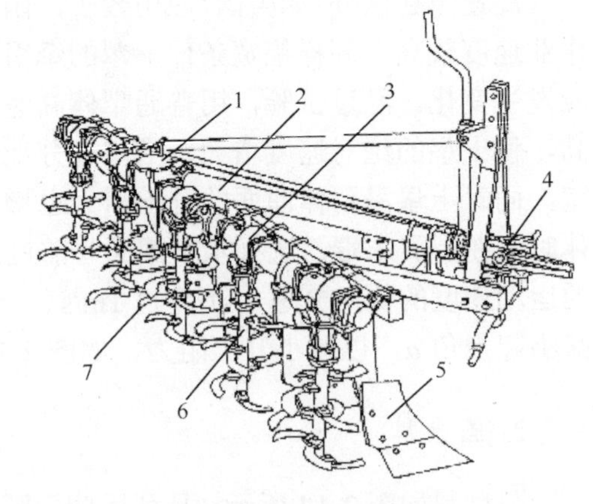

图 2-15　分组立式耕耙犁

1. 主传动轴；2. 输入轴；3. 分传动箱；4. 万向节；5. 铧式犁；6. 旋转碎土器；7. 弯刀

动装置驱动。工作时，耕起的土垡在未落地之前被旋耕刀片打碎，达到翻土和碎土的目的。耕耙犁具有耕得深、盖得严、碎得透、生产率高的优点。水田、旱田和绿肥田耕作时，可将绿肥与碎土层搅拌均匀，有利于绿肥腐烂和均匀土壤肥力。

4. 翻转犁

翻转犁可实现双向翻土，也称双向犁(图 2-16)，国内目前采用较多的是在犁架上下装两组不同方向的犁体，通过翻转机构(液压、气动或机械式)在往返行程中分别使用，达到向一侧翻土的目的。这种犁国内主要用在中型拖拉机上，犁体数为 2～4 对。翻转犁的主要优点是耕后地表平整，没有沟垄；在斜坡耕作时，沿等高线向下翻土，还可减少坡度。

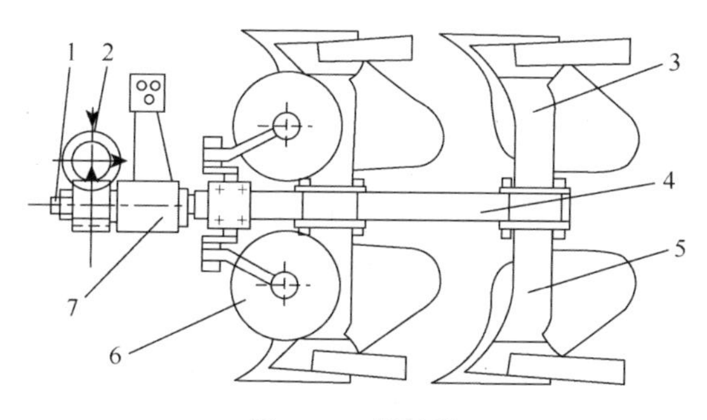

图 2-16 翻转犁

1. 犁轴；2. 翻转机构；3. 左翻犁体；4. 犁架；5. 右翻犁体；6. 圆犁刀；7. 悬挂架

5. 调幅犁

普通铧式犁工作时幅宽的调节实际上只是改变第一个犁体与已耕地的重叠量，而调幅犁能改变犁组本身总幅宽，以适应土壤条件及耕作要求改变时对拖拉机牵引力要求的变化。并能提高拖拉机的工作效率，降低油耗。

调幅犁的调节原理如图 2-17 所示。通过调节机构改变犁的主梁与前进方向的夹角 α 就能改变犁间的重叠量。α 减小，重叠量增加，耕宽减小；α 增大，重叠量

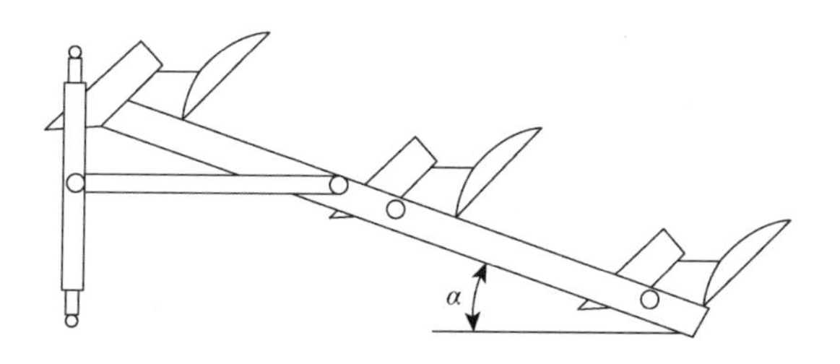

图 2-17 调幅犁的调节原理

减少，耕宽增大。当主梁夹角 α 变化时，安装在主梁上的犁体与主梁的夹角也必须做相应的同步变化，以保持犁的设计工作状态。

2.3 犁体曲面工作原理及设计方法

耕作质量的好坏、动力消耗的大小，主要取决于犁体曲面的设计制造水平。所以犁体曲面的设计就成为铧式犁设计中的核心问题。到目前为止，现代机力犁犁体曲面的设计，基本上仍属经验设计。即按某种方法形成曲面的雏形，然后结合当地的农业技术要求，在生产实践中加以反复修改并不断完善。本节将着重介绍犁体曲面的经验设计方法。

2.3.1 犁体曲面的形成原理

要设计犁体曲面，就要研究犁体曲面的形成原理。一般说来，“线动成面”，曲面是由元线(又称母线)沿准线按一定规律运动而形成的。因此，元线是构成曲面的基础。元线可以是直线也可以是曲线。由直元线构成的曲面称为直纹面。准线是元线运动的基准，对曲面的形成和性质都有影响，也是设计中的重要问题。准线可以是直线也可以是曲线。为简化设计和计算，只要犁体曲面的性能满足农业技术要求，就应尽可能选用直纹犁面。

1. 水平直元线法形成犁面的原理

水平直元线法形成犁面的原理就是以直元线 AB 沿垂直于铧刃线面内的导曲线 CD 运动，并始终平行于 XOY 面(图 2-18)，且不断改变直元线 AB 与 ZOX 面的夹角 θ_n (元线角)所形成的曲面。

图 2-18 中，θ_0 为铧刃角，直元线 AB 既通过犁胸又通过犁翼，其等高剖面线均为直线，便于设计和绘图。

2. 倾斜直元线法形成犁面的原理

倾斜直元线法形成犁面的原理就是以直元线 AB 的端点 P，沿准线 CD，按与三个投影面的夹角成一定规律运动所形成的曲面(图 2-19)。

按这一原理形成的犁面的特点是：根据犁体的工作要求，可分为犁翼 S_1、犁胸 S_3 和犁铧 S_2 三部分。由于它们的交界线均为直元线，所以可按各部分的要求作分片设计。

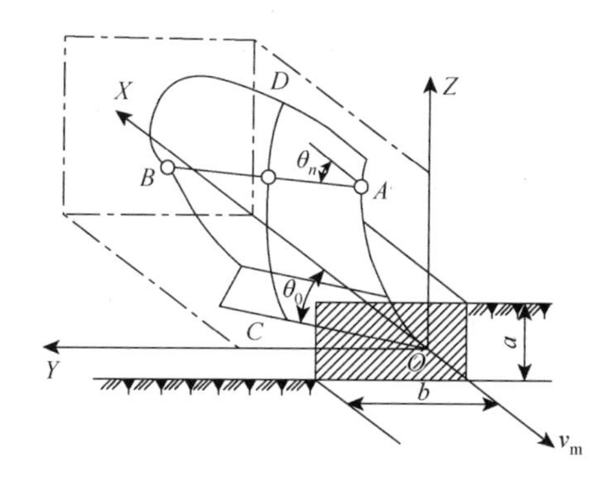

图 2-18 水平直元线法形成犁面的原理

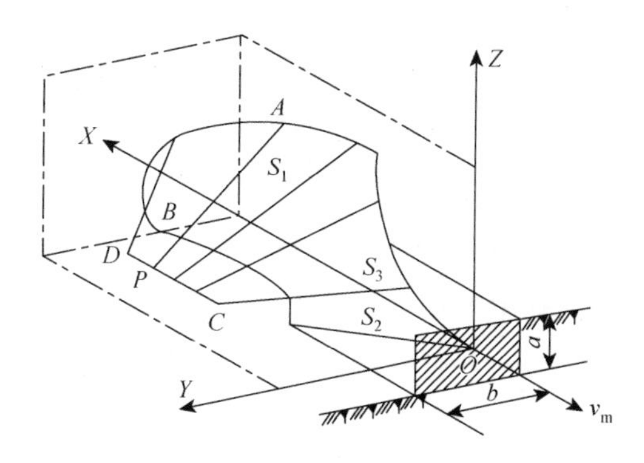

图 2-19 倾斜直元线法形成犁面的原理

AB. 直元线；*CD*. 准线；S_1. 犁翼；S_2. 犁铧；S_3. 犁胸；*a*. 耕深；*b*. 单铧幅宽；*OXYZ*. 坐标系；v_m. 犁的前进方向

准线 *CD* 可以是直线、折线，也可以是平面或空间曲线。如果是平面曲线，所在平面既可以是坐标平面也可以是其他平面。这样可有较多的自由度，供设计者选用。当然，只要能满足设计要求，应尽量选取在坐标平面上的直线作为准线，这样可简化设计。

上述两种方法所形成的曲面都属于直纹面。

3. 曲元线法形成犁面的原理

曲元线法形成曲面的原理就是以曲元线 AA_1B 沿准线 CC_1、C_1D 运动而形成犁面(图 2-20)。

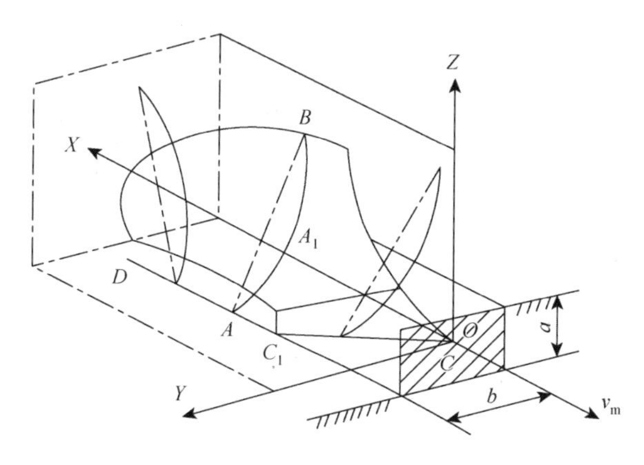

图 2-20 曲元线法形成犁面的原理

曲元线可以是圆弧、抛物线或其他曲线。准线为二段直线，CC_1 为铧刃线，C_1D 为平行于 OX 轴的直线(C_1D 也可不平行于 OX 轴)。曲元线是指横剖面(平行于 YOZ 面)上一条不变的平面曲线。

4. 按犁面剖面曲线族形成犁面的原理

利用平行于坐标面的一组平面剖切犁体曲面，所得交线即剖面曲线族。根据现有经验，可以修改这些曲线族，通过试验，使其作业质量达到预定要求。

坐标面有三个，所得的相应剖面曲线族也有等高、纵剖、横剖三组［图 2-21(a)、(b)、(c)］。习惯上纵剖曲线族又称碎土曲线族，横剖曲线族又称翻土曲线族。实际上犁体的碎土、翻土性能并非完全取决于这两组曲线族，因此还是称纵剖和横剖曲线族较为适宜。此外，还有一组垂直于铧刃的平面与犁面的交线称为样板曲线族［图 2-21(d)］。它既是犁面性能的综合反映，又是检验犁体、制造压模等的主要依据。

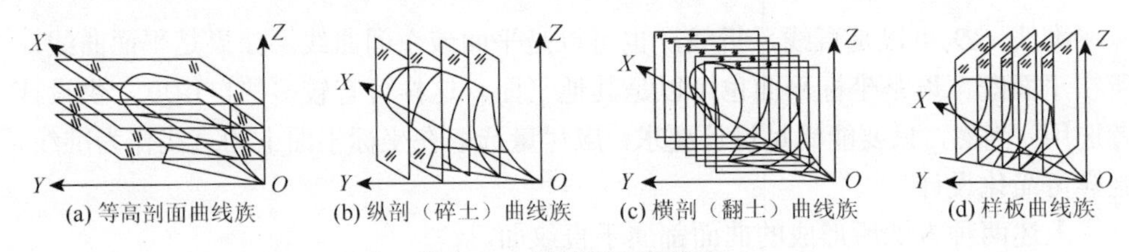

图 2-21　四种剖面曲线族

以剖面曲线族形成犁面的方法，属于经验设计的范畴，因为每一个剖面曲线都不相同，所以不能当作元线，必须逐一加以分析。而这些剖面曲线族又必须以现有的优良犁体为依据。上述四种剖面曲线族中，用以形成犁面的主要设计方法有等高剖面曲线族法和横剖曲线族法。等高剖面曲线族法可应用于任何一类犁面，如翻垡型犁面，虽不知道曲面类型，却可设计曲面，并绘制样板曲线。横剖曲线族法曾试用于华北沙壤等旱地犁体及深耕犁体的设计。

2.3.2　犁体曲面的工作原理

1. 三面楔原理

铧式犁工作时，首先由犁铧切出土垡，然后土垡沿犁壁破碎翻转，将地表的残茬和杂草覆盖到下面。为说明犁体的工作过程，首先考察一个两面楔的作用。如图 2-22 所示，当两面楔以图中(a)、(b)、(c)三个不同位置切入土壤时，它将分别对土壤产生起土、侧向推土和翻土作用。如图 2-22(d)所示，犁铧就相当于一个偏斜放置的两面楔，楔角为 β，楔刃 AC 与前进方向偏斜 θ 角，形成三面楔，同时起到起土、侧向推土和翻土作用。

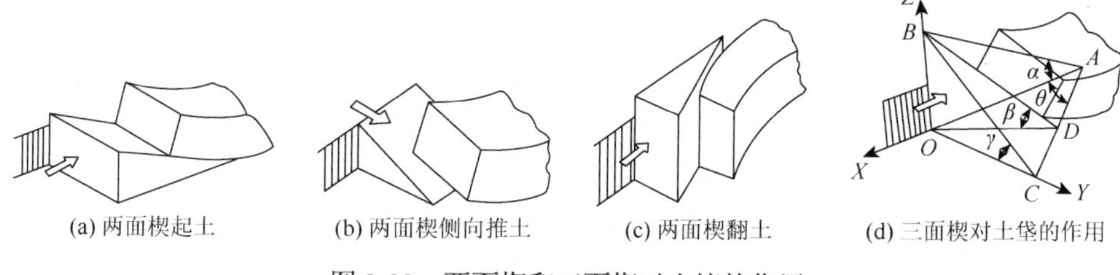

图 2-22 两面楔和三面楔对土壤的作用

如图 2-22(d)所示，将三面楔 ABC 放入坐标系 $OXYZ$ 中，平面 BDO 垂直于楔刃 AC，由图可知三个楔角的关系为

$$\tan\alpha=\frac{OB}{OA},\tan\beta=\frac{OB}{OD},\sin\theta=\frac{OD}{OA}$$

因此

$$\tan\alpha=\tan\beta\sin\theta \tag{2-1}$$

从工作过程来看，可以认为 α 为载荷角，γ 为切土角，θ 为犁铧安装角，由于

$$\tan\theta=\frac{OC}{OA},\tan\gamma=\frac{OB}{OC}$$

所以

$$\tan\alpha=\tan\gamma\tan\theta \tag{2-2}$$

2. 翻垡原理

土垡的翻转过程大致可分为滚垡和窜垡两种形式。为分析方便，假设土垡在翻转过程中不发生变形。

1)滚垡

滚垡就是假设土垡在被翻转过程中只有纯粹的翻转而没有侧移。如图 2-23 和图 2-24 所示，滚垡过程可分为三个阶段。

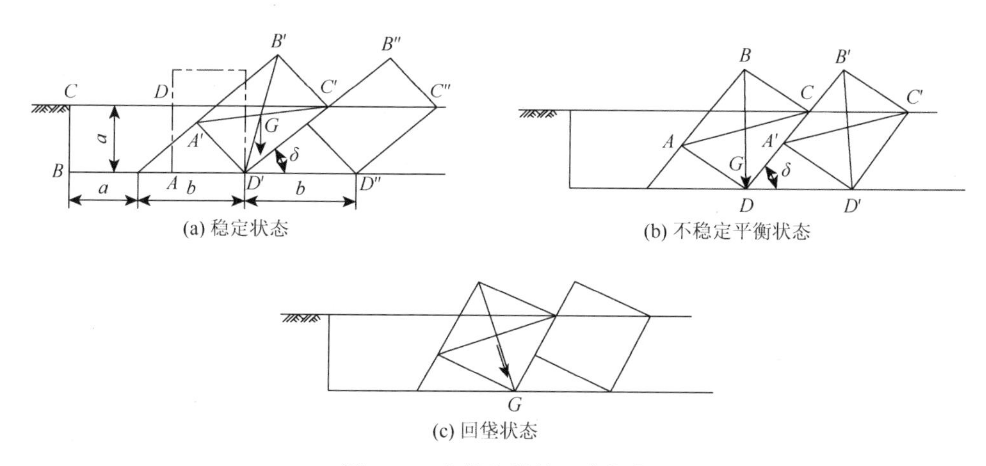

图 2-23 土垡翻转的三种状态

(1) 切土：铧刃和胫刃分别沿水平面及垂直面切出土垡的底面与左侧面，其耕宽为 b，耕深为 a。

(2) 抬垡：被切出的土垡 $ABCD$ 在铧面和犁胸的作用下，左边被抬升，绕右下角 D 点回转。

(3) 翻垡：土垡在回转过程中，通过直立状态，然后在犁翼作用下继续绕点 C' 回转，最后靠在前一行程的土垡上。因整个翻转过程相当于一个物体做纯滚动，故称为滚垡。滚垡的结果理想与否，与土垡的宽深比 k 有关，令 $k = b/a$。如图 2-23 所示，土垡被翻转后的重心线应落在支撑点的右方才得到稳定［图 2-23(a)］，如落在支撑点左边，则土垡在犁通过后又会重新翻回犁沟中，成为回垡或立垡，影响翻耕质量。

图 2-23(b) 为土垡的不稳定平衡状态(临界状态)，土垡翻转后是否稳定，取决于宽深比 k 或临界覆土角 δ，从图 2-23(b) 中可以看出△$DA'D'$与△BCD 为相似形，故有

$$\frac{a}{b} = \frac{b}{\sqrt{a^2 + b^2}}, \quad \delta = \arcsin(a / b) \tag{2-3}$$

移项整理，则有

$$k^4 - k^2 - 1 = 0$$

解此方程得 $k = 1.27$ 。则

$$\delta = \arcsin(a / b) = 52°$$

因此，宽深比 k 值应大于 1.27 或临界覆土角 δ 应小于 52°。实际设计时，k 值的选择因犁的类型、土壤性质而有所不同。宽幅犁一般取 $k = 1.3$～3，土壤越黏重，k 值越大；窄幅犁一般取 $k = 1$～1.4。南方水田地区有晒垡，要求，$k = \sqrt{2} = 1.414$，即当 $\delta = 45°$时，有最大的暴晒面积。

2) 窜垡

窜垡方式工作时，土垡沿犁体曲面上窜一定高度后悬空扣翻，其过程也可分为三个阶段(图 2-25)。

(1) 切土：与滚垡过程相同。

(2) 窜垡：被切离的土垡沿犁体曲面向上抬起，同时在向犁翼部转移时被翻转。

(3) 扣垡：由于土垡在悬空状态下被翻转，在重力作用下，土垡沿背面不断撕裂成断条落下，扣翻在前一行程的土垡上，这种翻土方法是悬空扣翻，土垡被架空较多，比较适合南方水田地区晒垡的要求，宽深比 k 也不受太多限制，一般可取 $k = 0.75$～1.25。

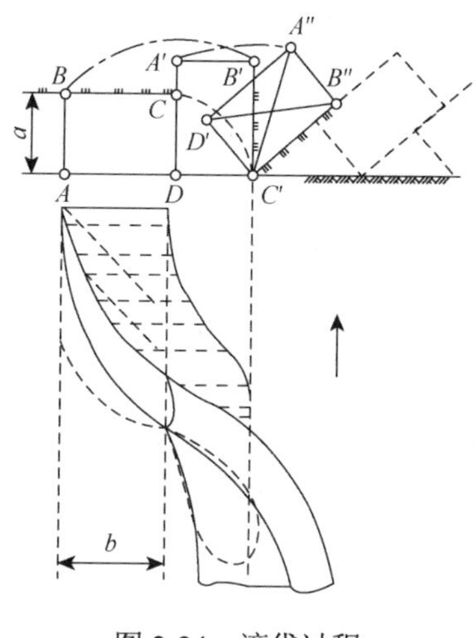

图 2-24　滚垡过程

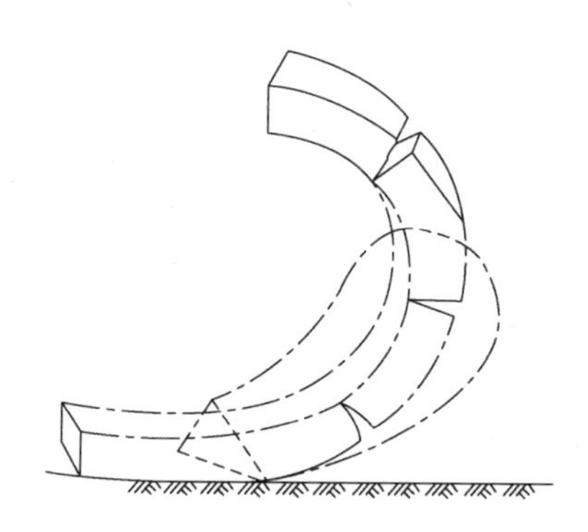

图 2-25　窜垡过程

2.3.3　犁体曲面的设计方法

1. 试修法

试修法是一种古老的，但至今仍然采用的设计方法。这种方法的设计过程可以归结为对选定的某一种曲面，在某一特定的土壤、工况下进行反复试验，边试边改。试修法虽然不需要深入研究犁耕工艺过程、土壤的应力-应变等问题，但设计过程长，反复试验耗资大，极不经济。

2. 几何元线作图设计法

几何元线作图设计法是目前应用比较广泛的设计方法之一，主要有水平元线设计法、倾斜元线设计法、翻土曲线设计法等。几何曲面及其参数的选择仍建立在经验的基础上，也还需通过反复试验，不断修改才能得到较好的结果。因而，仍属于经验设计的范畴。但是，几何元线作图设计法比试修法已有较大进步，主要表现为：曲面形状有规律可循，设计方法比较简便；总结了曲面参数与作业质量、能量消耗之间的某些简单的定性关系。

3. 数字解析设计方法

在分析研究犁耕工艺过程的基础上建立单元土体受曲面作用的力学模型，进而将犁体曲面的几何参数与土壤的物理力学性质、犁耕工况、作业质量和能量消耗等因素综合加以研究，通过统一设计方程进行工作面的定量设计，从而达到工作面的最优化设计。

如何解决犁体曲面的数学解析设计问题，是当今耕作机械研究中的一大难题。

但是犁体曲面设计从经验设计走向数学解析、从定性阶段走向定量阶段是科学发展的必然趋势。现代许多学科发展的一个共同趋势是用精确的数量关系来描述事物的联系与变化。

2.3.4 犁体曲面的几何元线作图设计法

犁体曲面的几何元线作图设计法是目前应用比较广泛的设计方法之一。这种设计方法不仅应用于犁体曲面的设计，也广泛应用于其他耕耘机械的工作曲面的设计，如培土铲、开沟犁等。本节以水平元线设计法为例，介绍犁体曲面的几何元线作图设计法。

由水平元线形成的犁体曲面的性能主要取决于水平元线的运动规律。因此，为了完整地做出犁体曲面设计，需要决定以下三个要素。

(1) 犁体曲面的正视图：决定犁体曲面的外形轮廓。

(2) 导向曲线的形状和位置：决定元线在某一高度的前后位置。

(3) 元线角的变化规律：决定元线的某一高度处与沟壁的夹角，$\theta = f(z)$。

犁体曲面的水平元线设计法与绘图步骤如下：

1. 犁体曲面轮廓确定及正视图的绘制

1) 耕深和耕宽的确定

根据农业技术要求确定铧式犁的耕深 a，按照翻垡与覆盖要求，由翻垡原理 $(k = b/a)$ 确定耕宽 b，可得 $b = ka$。宽深比 k 值的选择原则：一般要求 $k \geqslant 1.27$。k 值大些可以使翻垡稳定，但过大，则使单犁体幅宽过大，垡块大，形成垄沟较大。常用的数值范围为：轻沙土壤 $k = 1.1 \sim 1.5$；一般土壤 $k = 1.3 \sim 2$；黏重潮湿土壤 $k = 2 \sim 3$。

2) 正视图的确定

犁体曲面的正视图基本上是根据犁沟断面的形状与尺寸来决定的。如图 2-26 所示，正视图的外形包括以下五条轮廓线，正视图的设计即确定这五条轮廓线。

(1) 做土垡断面 $ABCD$，并画出翻转后土垡的位置 $A_1B_1C_1D_1$。

(2) 铧刃线 AG 正投影宽度 b_1 的确定如下：

$$b_1 = b + \Delta b \tag{2-4}$$

式中，b 为设计单犁体耕宽；Δb 为防止漏耕的重叠宽度，也是铧刃磨损的储备量，以保证完全切下土垡。

通用犁：$\Delta b = 2 \sim 3\text{cm}$。灭茬犁：$\Delta b = 4 \sim 6\text{cm}$，因工作条件多草根，需加大 Δb 以保证切断两犁体间的草根。开荒犁：$\Delta b = -3 \sim -2\text{cm}$，采用 $-\Delta b$ 可保证土垡绕未切断部分翻转，以防止土垡侧移而造成翻垡不良。

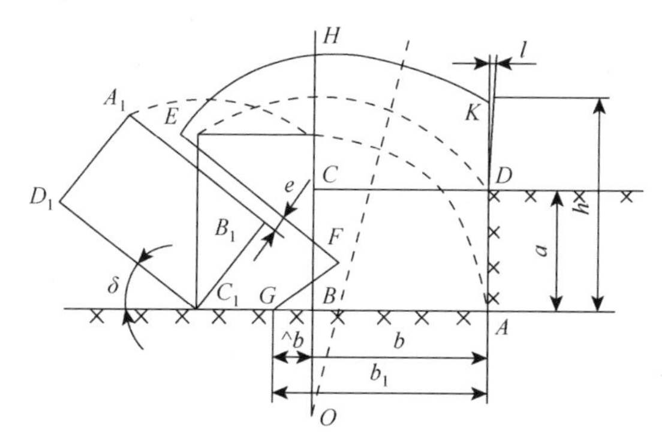

图 2-26 犁体曲面的正视图设计

(3)胫刃线 AK 的确定。胫刃线的高度 h，由 $h=a+\Delta h$ 确定。当 $a=10$～12.5cm 时，取 $\Delta h=2$～3cm；当 $a=15$～17.5cm 时，取 $\Delta h=1$～2cm；当 $a\geqslant 20$cm 时，取 $\Delta h=0$。

K 点与沟壁偏距 l 的确定：当有犁刀时，取 $l=0.5$～1.5cm，以使胫刃不碰沟壁；无犁刀时，l 的绝对值取 1～2cm，以防沟壁塌落，但这里的 l 在数学上应取负值。

(4)壁翼线 EF 的确定。壁翼线 EF 与翻转后的土垡之间应有一定间隙，一般取 $e=1$～2.5cm，以免壁翼刮擦已翻转的土垡。

E 点的位置将决定壁翼的长度。E 点距离 OH 过近，不能保证扣垡；过远，则使犁壁过长，浪费材料，且使翼部强度减弱。一般的做法是以 e 为间距作 A_1B_1 的平行线 EF，即翼边线，在此线上，相应于距离 A_1 点 $b/4$ 处定为 E 点。必要时可加延长板。F 点的位置由铧翼线 GF 确定。

(5)顶边线 EHK 的确定。顶边线的高度和形状应满足当土垡沿壁面翻转时其最高点不超出顶边的要求，以免在翻垡过程中漏土。

定最高点 H，H 点在 B 点的垂直上方，即相当于土垡对角线的直立位置，H 点的高度：

$$h_{\max}=\sqrt{a^2+b^2}\pm\Delta h \tag{2-5}$$

式中，$\Delta h=0$～2cm，当 $a\leqslant 16$cm 时，Δh 取正值；否则取负值。

顶边线可以采用直线形或曲线形，曲线形顶边与土垡运动轨迹相符，较直线形合理，但较费料。

曲顶画法：连接 KH 作 KH 的垂直平分线，交 HB 线的延长线于 O 点，以 O 点为圆心，$\overline{OH}$ 为半径画圆弧，连接 K 点与 H 点。同理，再用圆弧连接 HE，使其与圆弧 KH 相切。

至此初步完成正视图的设计，铧翼线 GF 暂缺，待作完曲面水平投影后再定。

正视图的设计思想是用最少的材料保证犁体曲面正常工作，使犁壁翻垡良好，并且不漏土、不刮土。

2. 导向曲面的位置与形状的确定

1) 导向曲面的位置

导向曲面的位置在垂直于铧刃的垂面 $N\text{-}N$ 内，此铅垂面在铧刃上的不同位置，将得到不同的曲面形状，以致曲面有不同的性能。对于碎土型犁体，$N\text{-}N$ 面位于距铧尖端 $2l/3$ 处；对于翻土型犁体，$N\text{-}N$ 面在距铧尖 l 处。l 为铧刃线长度。导向曲面位置对曲面形状与性能的影响如图 2-27 所示。

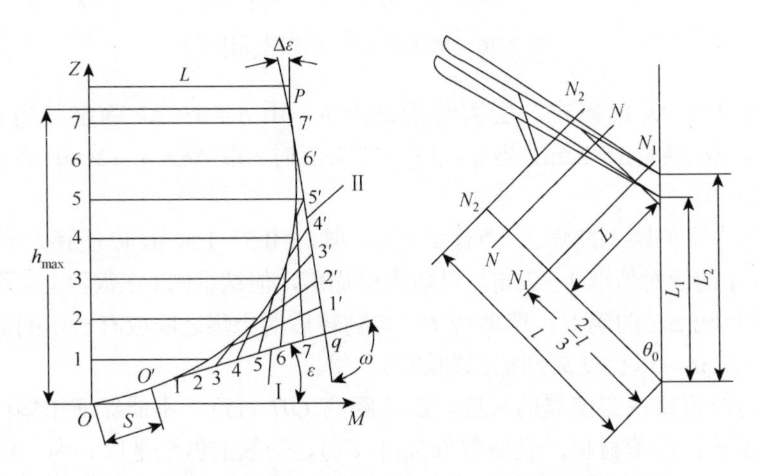

图 2-27　导向曲面位置对犁体曲面形状与性能的影响

导向曲面的形状一般采用抛物线或圆弧。由于抛物线下部较平缓，上部向外翻扣，用作导向曲线时能使曲面的性能更符合耕翻要求。因此，用抛物线作为导曲线比较普遍。

2) 导向曲线参数的确定

导向曲线的形状由高度 h、开度 L、两端点切线夹角 ω、铧刃起土角 ε 和直线段长度 S 确定。高度 h 取犁体曲面顶边线最大高度 h_{max}。当 h 一定时，L 值越小，则曲面越陡峭，碎土能力越强，但阻力越大；L 值越大，则曲面越平坦，土垡易于通过，阻力越小，但碎土能力越弱。根据经验一般碎土型犁体取 $h/L = 1.7$～1.8，翻土型犁体取 $h/L = 1.5$～1.6。铧刃起土角 ε，对碎土型犁体一般取 $\varepsilon = 20°$～$30°$；翻土型犁体取 $\varepsilon = 15°$～$25°$。铧刃下部的直线段长度 $S = 30$～70mm。两端点切线夹角 ω 由导曲线上部倾角 $\Delta\varepsilon$ 和铧刃起土角 ε 确定，其关系式为 $\omega = \pi/2 + \varepsilon - \Delta\varepsilon$，一般切线夹角 ω 越大，曲面翼部扭曲越大，翻土效果越好，对碎土型犁体 $\omega = 110°$～$120°$，对翻土型犁体 $\omega = 105°$～$110°$。

3) 各个元线角的确定

水平元线法设计的犁体曲面，按其元线角沿高度的不同变化规律 $\theta = f(z)$ 分为碎土型与翻土型两种。

碎土型犁体曲面的胸部较陡，翼部扭曲较小，工作时碎土能力较强，而为了得到良好的覆盖性能，应加装小前犁。碎土型犁体适用于容易被松碎土质的熟地，以期在犁耕时同时得到良好的碎土与覆盖残茬的效果。

翻土型犁体曲面与前者相反，它的胸比较平缓，翼部则扭曲较大。工作时，覆盖性能较好，阻力较小。

两种犁体曲面的元线角 θ 的变化规律如图 2-28 所示。元线角变化规律曲线由两段构成。

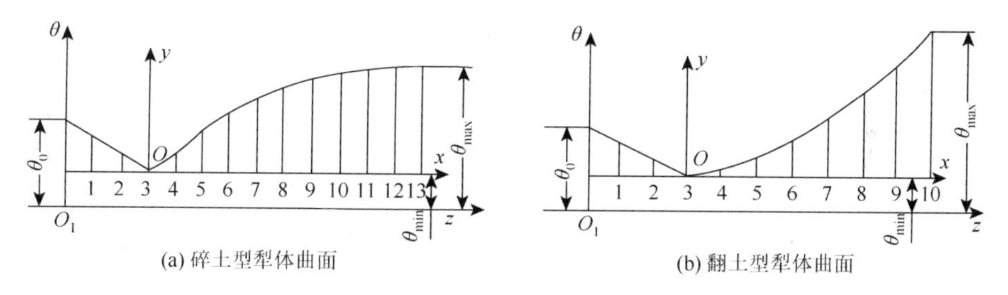

图 2-28 元线角变化规律图

第一段元线角从 θ_0 递减至 θ_{min}，递减的规律可以是直线，也可以是任意曲线。在这一段内，铧刃以 θ_0 角切开土垡，使之上升到高度 Z_1 时，θ 角逐渐减小至最小值 θ_{min}。以使土垡少受挤压，便于向侧后方移动。θ_0 的大小对铧刃的切土阻力和犁铧尺寸有影响，θ_0 较大时，切土阻力较大；θ_0 过小，则犁铧尺寸较大。对碎土型一般取 $\theta_0 = 40° \sim 45°$，$\theta_{min} = \theta_0 - (2° \sim 4°)$；翻土型一般取 $\theta_0 = 35° \sim 40°$，$\theta_{min} = \theta_0 - (1° \sim 2°)$。所在的高度为 5～10cm。

第二段元线角从 θ_{min} 增大至 θ_{max}，其变化规律可以用函数式表示。对碎土型其变化规律为 $y = \dfrac{6.2x^2}{x^2 + 100}$；翻土型为 $y = \dfrac{x^2}{2p}$。式中的 x、y 为以 θ_{min} 为原点建立的 x、y 坐标系的动点坐标，p 为抛物线焦点至准线的距离。在这一段内，θ 角变化的总趋势是增大的，但碎土型和翻土型的变化规律不同。对碎土型取 $\theta_{max} = \theta_0 + (2° \sim 7°)$；对翻土型取 $\theta_{max} = \theta_0 + (7° \sim 15°)$。

在选定了 θ_0、θ_{min}、θ_{max} 后，为了方便和直观，可建立 $y = f(x)$ 和 $\theta = f(z)$ 两个坐标系，并在横坐标上取适当的间隔 c 作为元线所在的位置，标出顺序号 1, 2, 3, …, n，求出各元线的 θ 与 y 的比例系数 m。

$$m = \frac{\theta_{\max} - \theta_{\min}}{y_{\max}} \tag{2-6}$$

然后，将各元线对应的 y 值换算成相应的 θ 值，即

$$\theta = \theta_{\min} + my_i \tag{2-7}$$

最后，将计算结果按其对应关系列成表以便绘图(表 2-1)。

表 2-1　各条元线的 θ 角计算结果

元线序号	元线高度 $z(x)$ /cm	$y = \frac{6.2x_{\max}^2}{x_{\max}^2 + 100}$	$y = \frac{x^2}{2p}$	$\theta = \theta_{\min} + my_i$
0	$-3c$	—	—	θ_0
1	$-2c$	—	—	θ_1
2	$-c$	—	—	θ_2
3	0	0	0	θ_3
4	c	y_4	y_4	θ_4
5	$2c$	y_5	y_5	θ_5

按表 2-1 中的数值绘制元线角的变化规律图(图 2-29)。

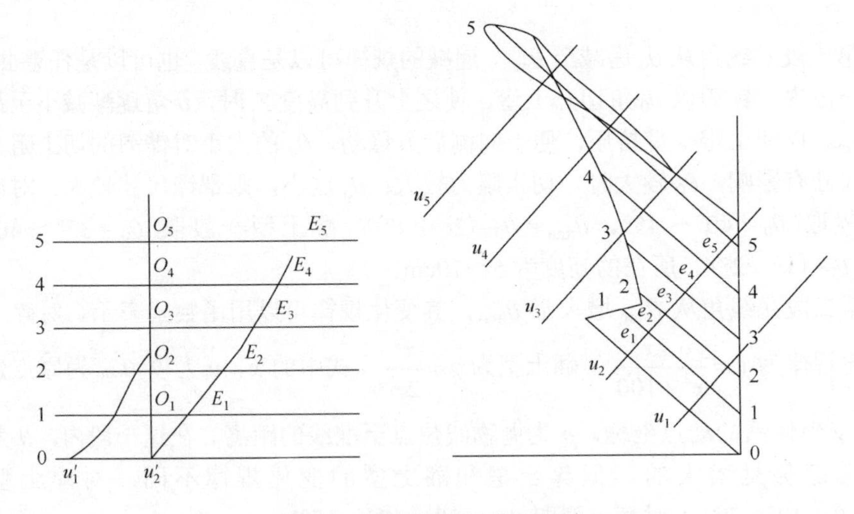

图 2-29　样板曲线的作图方法

4) 抛物线的作图方法

在曲面的水平投影图上作 N-N 平面的辅助投影面(图 2-27)，并在辅助投影面上定原点 O，据 h/L 值定 P 点。

按 ε 角从 O 点作下切线，按 $\Delta\varepsilon$ 角($\Delta\varepsilon=\pi/2+\varepsilon-\omega$)从 P 点作上切线，上下切线的交点为 Q。

在下切线上画出直线段 $S=OO'$，以 $\overline{Pq}$ 与 $\overline{O'q}$ 为上下切线作包络抛物线段，在下切线上从 O' 点开始标注 0、1、2、3 等序号，在上切线上从 Q 点开始标注 0′、1′、2′、3′等序号(注意作图技术、使线段精确等分)。连接相应的同名点 1-1′、2-2′等。作诸连线的包络线，即所求的导向曲线。

抛物线形成的导曲线使曲面具有以下性能特点：曲面下部曲率变化较小，有利于土垡上升；胸部下凹，上部外扣，可以提高犁体碎土与翻土覆盖性能。

3. 犁体曲面俯视图的确定

参见图 2-30。

(1)过正视图上 A 点，作一条与犁体前进方向平行的直线作为俯视图的基准线。作铧刃线 AB'与基准线交角为 θ_0，取 $AB'=l$，即铧刃线的实长。

(2)在铧刃线 AB'上距铧尖 $2l/3$ 处(碎土型)或 l 处(翻土型)作 AB'的垂线 n-n，即导向曲线所在的平面，并作其辅助投影面 nOm，在 nOm 上按所选参数作导向曲线图。

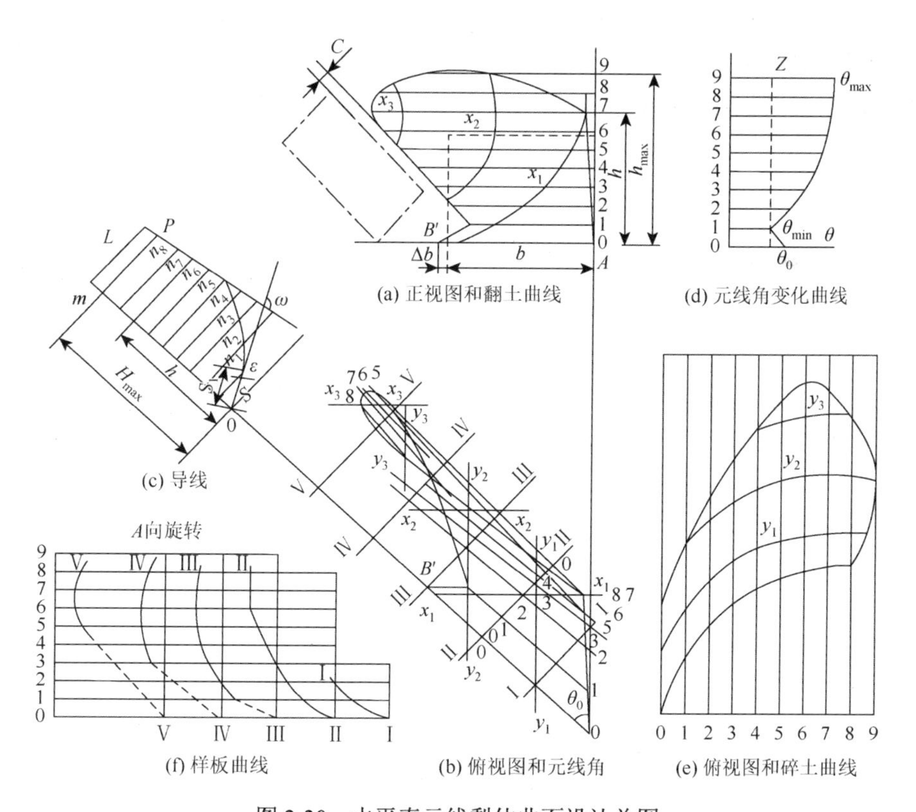

图 2-30　水平直元线犁体曲面设计总图

(3) 在曲面的正视图上作等间距的水平元线投影；1-1、2-2 等，它们是平行于沟底的投影线。间距一般取为 5cm。

(4) 以同样间距在导向曲线上作等高线，将等高线与导向曲线的诸交点投影在 n-n 线上，得 1、2、3 等点。

(5) 过 1、2、3 等点，在俯视图上按所计算的元线角 θ_1、θ_2、θ_3 等，作各条水平元线。

(6) 将正视图上各元线与曲面轮廓线的交点，投影在俯视图中相应的元线上，将各点按顺序依次光滑地连接起来，即俯视图的轮廓线。

4. 完成正视图

1) 铧壁接缝线的确定

确定铧壁接缝线的原则是：应将曲面的主要磨损区包括在铧部；保证犁铧的安装空隙，使犁铧固定螺栓的头部不碰及沟底。如果采用轧制的成型钢材作为犁铧(此时为梯形犁铧，轧制型钢的宽度规格有 105mm、114mm、122mm 等)，则应取型材的实际宽度，将其投影在前视图上。

2) 铧翼线的确定

铧壁接缝线确定后，铧翼线即可作出。但还须考虑所得的铧翼角是否合适。铧翼角过小易磨损，过大则使壁翼与铧翼之间的开档过小，而使土垡不易通过，造成拥土。此角一般以 70°～90°为宜。

5. 绘制犁体曲面的侧视图

根据机械制图的有关规定，以等间距作曲面的翻土曲线族及碎土曲线族。

6. 绘制样板曲线

样板曲线是用来在制造时检查模具或检验成品是否与设计相符的工具。

样板曲线是垂直于铧刃线的平面 u_1、u_2、u_3 等与犁体曲面的交线。它们的间距一般取 50～100mm，这些平面系和导向曲线所在平面 N-N 平行。

样板曲线的画法，兹以 u_2 处为例来说明。

(1) 首先作平行直线 0-0、1-1、2-2 等，使其间隔距离与各元线的高度间距相同。

(2) 在 0-0 线上定 u_2 点，并从 u_2 点作垂线。

(3) 以此垂线为准，将 u_2 平面在俯视图上与各条元线交点离铧刃的开度移取在样板曲线的相应等高线上，得 E_1、E_2、E_3 等点。

(4) 连接 u_2、E_1、E_2、E_3 等点即为 u_2 处的样板曲线。

同理可以作出 u_1、u_3、u_4 等处的样板曲线。

7. 水平直元线犁体曲面设计总图

将以上设计步骤得到的设计结果汇集到犁体曲面轮廓图中。

2.3.5 水平直元线法设计犁体曲面的数学模型

由水平直元线形成的犁体曲面，其形状和工作性能主要由导曲线参数与元线角变化规律所决定。因此，将以它们为基础建立水平直元线扫描曲面的数学模型。而犁体曲面轮廓线和性能曲线都可以用曲面与特定的空间面的相贯线的数学表达式作为数学模型。

1. 导曲线的数学模型

导曲线一般由抛物线和一段直线组成，它的尺寸和形状由以下参数确定(图 2-27)：导曲线的开度 L 和高度 h_{max}、犁铧安装角 ε、直线段长度 S 和抛物线上端点切线与铅垂线的夹角 $\Delta\varepsilon$。而抛物线两端点切线的夹角为 $\omega=\pi/2+\varepsilon-\Delta\varepsilon$。$h_{max}$ 与 L 有一定的比例关系。可以分别选取，也可以先选出 h_{max} 值，再根据比例关系计算 L 的值。

一般，h_{max} 与耕深 a 和耕宽 b 之间的关系为

$$h_{max}=\sqrt{a^2+b^2}\pm\Delta h \tag{2-8}$$

式中，Δh 为考虑导曲线高度可能超出理想土垡对角线长而增加的数值。

为了建立导曲线的数学模型，首先建立坐标系，设导曲线的高度方向为 Z 轴，开度方向为 M 轴(图 2-27)，则直线 I 的方程为

$$Z=M\tan\varepsilon \tag{2-9}$$

直线II的方程为

$$Z=h_{max}-(M-L)\tan(90°-\Delta\varepsilon) \tag{2-10}$$

直线 I 上 S 线段末点 O'的坐标为

$$\begin{cases}M_{O'}=S\cos\varepsilon\\ Z_{O'}=S\sin\varepsilon\end{cases} \tag{2-11}$$

直线II上导线上端点 P 的坐标为

$$\begin{cases}M_P=L\\ Z_P=h_{max}\end{cases} \tag{2-12}$$

直线 I 与直线II交点 Q 的坐标，可通过联立式(2-9)和式(2-10)求得

$$\begin{cases}M_Q=\dfrac{h_{max}+L\tan(90°-\Delta\varepsilon)}{\tan(90°-\Delta\varepsilon)+\tan\varepsilon}\\ Z_Q=M_Q\tan\varepsilon\end{cases} \tag{2-13}$$

然后，我们将点 O' 与点 Q 之间的线段和点 P 与点 Q 之间的线段分成相同的 m 段。分得越细，计算也越精确。将各分隔点按图示顺序标上序号，并求出各分隔点的坐标。直线Ⅰ上第 i 点的坐标为

$$\begin{cases} F_M(i)=M_{O'}+i\dfrac{M_Q-M_{O'}}{m} \\ F_Z(i)=Z_{O'}+i\dfrac{Z_Q-Z_{O'}}{m} \end{cases} \tag{2-14}$$

直线Ⅱ上第 i 点的坐标为

$$\begin{cases} S_M(i)=M_Q+i\dfrac{M_Q-M_P}{m} \\ S_Z(i)=Z_Q+i\dfrac{Z_P-Z_Q}{m} \end{cases} \tag{2-15}$$

直线Ⅰ上第 i 点与直线Ⅱ上第 i 点所连的斜直线方程可由直线的两点式建立起来：

$$\frac{Z-F_Z(i)}{M-F_M(i)}=\frac{S_Z(i)-F_Z(i)}{S_M(i)-F_M(i)} \tag{2-16}$$

设水平元线之间的高度间隔为 ΔH，则从犁体基面往上第 n 根水平元线的高度为 $Z(n)$，则 $Z(n)=n\Delta H$。在 MOZ 坐标系中，在 $Z(n)$ 高度作一水平线与上述直线相交，则交点的横坐标为

$$M(n,i)=F_M(i)+[Z(n)-F_Z(i)]\frac{S_M(i)-F_M(i)}{S_Z(i)-F_Z(i)} \tag{2-17}$$

然后逐个将直线Ⅰ和直线Ⅱ上相应的点连接，并按式(2-12)求出与水平线的交点。求出这一组数中的最小值。即导曲线上相应于元线号 n 的开度数值，其坐标为

$$\begin{cases} M(n)=M(n,i)_{\min} \\ Z(n)=\Delta H\cdot n \end{cases} \tag{2-18}$$

至此，在选定导曲线的参数之后，导曲线上所有点的坐标均已由数学式表达出来。于是可以编制程序进行计算。计算结果可以数据输出并可以绘制出导曲线的图形。

2. 元线角的变化规律

元线沿导曲线运动过程中角度的变化规律 $\theta=f(z)$，是指元线与沟墙之间的夹角沿高度的变化。它与导曲线的位置共同影响着曲面的坦度和扭曲。如图 2-31 所示，以碎土型犁体为例，由设计者选择出水平元线的三个特征角，初始元线角 θ_0（铧刃线与沟墙的夹角）、大约在犁铧接缝处的最小元线角 $\theta_{\min}$（相应的水平元线

高度为 Z_{min})，以及犁壁最高处的最大元线角 θ_{max}(相应的水平元线高度为 Z_{max})。然后按碎土型犁体和半螺旋形犁体的性能要求确定 θ_0～θ_{min} 和 θ_{min}～θ_{max} 的变化规律。

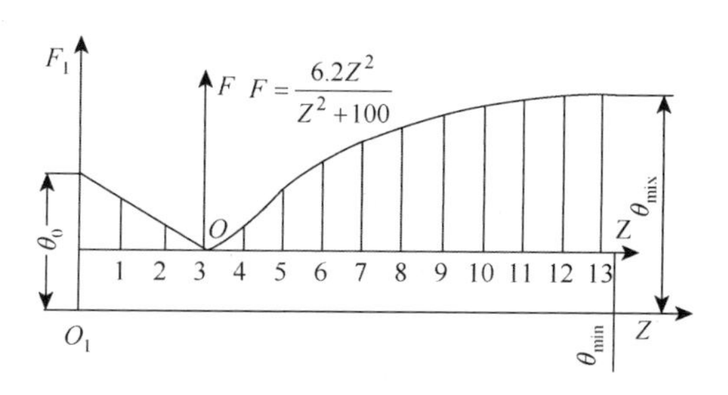

图 2-31 元线角变化规律

由 θ_0 至 θ_{min} 一段如图 2-31 所示。取水平坐标轴 Z 代表元线高度(用元线号表示，$Z(n)=n\Delta H$)，取垂直坐标轴 F 代表 θ_0–θ_{min} 的值。坐标原点($Z=0$，$F=0$)相当于元线高度为零，θ_{min} 角为 Z_{min} 时的数值。这一段元线角不论碎土型还是半螺旋形多按直线关系变化，即

$$F_1 = F_0 - M_1 Z \tag{2-19}$$

式中，$F_1=\theta-\theta_{min}$；$F_0=\theta_0-\theta_{min}$；$M_1=F_0/Z_{min}$(直线的斜率)；$Z$ 为任一元线的高度值。

由 θ_{min} 至 θ_{max} 的一段，碎土型和半螺旋形两种犁体的元线角变化规律有明显的差异。对于碎土型犁体，在 $Z=Z_{min}$ 处，函数有如下形式：

$$F = \frac{6.2(Z-Z_{min})^2}{(Z-Z_{min})^2+100} \tag{2-20}$$

式中，F 为以厘米为单位按一定比例表示的元线角($\theta-\theta_{min}$)的变化值；Z 为元线高度坐标，cm。

相应于任一 F 值元线角为

$$\theta = \theta_{min} + F m_s \tag{2-21}$$

$$m_s = \frac{\theta_{max}-\theta_{min}}{F_{max}} \tag{2-22}$$

而

$$F_{max} = \frac{6.2(Z_{max}-Z_{min})^2}{(Z_{max}-Z_{min})^2+100} \tag{2-23}$$

对于半螺旋形犁体，由 θ_{min} 至 θ_{max} 的变化规律为抛物线，函数关系有如下形式：

$$F = \frac{(Z - Z_{\min})^2}{2p} \tag{2-24}$$

式中，p 为抛物线焦点至准线的距离。其求解方法如下：选比例尺为 m_g，则

$$F_{\max} = \frac{\theta_{\max} - \theta_{\min}}{m_g} \tag{2-25}$$

相应于 $F_{\max}$ 值的水平元线高度为 $Z_{\max}$，则

$$p = \frac{(Z_{\max} - Z_{\min})^2}{2F_{\max}} \tag{2-26}$$

由此可得各元线角的值为

$$\theta = \theta_{\min} + Fm_g \tag{2-27}$$

根据以上数学表达式，即可以编制计算机程序，可以输出各水平元线角数值，也可以绘出元线角变化曲线。

3. 曲面的一般表达式

基于曲面是由水平直元线沿导曲线扫描而形成的原理，来建立曲面的一般表达式。导曲线的位置 OT 是由设计者根据曲面类型的不同而选择的。相应于第 n 根直元线的导曲线开度 $M(n)$ 和元线角 $\theta(n)$，已由式(2-18)、式(2-19)、式(2-21)和式(2-27)导出。第 n 根直元线与导曲线交点的坐标 $xD(n)$、$yD(n)$，可参见图 2-30(b)中俯视图所示的几何关系导出。

$$\begin{cases} xD(n) = OT \cdot \cos\theta_0 + M(n) \cdot \sin\theta_0 \\ yD(n) = OT \cdot \sin\theta_0 - M(n) \cdot \cos\theta_0 \end{cases} \tag{2-28}$$

第 n 根直元线的表达式为直线的点斜式

$$y(n) - yD(n) = k[x(n) - xD(n)]$$

式中，$k = \tan\theta_n$。

经过整理，可得由各元线代表的曲面的一般表达式为

$$\begin{cases} z = z(n) \\ y = y(n) = yD(n) + \tan\theta(n) \cdot [x(n) - xD(n)] \\ x = x(n) = [y(n) - yD(n) + \tan\theta(n) \cdot xD(n)] / \tan\theta(n) \end{cases} \tag{2-29}$$

当元线号 n 得知后，则 $z(n)$、$\theta(n)$、$xD(n)$、$yD(n)$ 均可知道。于是根据公式(2-29)中的第二部分（$y(n) = f[x(n)]$）或（$x(n) = f[y(n)]$），在元线上给定任意 $x(n)$ 值，即可求出 $y(n)$，反之亦然。如此可得曲面上任一点的三个对应的坐标值。

如果所求的点处在水平元线之间，则将特定点的 z 值代替 $z(n)$，用式(2-17)、式(2-18)求得导曲线开度 M 值，用式(2-19)、式(2-21)、式(2-27)计算出元线角 θ

值，然后代入式(2-28)得相应的 xD 和 yD 值。这样推导出的表达式为曲面的完全表达式

$$\begin{cases} z = \text{cons}\tan t(\text{给定值}) \\ y = yD + \tan\theta(x - xD) \\ x = (y - yD + \tan\theta \cdot xD) / \tan\theta \end{cases} \tag{2-30}$$

式(2-30)更为通用，但因为求任一特定点都需要将全部计算过程进行一遍，所以它仅用于少量特殊点的计算。而大量的曲面描述用式(2-29)就已经足够精确了。

4. 犁体曲面的轮廓

为了绘制出犁体曲面的三个投影面内的轮廓线，需求出每一条水平直元线与轮廓线交点的坐标值，以及各特征点的坐标值。为了作图方便，我们将每条水平直元线与顶边线最高点胫刃线一侧的轮廓线交点的坐标，都加上下标 1，与顶边线最高点翼边线一侧的轮廓线交点的坐标，都加上下标 2。犁体曲面轮廓图如图 2-32 所示。

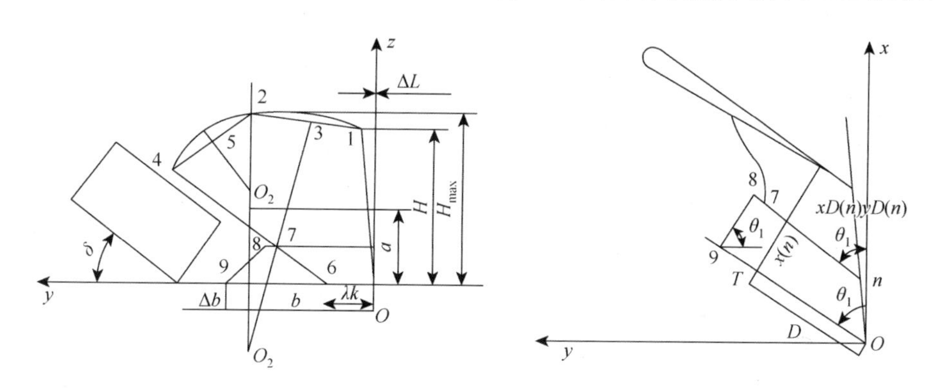

图 2-32　犁体曲面轮廓图

1)胫刃线

设胫刃线的高度 $h = b + \Delta t$，Δt 根据耕深的不同在 10～30mm 选取。胫刃线的最高点 K，从过铧尖点的铅垂面向左偏一距离 l，当铧体准备与圆犁刀配合应用时，取 $l = 10\text{mm}$，否则 $l = 0$。由此，在 $Oxyz$ 坐标系中，胫刃线所在 zOy 平面内的表达式为

$$y = \frac{\Delta l}{H} \cdot z$$

将其与曲面的元线表达式(2-29)联立，得各元线与胫刃线交点的坐标为

$$\begin{cases} y_1(n) = \dfrac{\Delta l}{H} \cdot z(n) \\ x_1(n) = [y_1(n) + \tan\theta(n) \cdot xD(n) - yD(n)] / \tan\theta(n) \\ z_1(n) = z(n) \end{cases} \tag{2-31}$$

特征点 1 的两个坐标已经知道：

$$\begin{cases} y_1 = \Delta l \\ z_1 = H + \Delta t \end{cases} \tag{2-32}$$

则根据式(2-31)的计算步骤，得

$$x_1 = \frac{y_1 - yD_1 + \tan\theta_1 \cdot xD_1}{\tan\theta_1} \tag{2-33}$$

式中，xD_1 和 yD_1 为过 1 点的假想水平元线与导曲线交点的坐标。

2) 犁壁翼边线

犁壁翼边线为一平行于前进方向的倾斜平面与犁壁曲面的相贯线。因此，在正视图中它为一倾斜直线(图 2-32)。斜率为 $\tan\delta$，δ 为理想土垡翻转的铺放角。

$$\delta = \arcsin\frac{a}{b} \tag{2-34}$$

斜直线与沟底交点 6 的坐标为

$$\begin{cases} z_6 = 0 \\ y_6 = \lambda b \end{cases} \tag{2-35}$$

式中，λ 的取值范围为 0.40～0.50，以翼边线不刮擦土垡为原则。于是铧壁翼边线可由直线的点斜式表示

$$z - z_6 = \lambda(y - y_6)$$

代入式(2-35)的值，则得

$$z = \tan\delta(y - \lambda b) \tag{2-36}$$

将式(2-36)与曲面的元线表达式(2-29)联立，可得各水平元线与壁翼线交点的坐标为

$$\begin{cases} z_2(n) = z(n) \\ y_2(n) = z(n)/\tan\delta + \lambda b \\ x_2(n) = \dfrac{y_2(n) - yD(n) + \tan\theta(n) \cdot xD(n)}{\tan\theta(n)} \end{cases} \tag{2-37}$$

壁翼线上端点 4 的坐标值中已知的有

$$\begin{cases} z_4 = 1.6b\sin\delta \\ y_4 = \Delta b + 1.6b\cos\delta \end{cases} \tag{2-38}$$

式中，系数 1.6 是考虑到土垡翻转后的土壤膨松度这一因素而根据经验确定的。将 z_4 代入曲面的完全表达式(2-30)，可求出 x_4 值。

特征点 7 在 $Oxyz$ 坐标系中，已知的坐标值为

$$\begin{cases} z_7 = z_{\min} \\ y_7 = z_7/\tan\delta + \lambda b \end{cases} \tag{2-39}$$

同样将 z_7、y_7 代入式(2-30)，可求出 x_7 值。

3) 顶边线

顶边线是由母线平行于前进方向且相切的两个圆柱面与曲面的相贯线构成的。因此，它们在正视图上的投影为两段圆弧。最高点 2 在距铧尖为 b 的铅垂线上，且为两段圆弧的切点(图 2-32)。由此可得，两段圆弧的圆心均在距铧尖为 b 且垂直于沟底的直线上。

下面求解两个圆心在直线上的位置和圆弧的半径。

特定点 1 和 2 的各项坐标值，经过式(2-33)和式(2-37)的计算之后已完全求出。点 1 和点 2 连线的斜率为

$$k_3 = \frac{z_2 - z_1}{y_2 - y_1} \tag{2-40}$$

上述两点的圆弧的中心为两点连线的中垂线与过最高点 2 的铅垂线的交点 O_1。连线中点 3 的坐标值为

$$\begin{cases} z_3 = \dfrac{z_2 + z_1}{2} \\ y_3 = \dfrac{y_2 + y_1}{2} \end{cases} \tag{2-41}$$

则中垂线的表达式为一点斜式：

$$z - z_3 = \frac{1}{k_3} \cdot (y - y_3) \tag{2-42}$$

当代入 $y = b$ 时可求得圆心 O_1 的坐标为

$$\begin{cases} y_{O_1} = b \\ z_{O_1} = z_3 + \dfrac{1}{k_3} \cdot (b - y_3) \end{cases} \tag{2-43}$$

圆的半径为

$$R_1 = z_2 - z_{O_1} \tag{2-44}$$

由此可以写出圆柱的方程为

$$y = b - \sqrt{R_1^2 - (z - z_{O_1})^2} \tag{2-45}$$

将圆柱面的方程与曲面的元线表达式(2-29)联立，可得各水平元线与圆柱面交点的坐标为

$$\begin{cases} y_1(n) = b - \sqrt{R_1^2 - [z(n) - z_{O_1}]^2} \\ x_1(n) = \dfrac{y_1(n) - yD(n) + \tan\theta(n) \cdot xD(n)}{\tan\theta(n)} \\ z_1(n) = z(n) \end{cases} \tag{2-46}$$

最高点 2 翼边线一侧的顶边线与各水平元线交点的坐标求解方法同上。线段 2-4 的斜率为

$$k_4 = \frac{z_4 - z_2}{y_4 - y_2} \tag{2-47}$$

线段 2-4 中点 5 的坐标为

$$\begin{cases} z_5 = \dfrac{z_4 + z_2}{2} \\ y_5 = \dfrac{y_4 + y_2}{2} \end{cases} \tag{2-48}$$

圆心 O_2 的坐标为

$$\begin{cases} y_{O_2} = b \\ z_{O_2} = z_5 + \dfrac{1}{k_4} \cdot (b - y_5) \end{cases} \tag{2-49}$$

圆的半径为

$$R_2 = z_2 - z_{O_2} \tag{2-50}$$

各水平元线与圆柱面的交点的坐标为

$$\begin{cases} y_2(n) = b + \sqrt{R_2^2 - [z(n) - z_{O_2}]^2} \\ x_2(n) = \dfrac{y_2(n) - yD(n) + \tan\theta(n) \cdot xD(n)}{\tan\theta(n)} \\ z_2(n) = z(n) \end{cases} \tag{2-51}$$

4) 犁铧翼边线

铧刃线末端点 9 的坐标值为

$$\begin{cases} z_9 = 0 \\ y_9 = b + \Delta b \\ x_9 = y_9 / \tan\theta_0 \end{cases} \tag{2-52}$$

式中，Δb 为实际铧刃线长比理想土垡宽度大出的部分。

铧翼线为与铧刃线垂直且垂直于沟底的平面与曲面的相贯线。平面的方程为直线的点斜式：

$$x - x_9 = -\tan\theta_0 \cdot (y - y_9)$$

经过变换后得

$$y = y_9 - (x - x_9) / \tan\theta_0 \tag{2-53}$$

将式(2-53)与曲面的元线表达式(2-29)联立，则得各水平元线与平面交点的坐标为

$$\begin{cases} z_2(n) = z(n) \\ x_2(n) = \dfrac{y_9 + x_9 / \tan\theta_0 - yD(n) + \tan\theta(n) \cdot xD(n)}{\tan\theta(n) + 1/\tan\theta_0} \\ y_2(n) = yD(n) + \tan\theta(n) \cdot [x_2(n) - xD(n)] \end{cases} \tag{2-54}$$

特征点 8 坐标可根据其相应的 n 值由式(2-54)求出：

$$\begin{cases} z_8 = z_{\min} \\ y_8 = y_2 \dfrac{z_{\min}}{\Delta H} \\ x_8 = x_2 \dfrac{z_{\min}}{\Delta H} \end{cases} \tag{2-55}$$

至此各水平元线与左右轮廓线交点的坐标，以及各特征点的坐标已全部求导得出表达式，经赋值计算后，即可绘出曲面在三个投影面上的轮廓及水平元线的投影线。

5)翻土曲线

翻土曲线族为一组垂直于前进方向的平面与曲面的相贯线。在正视图中显示出它们的真实图形。任意给定一平面位置，即 x 值，即可由曲面的元线表达式(2-29)计算出该平面与曲面相贯而形成的一条翻土曲线的空间坐标：

$$\begin{cases} x_f(n) = \text{cons}\tan tz(\text{给定值}) \\ z_f(n) = z(n) \\ y_f(n) = yD(n) + \tan\theta(n) \cdot [x_f(n) - xD(n)] \end{cases} \tag{2-56}$$

根据计算结果，在俯视图中可以绘出垂直于前进方向的平面的位置，在正视图中可以绘出翻土曲线的真实形状。

6)碎土曲线

碎土曲线族为一组平行于沟墙的平面与曲面的相贯线。在侧视图中显示出它们的真实图形。任意给定一平面位置，即 y 值，代入曲面的元线表达式(2-29)，就可以得到族平面与曲面相贯而形成的一条碎土曲线的空间坐标。

$$\begin{cases} y_s(n) = \text{cons}\tan tz(\text{给定值}) \\ x_s(n) = \dfrac{x_s(n) - yD(n) + \tan\theta(n) \cdot xD(n)}{\tan\theta(n)} \\ z_s(n) = z(n) \end{cases} \tag{2-57}$$

根据计算结果，在俯视图中可以绘出与沟墙平行的平面的位置，在侧视图中可以绘出碎土曲线的真实形状。

7)样板曲线

样板曲线族为一组垂直于铧刃线的平面与犁体曲面的相贯线。它们在与铧刃线垂直的投影面内反映真实形状。该相贯线上各点的坐标值的求解方法与犁铧翼边线各点坐标值的求解方法相同。设任一垂直于铧刃线的平面距铧尖的距离为 D，与铧刃线的交点为 T(图 2-32)。T 点的坐标为

$$\begin{cases} x_T = D\cos\theta_0 \\ y_T = D\sin\theta_0 \end{cases} \tag{2-58}$$

则过 T 点的平面方程可由直线的点斜式表示

$$x - x_T = -\tan\theta_0 (y - y_T)$$

经过移项变换可得

$$y = y_T - (x - x_T)/\tan\theta_0 \tag{2-59}$$

将式(2-59)与曲面的元线表达式(2-29)联立，可得该平面与各元线交点的坐标为

$$\begin{cases} z_B(n) = z(n) \\ x_B(n) = \dfrac{y_T + x_T/\tan\theta_0 - yD(n) + \tan\theta_0(n)\cdot xD(n)}{\tan\theta_0(n) + 1/\tan\theta_0} \\ y_B(n) = yD(n) + \tan\theta(n)\cdot[x_B(n) - xD(n)] \end{cases} \tag{2-60}$$

为了绘出样板曲线的真实形状，需要求出样板曲线上各点的开度。这实质上是求样板曲线上各点与过铧刃线的铅垂面的距离。过铧刃线的铅垂面的方程为

$$x\sin\theta_0 - y\cos\theta_0 = 0 \tag{2-61}$$

俯视图上，该铅垂面即铧刃线的延长线。任一空间点距该铅垂面的距离，为该空间点在俯视图上的投影距铧刃线延长线的距离。可用点线距离的公式来求解。因此样板面线上与各元线相对应点的开度和高度可由式(2-62)表示。

$$\begin{cases} M_B(n) = |x_B(n)\sin\theta_0 - y_B(n)\cos\theta_0| \\ z_B(n) = z(n) \end{cases} \tag{2-62}$$

建立起表示开度的坐标轴 M (横坐标)和表示高度的坐标轴 z (纵坐标)，则可以绘出样板曲线。

通过以上分析，我们建立了水平元线法设计犁体曲面的数学模型，根据数学模型，完成计算机程序编制后，通过计算机运算，即可得到我们所要设计的犁。

2.3.6　高速型犁体曲面

1. 发展高速犁的必要性

提高耕作机组生产率的主要途径有两方面，即增加机具的工作幅宽或提高机组的耕作速度。在拖拉机功率相同的条件下，提高耕速比增加耕作幅宽更为有利。因提高耕速后，可采用耕幅较窄的犁，从而降低金属耗量，减少购置费用，同时

可采用轻型的轮式拖拉机。这样不但可减小轮胎下陷量，降低胎轮的滚动阻力，减小胎轮对耕层土壤的压实和破坏程度，而且还可提高机组对不平地面的适应性，改善机组的机动性。

高速犁的犁耕速度是随着科技进步而不断提高的。20 世纪 50 年代一般耕速为 4～6km/h，60 年代耕速提高到 7～9km/h，目前高速犁的耕速为 8～10km/h，有的可达 12km/h。近几十年，大约每 10 年可提高耕速 3km/h。因此，高速型犁体曲面的研究工作已引起普遍重视。

2. 高速型犁体曲面的基本要求

常速犁(耕速在 7km/h 以下)用于高速作业时，往往会使作业质量降低，如土壤抛掷过远，犁沟太宽，还会导致阻力陡增。

耕速与牵引阻力有以下关系：

$$p_v / p = 0.83 + 0.007v^2 \tag{2-63}$$

式中，p_v为在耕速 v 时的牵引阻力，单位为 kN；p 为在耕速为 4.83km/h 时的牵引阻力，单位为 kN；v 为犁耕速度，单位为 km/h。

3. 高速型犁面的特点

高速型犁体可以从常速的熟地型(碎土型)、通用型和翻垡犁体通过试验与个性设计出来，使之适应高速作业。高速型犁体曲面的基本特点是：犁体较长，铧刃角较小，纵剖和横剖曲线族较为平坦，犁翼部分后掠和扭曲较大。这样，可使土壤的垂直与侧向分速不致比常速增大过多，并改善翻垡性能。此外，犁体的最大高度也略高于常速犁，使土垡不致在高速时飞越顶边线。

2.4 犁体外载及犁耕牵引阻力

2.4.1 犁体外载

犁体的外载，系指犁在耕作过程中，土壤施加于犁体上的作用力。犁体是铧式犁的主要工作部件，犁的受力特征主要取决于犁体的外载状况。因此，研究犁体的外载，对于犁和机组的研究都具有重要的意义。

1. 犁体外载测定方法及其装置

目前，对犁体外载的测定，随其用途的不同主要有以下几种方法和装置。

1) 线性测力

线性测力是指测定犁沿前进方向的阻力数值，即牵引阻力 R_x。线性测力常用于犁的总体设计、机组配套和对比犁的动力性能等方面。

整机线性测力最简单的方法是用机组在田间直接测定。对于牵引犁，可以在拖拉机与犁之间连接拉力仪，直接测出前进方向的阻力值。对于悬挂犁，则可在被测机组前再串联一拖拉机，由两拖拉机之间的拉力仪测出机组工作状态时的总阻力，然后减去被测机组空行程的滚动阻力数值。

对于带有犁轮的犁，上述方法所测出的阻力值尚包括犁轮的滚动阻力。若要直接测出犁体本身的阻力，可采用专用的线性测力悬架。图 2-33 即该装置的一种形式。

由于耕区各处土壤的性质不同以及耕深、耕宽和耕作速度的不稳定等，仪器所记录的线性阻力值是波动的，其测定结果如图 2-34 所示，横坐标表示时间，纵坐标表示阻力。图中右侧是载荷出现的频率曲线，其横坐标表示频率值。平均值出现的频率是在峰值附近，这说明平均值出现的机会最多。在实用中，通常所说的阻力值大都指其算术平均值，即

$$R_{xi}=\frac{\sum_{i=1}^{n}R_{xi}}{n} \tag{2-64}$$

式中，n 为测定点数；R_{xi} 为各测定点阻力。

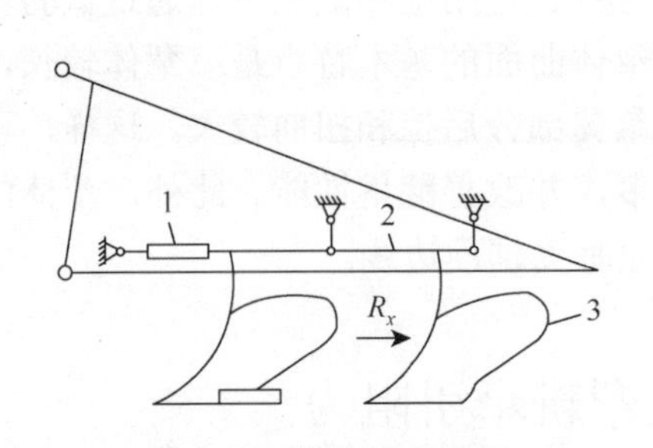

图 2-33　线性测力悬架

1. 拉力仪；2. 悬梁；3. 被测犁体

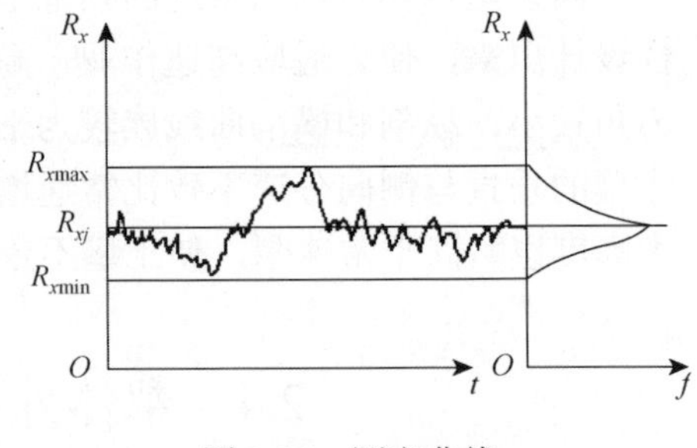

图 2-34　测定曲线

其阻力波动情况可以用变异系数 v 表示：

$$v=\frac{S}{R_{xj}}\% \tag{2-65}$$

式中，S 为标准偏差；R_{xj} 为阻力算术平均值。其中

$$S=\sqrt{\frac{\sum(R_{xi}-R_{xj})^2}{n-1}} \tag{2-66}$$

也可以用动荷系数λ表示阻力波动情况：

$$\lambda=\frac{R_{x\max}}{R_{xi}} \tag{2-67}$$

式中，$R_{x\max}$为阻力的峰值。

对于负荷逐渐增加的情况，如遇到坚硬土壤时，其动荷系数一般为 2；碰到障碍物时，如碰到石块、树根时，其动荷系数甚至可达 4。

2) 空间测力

在测定犁体空间外载荷时，通常首先测出该空间力系的六个分力数值，然后换算为所需要的形式。因此犁体空间外载荷测定常称为六分力测定。

目前，最常用的空间测力装置主要有悬架式和管式两类，而在每一类中又有许多形式。

(1) 悬架式测力装置。悬架式测力装置有许多形式，其共同点是都有固定被测犁体用的悬架，而该悬架由六个独立的传感器与机架连接。这六个传感器约束了悬架的六个自由度，并反映了各点所承受的阻力数值。这种测力装置可以装在悬架式或牵引式犁上，也可以装在土壤槽的台车架上。

图 2-35 为一种悬架式六分力装置的示意图(为了简化分析结构上做了一些改变)。其悬架为三角形，被测犁体固定在斜梁上。在悬架上过 A、B 两点沿 X 方向，过 B 点沿 Y 方向，过 A、B、C 三点沿 Z 方向各连接一拉压力传感器。拉压力传感器的另一端与犁架(图中未绘出)连接。为保证测力元件只承受拉力或压力，传感器两端都是球铰接。

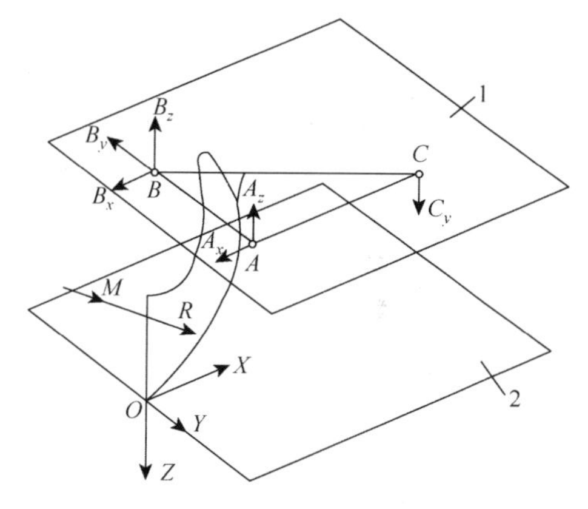

图 2-35　悬架式六分力装置示意图

1. 悬架中心线所在平面；2. 犁体支持面

在被测犁体右前方的犁架上安装一相同犁体(图中未绘出)为被测犁体开沟，以保证被测犁体的耕宽稳定。

当犁体耕作受到外载荷时，悬架上的六个传感器就会测出(通过记录装置)六个拉力或压力值，A_x、A_z、B_x、B_y、B_z和 C_z这六个力与犁体外载等效。

(2) 立管式测力装置。立管式测力装置代替了原犁柱的位置，它主要由传感器、上连接盘和专用犁托三部分组成(图 2-36)。传感器为一薄壁圆筒，圆筒外壁的相应位置贴有若干电阻应变片，并联接成一定的桥路，以分别测出犁体外载的六个分力数值。

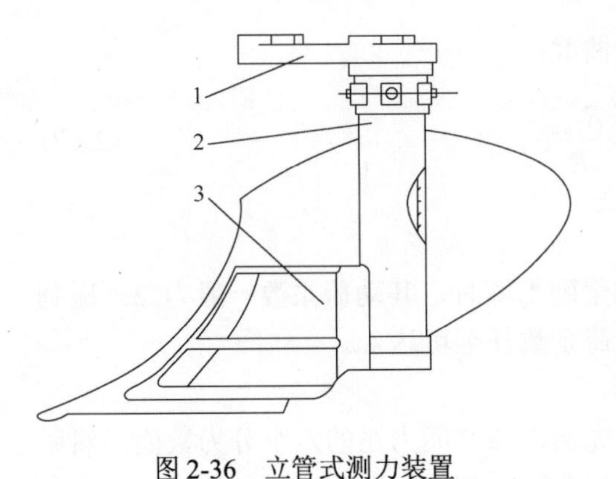

图 2-36　立管式测力装置

1. 上连接盘；2. 传感器；3. 专用犁托

(3) 卧管式测力装置。卧管式测力装置的传感器亦为一薄壁圆筒，但呈纵向水平配置。这种传感器实际上是一个附加的悬臂梁，前端固定于犁架上，后面的悬臂端安装被测犁体(图 2-37)。与立管式测力装置的原理一样，在圆筒外壁相应的位置按一定的布片方案，贴上若干电阻应变片，并接成一定的桥路，以测出六个分力数值。

(4) 管梁组合式测力装置。这种装置的传感器由两部分组成：圆筒形立管和矩形悬臂纵梁(图 2-38)。立管与纵梁刚性连接，纵梁前端固定在犁架上，立管下端通过专用犁托安装被测犁体。在纵梁和立管外壁相应位置贴上若干电阻应变片，纵梁测出 R_z 值，立管测出其余五个分力数值。

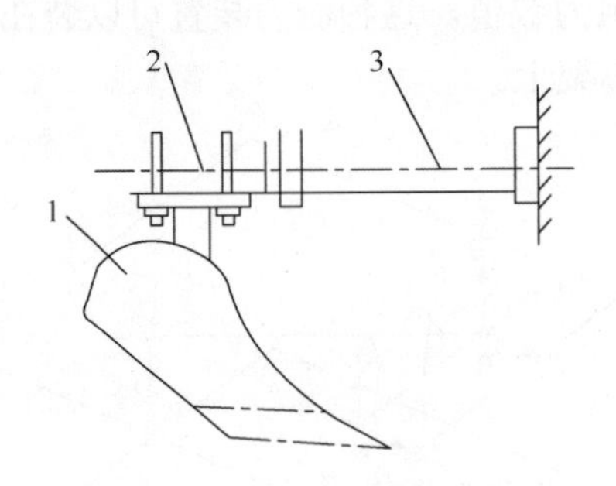

图 2-37　卧管式测力装置

1. 被测犁体；2. 连接件；3. 传感器

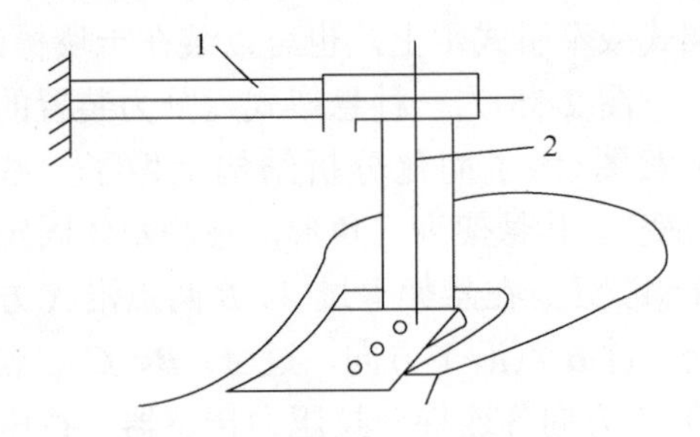

图 2-38　管梁组合式测力装置

1. 悬臂纵梁；2. 圆筒形立管

2. 影响犁体外载的因素

在耕地时，犁体外载受到多种因素的支配和影响，主要包括犁体因素(犁体曲面形式、犁体结构、刃口锐利情况、工作面的材料和光洁度、土壤与犁体的接触面积等)、土壤因素(土壤组成、坚实度、含水量、作物残茬、石块等)和其他因素(耕地断面尺寸、作业速度、坡度、有无小前犁和犁刀等)。在上述因素中，有的难以精确分析，有的在通常的耕作条件下可以忽略。因此，下面仅讨论一些主要影响因素。

1) 犁体曲面形式

犁体曲面形式对分组力 R_x 和 n、m 两个系数都有影响。一般来说，在常用耕深范围内，熟地型犁体的阻力较小。图 2-39 将不同犁体的比阻与耕深的变化曲线进行了比较。从图中可以看出，碎土型(S)犁体的比阻曲线是很平缓的，在耕深为10～22cm时，其比阻值基本不变；而熟地型(L)和翻土型(W)在耕深增加时，其比阻曲线均上升。虽然熟地型的比阻较小，但当耕深超过20cm时，其比阻却超过了碎土型。

应当指出，犁体曲面的形式应同其耕作的土壤类型、作业要求和作业速度相适应，只有在适应这些条件的情况下比较其阻力的大小，才有实用意义。

2) 犁铧刃口

当犁铧在工作中由于刃口磨损而形成背棱时(图2-40)，它的受力情况将发生变化。这是因为背棱产生了附加阻力ΔR。这时，犁体外载的垂直分力R_z将减小，并随着背棱的加宽变为负值；同时，犁体外载的纵向和横向分力R_x与R_y相应增大。因此，犁铧磨损不仅影响犁的入土性能和耕深稳定性，还使牵引阻力增大。

3) 土壤

在不同土壤里工作的犁体有不同的外载，其数值主要取决于土壤的机械组成、含水量和其他土壤参数。图2-41表示用一种熟地型犁体在三种不同土壤(细砂壤土A、砂性黏壤土B和粗砂黏壤土E)中耕作时，测定的三个坐标平面分阻力随耕深变化的曲线。由图中看出，当耕深增大时，R_x和R_y均相应增大。在土壤E中的R_x力比在土壤A中的R_x力大2.5～3倍。因此在三种土壤中的R_z力，当耕深15～20cm时，基本上是相同的。但当耕深减少时，在土壤E的垂直分力R_z明显减小，甚至改变符号变为负值，这说明R_z力的方向此时是向上的。

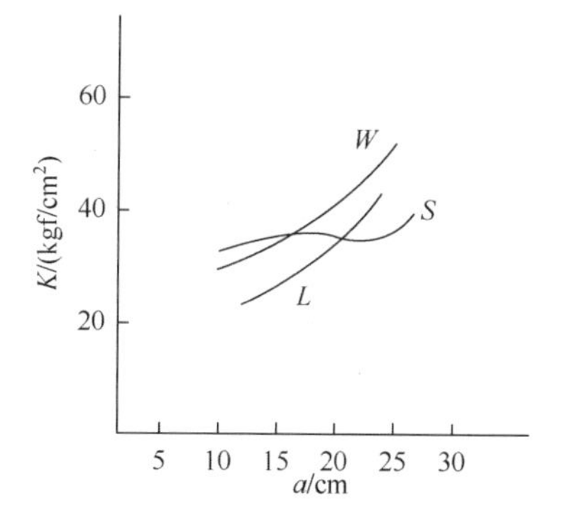

图2-39 不同犁体的比阻-耕深曲线

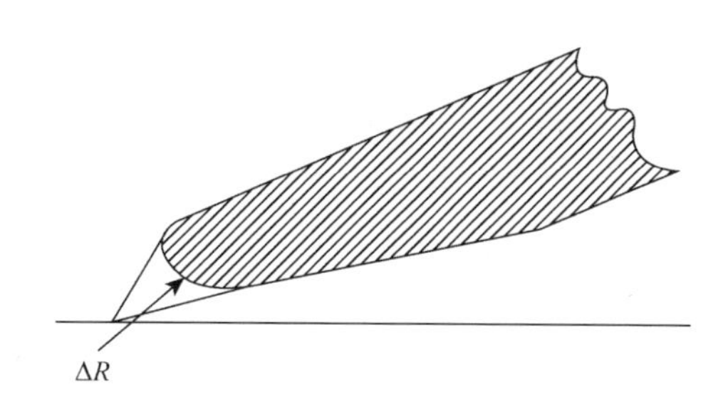

图2-40 背棱

土壤含水量对犁体外载有很大影响。一般在适耕水分时阻力最小，含水量过小或过大都会影响阻力值。适耕水分应根据土壤状况而定，对壤土旱耕而言，其适耕含水量(绝对含水量)一般在15%左右。

4) 耕地断面尺寸

耕地断面尺寸主要包括耕深 a、单犁体幅宽 b 和宽深比 b/a 的变化。

犁体在一定耕深范围内耕作时，其牵引阻力 R_x 随耕深的增加基本上呈线性增大(图 2-42)。当耕深超过一定值时(图中约为 20cm)，在所有幅宽的条件下，都会使牵引阻力急剧上升。这主要是因为耕深超过耕作层遇到了生土。

如果将比阻 K 与宽深比 k 的变化关系用图线表示(图 2-43)，则有助于选择最优耕作断面。图中所有耕深的比阻曲线均有一个最小值，即有一个最优的 k 值，选择这样的断面比阻最小。

随着耕深的改变，侧向分力 R_y 的变化规律与 R_x 接近，$R_y \approx nR_x$(图 2-41)。

垂直分力 R_z 亦随耕深不同而变化。由于犁体外载垂直分力 R_z 是由作用在铧刃底面的负方向的土壤反力、犁体工作面上的土壤阻力以及土垡重量组成的合力，因而当耕深小、土质硬时，R_z 可能出现负值。随着耕深的增大，由于犁面上土壤阻力和重量的增加，R_z 逐渐增大。但进一步加大耕深，特别是对于犁壁翼部扭曲较强的犁体，由于犁翼扣压土垡，R_z 值开始减小。如果耕深超过硬土层，R_z 可能出现负值。

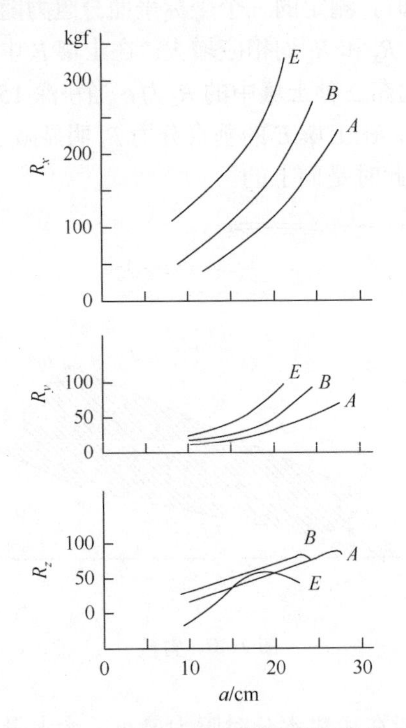

图 2-41　不同土壤的比阻-耕深曲线

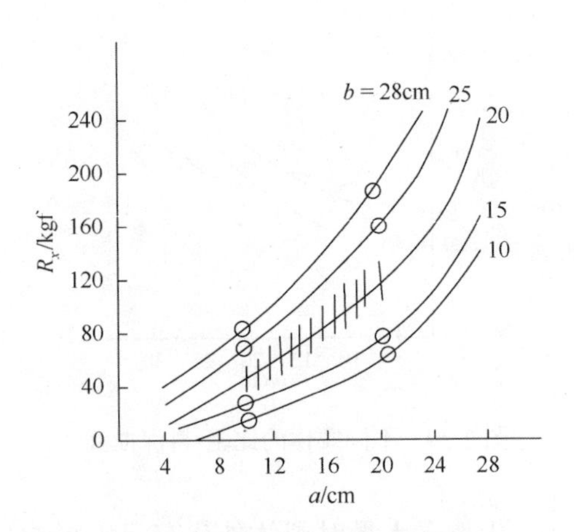

图 2-42　R_x 与 a、b 的变化曲线

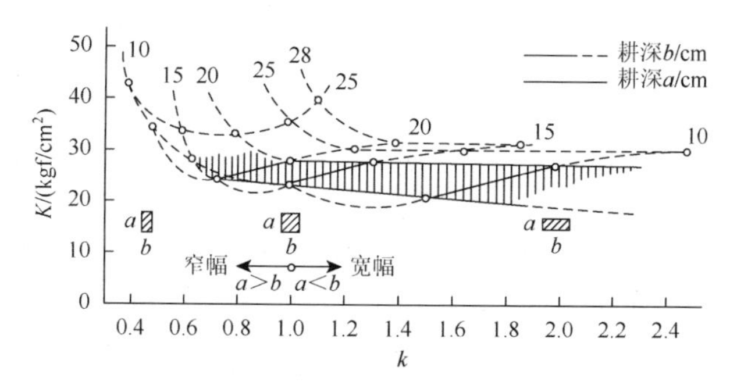

图2-43　K与k的变化关系

5）作业速度

犁的作业速度与犁体外载数值的关系很大。当作业速度提高时，牵引阻力R_x将显著增加。图2-44中列出了熟地型(*K*)、带凿尖的半螺旋形(*CD*)和福格森型(*F*)三种犁的作业速度与牵引阻力和牵引功率之间的关系曲线。

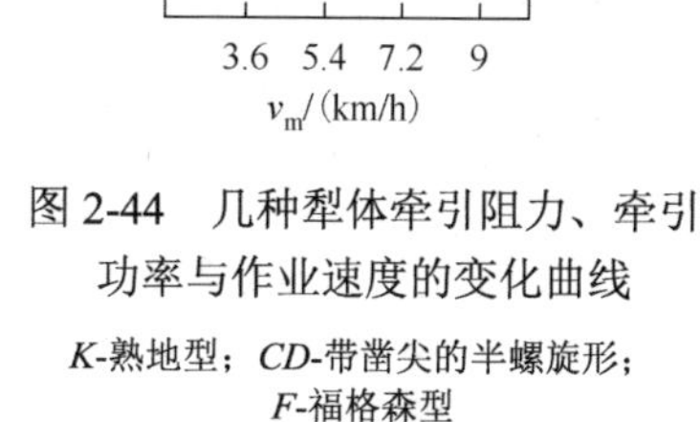

图2-44　几种犁体牵引阻力、牵引功率与作业速度的变化曲线

K-熟地型；*CD*-带凿尖的半螺旋形；*F*-福格森型

随着耕速的提高，侧向分力R_y也有增大的趋势，但不很明显。对于垂直分力R_z，当速度提高时一般认为有向下(正向)缓慢增大的趋势。

6）小前犁和圆犁刀

一些试验表明，带有小前犁的犁体耕作时，在多数情况下其阻力比不带小前犁时大，但有时减小。

圆犁刀对犁体的牵引阻力R_x的影响不很明显，这是因为圆犁刀本身虽有一定的阻力，但却减小了犁体胫刃切土的阻力。圆犁刀对犁体的垂直分力R_z影响较大。

2.4.2　犁耕牵引阻力

耕地是农业生产的重要环节，也是能量消耗较大的作业之一。为此，研究犁和机组的受力特性特别是犁耕时的牵引阻力，对改善耕作的稳定性、减轻耕作阻力和提高机具的使用寿命，从而充分发挥犁耕的经济效果，都具有重要的意义。

1. 犁的牵引阻力公式

为了计算犁的牵引阻力和阐明复杂的犁耕过程中各主要因素与阻力之间的物

理联系，不少学者经过长期的研究，提出了一些犁的牵引阻力计算公式。苏联的高略契金院士按照一般的力学原理，在实验的基础上首先提出了犁的牵引阻力有理公式。这个公式由摩擦、变形和动量三个阻力项组成：

$$R = R_1 + R_2 + R_3 = fG + kab + \varepsilon abv^2 \tag{2-68}$$

式中，R 为犁的牵引阻力，单位为 N；f 为综合摩擦系数，留茬地 $f = 0.3\sim0.5$；k 为土垡抗变形系数，单位为 N/cm^2，轻质土壤(砂土、黏砂土)为 2，中等土壤(砂黏土)为 4，黏重土壤(黏土)为 6，特重土壤(重黏土)为 6～10；a 为耕深，单位为 cm；b 为工作幅宽，单位为 cm；ε 为与犁体曲面形状、土壤性质等因素有关的系数，单位为 N·s^2/m^4，其数值范围较大，一般平均可取 $\varepsilon = 4000$N·s^2/m^4；v 为犁的前进速度，单位为 m/s。

在式(2-68)中，第一项 R_1 为与耕作速度和土垡尺寸无关的摩擦阻力。其中包括犁体和沟底、沟壁的摩擦阻力，轮子的滚动阻力等。这项阻力与犁的重量成正比，其比例常数即综合摩擦系数 f。因此，这项阻力与有效功无关，而且是永远伴随着犁的运动而产生的无法避免的固定阻力。

第二项 R_2 为使土垡变形的阻力。这项阻力与速度无关，而与土垡的横截面成正比，其比例常数即土垡抗变形系数 k。

第三项 R_3 为翻转土垡的阻力，或称介质的动力变化阻力，与犁体曲面形状、土壤性质以及犁的前进速度有关。

设在每秒钟内通过犁壁的土壤体积为 $V = abv$，而其质量为 $M = \rho abv$，其中 ρ 为土壤密度，$\rho = \dfrac{\gamma}{g}$ (γ 为土壤比重；g 为重力加速度)。

由于使土垡抛翻并具有速度 v_1 的力由 mv_1 值决定(其中 v_1 为土垡速度，v_1 与犁的前进速度 v 成正比，设 $v_1 = \varepsilon' v$)。因此，这项阻力可由下式求得：

$$mv_1 = \varepsilon' \frac{\gamma}{g} abv^2$$

或用总系数 ε 代表 $\varepsilon' \dfrac{\gamma}{g}$，则得 $R_3 = \varepsilon abv^2$。

这就是有理公式(2-68)的第三项阻力形式。

2. 阻力的组成

从牵引阻力的有理公式可以看出，在犁的阻力中大体上可分为无效阻力和有效阻力两部分。

无效阻力主要由以下各种摩擦力组成。

(1)犁体与沟底、沟壁和土垡间的摩擦力。

(2)犁轮的滚动阻力及轴承的摩擦力等。

这部分阻力主要包括在有理公式的第一项中。

有效阻力是完成耕翻过程所必需的阻力，主要由以下各种阻力组成。

(1)切出土垡的切割阻力，即犁铧刃口切出沟底、犁刀或犁胫刃口切出沟壁的阻力(如有小前犁，还有小前犁切出小土垡的切割阻力)。

(2)土垡受到挤压、剪切、扭转、移动及破碎的阻力。

(3)抛出土垡的阻力。

(4)由于犁耕速度的变化所产生的惯性阻力等。

这部分阻力主要包括在有理公式的第二、三两项中。

3. 犁的效率

犁的效率一般指犁的有效阻力与总阻力之比。现将式(2-68)改写成下列两项形式：

$$R = fG + (k + \varepsilon v^2)ab \tag{2-69}$$

其中第一项为无效阻力。当认为第二项为有效阻力时，可用下列比值来计算犁的效率：

$$\eta = \frac{R - fG}{R} = 1 - \frac{fG}{R} \tag{2-70}$$

或

$$\eta = \frac{(k + \varepsilon v^2)ab}{fG + (k + \varepsilon v^2)ab} \tag{2-71}$$

犁的效率常作为评价犁的性能指标之一。由于悬挂犁比牵引犁结构简单、重量较轻，其无效的摩擦阻力 fG 小得多，因而悬挂犁的效率较牵引犁为高。即使同一类型的犁，亦因工作部件和配置的不同，其效率也有所差异。

4. 减小牵引阻力的途径

分析犁耕阻力的组成及其影响因素的一个重要目的，是研究如何减小其阻力，关于减小犁的牵引阻力的问题，世界各国都进行了大量的工作。目前在理论研究和生产实际上所探讨及采用的方法与措施，首先要选择适耕期，即选择土壤含水量适宜、残根腐烂适度的时间进行耕地。此时土壤的强度较小，易于松散破碎，可减少牵引力。从设计制造方面来减少犁的阻力，主要分以下几个方面。

1)减小犁与土壤之间的摩擦阻力

犁与土壤之间的摩擦阻力基本上属于无效阻力，因而减小这类阻力对提高犁的效率是有重大意义的。为此应：减轻犁的重量，如采用悬挂犁代替牵引犁，采用矩形钢管结构等；减小犁轮的滚动阻力和轴承摩擦阻力，如采用气胎轮、滚动轴承等；减小犁侧板的摩擦阻力，如采用滚动犁侧板等。

2)设计良好的犁体曲面和结构

(1)设计犁体曲面。在设计犁体曲面时，要满足不同土壤类型、作业速度和作业要求，而良好的犁体曲面设计是减少阻力的重要因素。曲面形状塑造得好，各项参数选择得当，对减少犁的阻力有很大的影响。犁体曲面除了满足翻土、碎土等性能要求，还要：①对土壤的挤压较小。土垡能在犁面上顺利滑过；②在翻垡过程中，垡片重心的提升高度小，因而位能变化小；③土垡在翻转过程中发生的位移小；④土垡运动时的绝对速度小，所消耗的动能小。这样，所需的牵引力也就较小。特别是与大功率拖拉机配套的高速作业犁(现代高速犁耕速度已达 7～12km/h)，必须使其犁体曲面适应高速作业的要求，否则牵引阻力会急剧增大。

(2) 合理设计犁体结构。在犁体结构方面，用两种软硬不同的材料制造犁铧，使刃口能够自己磨锐，这种自磨刃犁铧经过热处理后，表面部分的材料硬度和耐磨性很大，背面的材料则较软，不耐磨。这样，当犁铧在耕地时，表面磨损慢，背面磨损快，因而可以使刃口始终保持锋锐。切割破碎能力强，切开土壤时所受的阻力较小。因此，保持铧尖和铧刃锋利，可以显著地减少犁的牵引力。此外，还可采用滚子犁壁等结构，以减小阻力。犁面采用删条式结构等，在一定条件下可减少阻力。

(3) 保持与土壤接触的工作面质量。保持犁体曲面以及侧板、犁底、轮子等与土壤接触的部分光洁平滑(例如，犁闲置时，在这些地方涂上废机油或黄油，不生锈；不以铁锤敲击犁体曲面等)。减少犁与土壤之间的摩擦，可以减少犁的牵引力。采用非金属特殊材料，即采用带有塑料覆层等低摩擦系数材料的犁壁，可以减少黏土，从而减小阻力。例如，以特氟纶(teflon)涂层与普通钢犁壁比较，牵引阻力可减少 23%。

3) 合理选用挂接参数和辅助工作部件

(1) 与拖拉机正确挂接。与拖拉机正确挂接，可以减小牵引阻力。例如，对于悬挂犁，合理选用液压悬挂机构及悬挂参数，可使犁的部分重量转移到拖拉机上，这样不但减轻了犁的重量，而且提高了拖拉机的牵引附着性能。

(2) 正确装配零件。犁铧、犁壁、犁侧板等工作部件安装的位置正确，接缝严密，犁体上埋头螺钉与安装件表面平坦光滑，减少对土垡的阻碍，让土垡顺利滑动，可以减小犁的牵引力。

(3) 正确调整牵引线。当牵引线在纵向铅垂面上的倾角和水平面上的偏角调整到适宜的位置，即调整到使倾角和偏角分别等于其摩擦角时，犁的牵引阻力最小。因此，在耕地时，正确调整牵引线，也是减小牵引力的重要方法之一。

2.5　悬挂犁悬挂参数的正确选择

在选定悬挂犁的技术参数前，首先应根据农业技术要求设计或选择犁面类型，然后进行犁的总体设计。犁面选型工作很重要，工作量也较大，有关内容已在本章中论述。我国规定单犁体幅宽系列有 20cm、25cm、30cm、35cm、40cm 五种。采用的犁体幅宽应符合上述标准。

悬挂犁主要参数的确定有以下几方面。

2.5.1　总工作幅宽 *B* 和犁体数 *n*

犁的总工作幅宽应和配套拖拉机的功率相适应，总幅宽过大，拖拉机将无法牵引；总幅宽过小，拖拉机功率又不能充分发挥。通常可按下式确定犁的总幅宽 B 和犁体数 n：

$$B = \frac{\lambda P_T}{ka} \tag{2-72}$$

$$n = \frac{B}{b} \tag{2-73}$$

式中，P_T 为从拖拉机技术数据中选取的牵引力，单位为 N；λ 为拖拉机牵引力利用系数 0.75～0.95；k 为土壤犁耕比阻，单位为 kPa；a 为犁的设计耕深，单位为 cm；b 为单犁体幅宽，单位为 cm。

首先用式(2-72)试算出总幅宽 B，然后用式(2-73)计算犁体数 n，取整数，最后再确定总幅宽 B。为了适应不同土壤条件下牵引力的变化，在结构设计时，应考虑可以拆卸一个或两个犁体进行工作。

2.5.2　犁架底面至犁体基面的高度 *h*

犁架底面至犁体基面的高度和犁的通过性能有很大关系。高度 h 过大，会造成犁柱过长、结构庞大，且对强度不利；高度 h 过小，会造成土垡在犁架下堵塞，尤其在耕绿肥田时更为突出。通常可先按下式计算，然后再根据计算结果靠国家标准就近选用。

$$h = \sqrt{a^2 + b^2} + \Delta h$$

式中，a、b 分别为犁体的耕深和幅宽；Δh 为增值，一般取 15cm。

上式的物理意义是：土垡翻转时的最高点离地面的距离乃是垡片断面的对角线长度 $\sqrt{a^2 + b^2}$ ，同时考虑到地面割茬或绿肥的通过，再加一增值 Δh。

我国犁架底面至犁体基面的标准是 500mm、550mm、600mm 三种。

复习思考题

2-1 耕地的作用包括哪些?

2-2 耕地机械类型和用途包括哪些?

2-3 简述铧式犁的类型、构造特点及犁体曲面的工作原理。

2-4 简述铧式犁犁体曲面的设计方法。

2-5 简述犁体外载测定方法及其装置。

2-6 简述犁体牵引阻力的计算方法。

第3章 整 地 机 械

3.1 概　　述

犁耕之后，土垡间存在着很多大孔隙，地面不平，土壤的松碎、紧密和平整程度是不能满足播种或栽植要求的，因此还需要进行整地，松碎土壤、平整地表，达到表层松软、下层紧密、混合化肥和除草剂的目的，为作物发芽和生长创造良好的条件。

旱地整地作业的主要目的在于：进一步破碎土块，压实整平地表，消除土块间的过大空隙，减少水分蒸发，以利保墒，为种子发芽生长打下良好的基础。水田整地的目的，则要求土壤松、碎、软、平，便于插秧和灌水。

旱地与水田整地作业的农业技术要求差别很大，应分情况，区别对待，基本的要求如下。

耙深：旱地一般为10～20cm；水田一般为10～15cm。耙深要求均匀一致。

碎土：耙透、耙碎垡片和草层，耙后表土平整、细碎、松软，但又需有适当的紧密度，因此有些地区还需进行镇压作业。

此外，对于春耕后种早稻的水田整地作业(如绿肥田、稻板田和休间地等)，还要求土壤松软，起浆良好，并能覆盖绿肥等。双季连作稻地区栽种晚稻前的整地作业，往往因季节紧，多采用以耙代耕，要求能将前作稻茬直接压入糊泥之中，再将田整平即可。此时整地的主要要求是灭茬起浆。稻草还田地区，一般先耕后耙，耙地时要兼顾碎土、起浆和压草等要求。

整地作业包括耙地、平地和镇压，有的地区还包括起垄和作畦。耕地机械也称表土耕作机械，目前，最常用的有圆盘耙、钉齿耙、旋耕机和镇压器等[5]。

3.2 圆盘耙及其设计计算

3.2.1 圆盘耙的类型与一般构造

1. 圆盘耙的类型

按耙重、耙深和耙片直径可分为重型、中型和轻型三种，其结构参数和适用范围见表3-1。按与拖拉机的挂接方式可分为牵引、悬挂和半悬挂三种形式，重型耙一般多采用牵引式或半悬挂式，轻型耙和中型耙则三种形式都有。按耙组的配置方式可分为对置式和偏置式两种。按耙组的排列方式可分为单列耙和双列耙。耙组的排列与配置方式见图 3-1[6]。

表 3-1 圆盘耙的分类

类型	单片耙重/kg	耙片直径/mm	耙深/cm	牵引阻力/(kN/m)	适用范围
轻型圆盘耙	15～25	460	10	2～3	中等壤土的耕后耙地、播前松土，轻壤土的灭茬
中型圆盘耙	20～45	560	14	3～5	黏壤土的耕后耙地，中等壤土的以耙代耕
重型圆盘耙	50～65	660	18	5～8	开荒地、沼泽地和黏重壤土的耕后耙地，壤土的以耙代耕

注：单片耙重 = 机重/耙片数

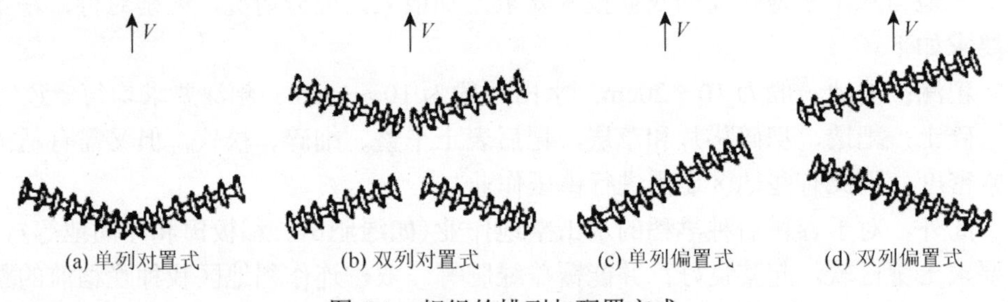

(a) 单列对置式 (b) 双列对置式 (c) 单列偏置式 (d) 双列偏置式

图 3-1 耙组的排列与配置方式

2. 圆盘耙的构造

圆盘耙一般由耙组、前列拉杆、后列拉杆、主梁、牵引器、齿板式偏角调节器、配重箱、耙架、刮土器等组成(图 3-2)。对于牵引式圆盘耙，还有液压式(或机械式)运输轮、牵引架和牵引器限位机构等，有的耙上还设有配重箱。

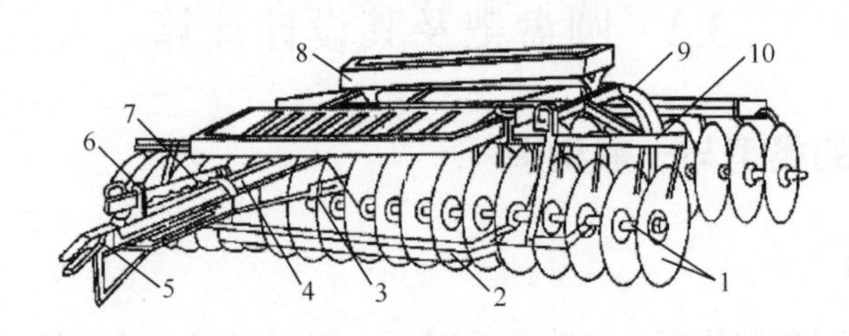

图 3-2 圆盘耙的构造

1. 耙组；2. 前列拉杆；3. 后列拉杆；4. 主梁；5. 牵引器；6、7. 齿板式偏角调节器；8. 配重箱；9. 耙架；10. 刮土器

1)耙组

耙组是圆盘耙的主要工作部件，各种圆盘耙的结构大体相同。但各种耙的耙组数量、配置方案、单列耙组的耙片直径和数量，以及某些具体结构有所不同。耙组由5～10片圆盘耙片穿在一根方轴上，耙片之间用间管隔开，保持一定间距，最后用螺母拧紧、锁住而成(图3-3)。耕组通过轴承及其支座与梁架相连接，工作时所有耙片都随耙组整体转动。每个耙片的凹面一侧都有一个刮土板，安装在刮土器横梁上，用以清除耙片上的泥土，刮土板与耙片之间的间隙应保持1～3mm，并可以调节。

耙片是一球面圆盘，其凸面一侧的边缘磨成刃口，以增强入土和切土能力。

耙片可分为全缘和缺口两种形式(图3-4)。缺口耙片的外缘有三角形、梯形或半圆形，除凸面周边磨刃外，缺口部分也磨刃。因此，缺口耙片有较强的切土、碎土和切断残茬的能力，适用于新开垦土地和黏重土壤。圆盘耙片的凹面一般为球面，也有锥面，耙片的中心孔一般为方孔，也有圆孔。

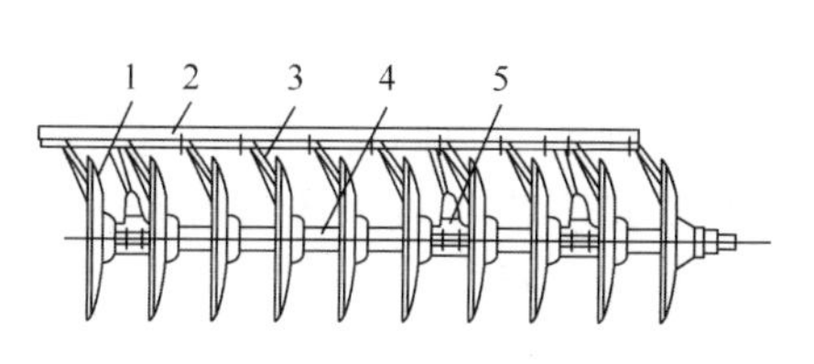

图3-3　耙组的构造

1. 耙片；2. 横梁；3. 刮土器；4. 间管；5. 轴承

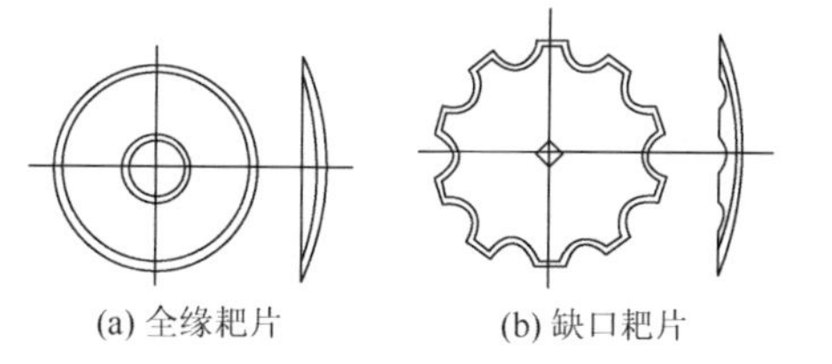

图3-4　耙片

2)耙架

耙架是用两端封口的矩形钢管制成的整体刚性架，具有良好的强度和刚度。

3)偏角调节机构

偏角调节机构用于调节圆盘耙的偏角，以适应不同耙深的要求。偏角调节机构的形式有齿板式、插销式、压板式、丝杆式、液压式等多种。

图3-5是牵引耙齿板式偏角调节机构的示意图，它由上下滑板、齿板、托架等零件组成。托架固定在牵引主梁上，上下滑板与牵引架固定在一起，并能沿主梁移动，移动范围受齿板末端的托架限制。利用手杆可把齿板上任一缺口卡在托架上，通过一系列连杆机构使耙组绕铰接点摆动，从而得到不同的偏角。

3.2.2　圆盘耙的工作过程

圆盘耙的工作圆盘通常是球面的一部分(国外也有少数耙片采用锥面或平

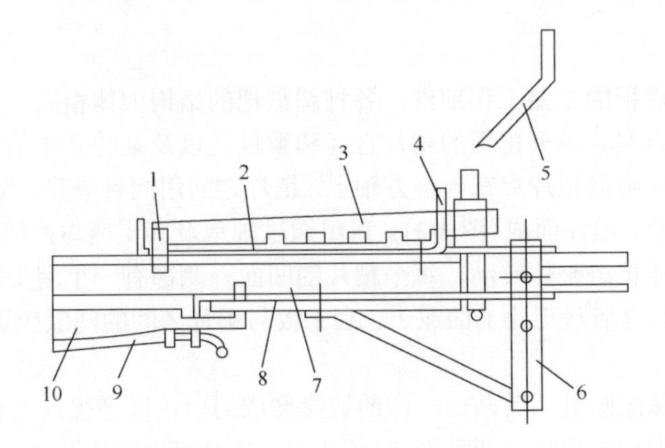

图 3-5 齿板式偏角调节机构

1. 托板；2. 上滑板；3. 齿板；4. 托架；5. 手杆；6. 牵引架；7. 主梁；8. 下滑板；9. 后拉杆；10. 前拉杆

面)，周边有刃口，刃口平面与机器前进方向有一偏角，并且圆盘耙刃口平面垂直于地面。

圆盘耙耙地时(图 3-6)，在牵引力的作用下，圆盘滚动前进，并在耙的重力和土壤的反力作用下切入土壤一定的深度。耙片从 A 点到 C 点回转一圈的运动是一个复合运动，可以看作从 A 点到 B 点的纯滚动以及 B 点到 C 点无转动的平移运动所合成。因此，耙片上任一点的运动轨迹都是一条螺旋线。

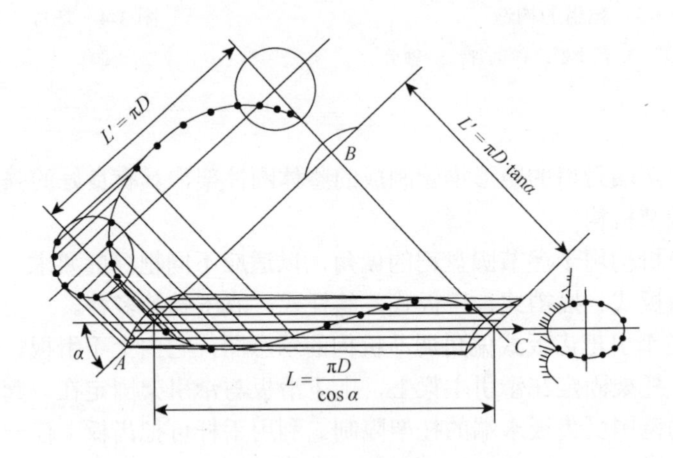

图 3-6 耙片的运动

耙片滚动时，在耙片刃口和曲面的综合作用下，进行推土、铲土(草)，并使土壤沿耙片凹面上升和跌落，从而又起到碎土、翻土和覆盖等作用。

从图 3-6 中看出，在一定范围内，若偏角 α 增大，则 BC 变大，滑移作用就强，于是推土、碎土和翻土作用变强，入土性也强(耙深变深)。反之，若偏角 α 变小，则推土、铲土、碎土和翻土作用变差，耙深变浅。

3.2.3 圆盘耙的受力分析

圆盘耙工作中受到的外力一般为空间力系，包括重力、牵引力和土壤阻力。一般认为土壤阻力集中作用于耙组中间耙片上。

根据耙片外载测定(与犁体的外载测定方法类似)结果得出，作用在耙片上的土壤阻力一般为空间力系，可简化为两个不相交的力 R_1 和 R_2，如图 3-7(a)所示。力 R_1 作用于耙片的刃口平面上，并与水平面呈一夹角 φ，其作用线通过圆盘轴线后方 ρ 处。力 R_2 垂直于刃口平面，其作用线通过圆盘入土部分的重心附近，即距沟底 $h=a/2$(a 为耙深)，离耙片垂直中心线 l 处。

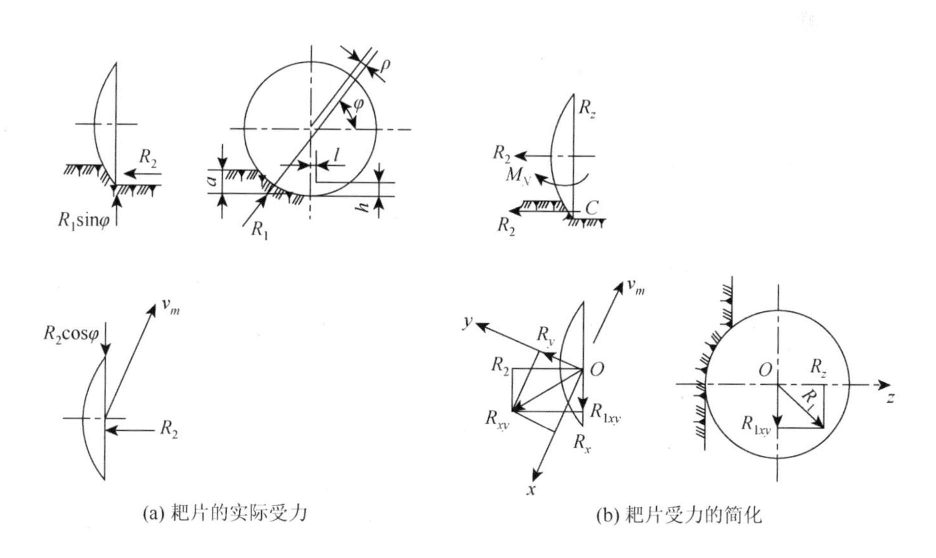

(a) 耙片的实际受力

(b) 耙片受力的简化

图 3-7 单个耙片的受力分析

由于 ρ 与 l 值很小，为了简化分析，设 ρ 和 l 为零，则 R_1 和 R_2 的作用线方向如图 3-7(b)所示。

为了进一步简化分析，通常把 R_1 和 R_2 沿坐标轴 x、y 和 z 方向简化。在图 3-7(b)中，力 R_1 分解为 R_z 与 R_{1xy}，合成为力 R_{xy}，如将 R_{1xy} 表示在 xOy 坐标平面内，并将力 R_2 从 C 点平移到轴心 O，于是 R_2 与 R_{1xy} 合成为 R_{xy}，同时产生一力矩 M_N。力 R_{xy} 再沿 x 和 y 轴分解为 R_x 与 R_y，这样力 R_1 和 R_2 就可以用 R_x、R_y、R_z、M_N 表示。

3.2.4 圆盘耙组的受力平衡

1. 圆盘耙组在水平面内的平衡

1) 对置圆盘耙的平衡

无论是单列对置圆盘耙还是双列对置圆盘耙(图 3-8)，由于左右耙组对称，对置圆盘耙合力位于中心线上，并与牵引线一致。左右耙组的侧向力相互抵消，因而不存在偏牵引，在水平面内能自动平衡，所以这种对置耙具有很好的行进稳定性。

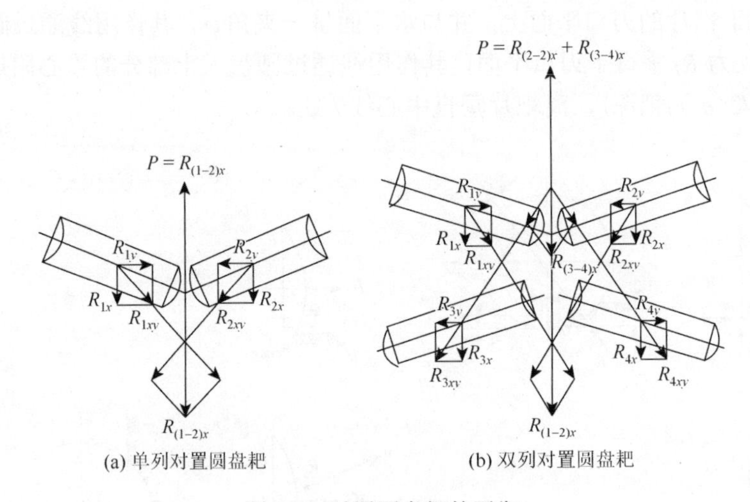

图 3-8 对置圆盘耙的平衡

2) 偏置圆盘耙的平衡

偏置耙两列耙组的位置不对称，故前组和后组阻力作用线的交点 H 偏于一侧［图 3-9(a)］。但由于前后耙组的受力情况相似，其合阻力的作用线必与前进方向平行，故平行于前进方向的牵引线。若牵引线通过 H 点，耙组可稳定前进。由图 3-9(a) 可知，H 点的位置必然偏于两耙组轴线的交点一侧，故牵引此种圆盘耙工作时，拖拉机的位置可偏于一侧，而耙的位置则偏于另一侧。因而这种耙尤适于果园作业，可最大限度地接近果树，而拖拉机则离树干较远以避免损坏树枝。

偏置圆盘耙在水平面内无偏牵引状态的平衡条件分别是［图 3-9(a)］：前后列耙组土壤阻力 R_{1xy} 和 R_{2xy} 延长线的交点 H 位于牵引线上；R_{1xy} 和 R_{2xy} 的合力线与牵引线一致，即其合力 R_{xy} 的侧向力为零；各阻力相对牵引点 F 的力矩相互平衡。

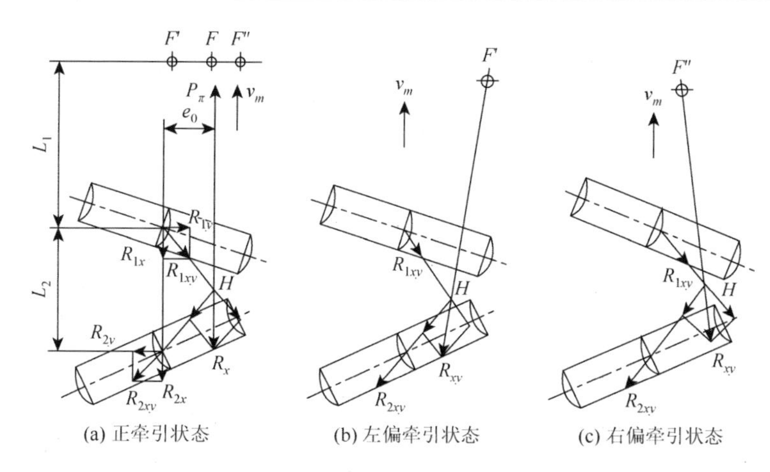

图 3-9 偏置圆盘耙的平衡

为满足上述条件，必须适当选择牵引点 F 的位置，并使其有一定的调节量，以适应不同的土壤和作业条件。若要求 R_{1xy} 与 R_{2xy} 大小相等、方向相反，必须使后列耙组的偏角大于前列耙组的偏角。在无偏牵引状态下($R_{1y}=R_{2y}$)，圆盘耙的偏置量(即牵引点 F 离耙组中心横向距离)为

$$e_0=\frac{L_2R_{1y}}{R_{1x}+R_{2x}} \tag{3-1}$$

式中，L_2 为前后列耙组中心的纵向距离。

为了满足无偏牵引条件，偏置圆盘耙的挂接装置必须调整到与拖拉机的挂接点 F 位于前后两列耙组的合力作用点 H 的正前方。

若挂接点位置由点 F 移到点 F'，即将耙组相对拖拉机向左移动，则耙在土壤阻力的作用下绕点 F'逆时针方向旋转，结果前列耙组的偏角减小，后列耙组的偏角增大，于是后列耙组的合阻力 R_{2xy} 相对前列耙组的合阻力 R_{1xy} 逐渐增大，直至总合阻力 R_{xy} 通过点 F'达到新的平衡［图 3-9(b)］。由此可见，拖拉机挂接点将受侧向力，耙组相对拖拉机纵轴线的偏移也加大。

若将挂接点位置由点 F 转移到点 F''，即将耙组相对拖拉机向右移动，则与挂接点位置移到点 F'的状态相反，耙在土壤反力的作用下将绕点 F''顺时针方向旋转，从而使前列耙组的偏角增大，后列耙组的偏角减小，即合阻力 R_{1xy} 相对 R_{2xy} 逐渐增大，直到合阻力 R_{xy} 通过点 F''，最后达到新的平衡［图 3-9(c)］。这时拖拉机挂接点也承受侧向力，但耙组相对拖拉机纵轴线的偏移量减小，直至达到无偏置状态。

2. 圆盘耙在垂直面内的平衡

圆盘耙组在垂直面受力如图 3-10 所示，主要作用力是重力 G、土壤对耙组的垂直分力 R_z、土壤对耙组的轴向反力 R_2。

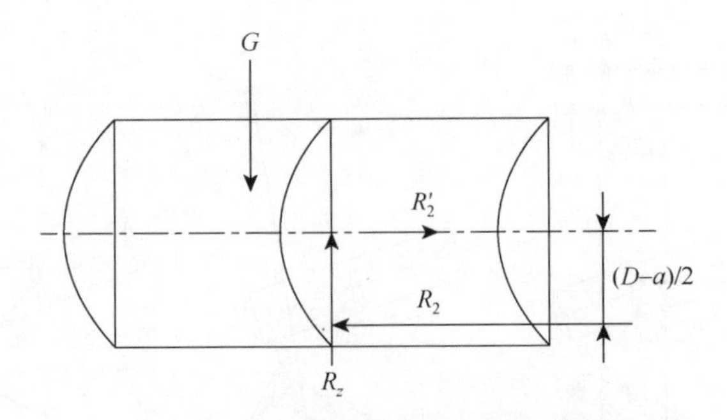

图 3-10　圆盘耙组在垂直面的平衡

由于 R_2 力作用在圆盘耙片下面相当低的位置，而平衡力 R'_2 则通过轴承作用在耙组中心线上，因而形成了一附加力矩 $[M_N = (D-a)R_2 / 2]$，使耙组凹端耙深增大，而凸端耙深减小。为此，耙组重心常配置得靠近凸端，或对凸端加压或用吊杆将凹端上拉。

3.3　齿耙及其设计计算

齿耙主要用于旱地犁耕后进一步松碎土壤，平整土地，为播种准备良好条件。齿耙也可用于覆盖撒播的种子和肥料以及进行苗前、苗期的耙地除草作业。

3.3.1　齿耙的类型和一般构造

齿耙的类型很多，按其结构特点可分为钉齿耙（图 3-11）、弹齿耙、网状耙和振动耙（图 3-12）等。其中以钉齿耙应用较为普遍。

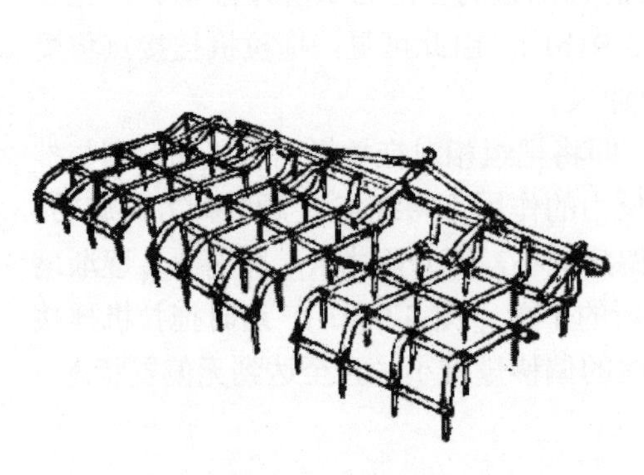

图 3-11　钉齿耙

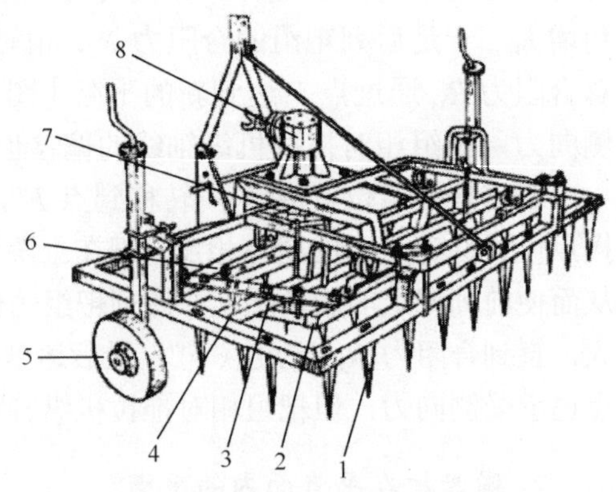

图 3-12　振动耙

1. 耙齿；2. 活动耙梁；3. 固定耙梁；4. 摇杆；5. 限深轮；6. 连杆；7. 曲柄；8. 齿轮箱

钉齿耙有固定式和可调式两种。可调式可用手杆机构改变耙齿的工作角度。其工作幅度不宜过大，以适应地形，常用多组连接作业。耙架一般为“之”字形，以便合理配置钉齿以及节省耙架用的钢材。

钉齿是钉齿耙的工作部件，多用普通碳素钢制成，常用的有方形和圆形两种断面(图 3-13)。

方形截面钉齿松土碎土能力较强，工作稳定。它有四个工作刃口，可旋转 90°轮换使用，磨钝后可锻打修复。方形断面广泛应用在重型和中型切齿耙上。圆形断面的钉齿松土和碎土能力较差，多用于轻型钉齿耙上。

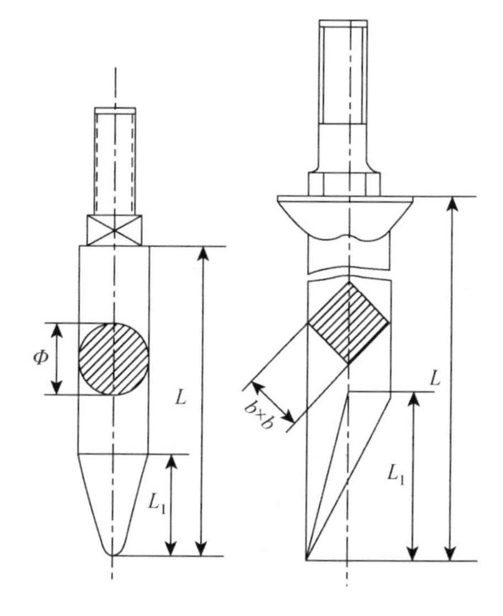

图 3-13 钉齿的结构尺寸

钉齿的基本结构尺寸见表 3-2。

表 3-2 钉齿的结构尺寸

尺寸	重型	中型	轻型
长度 L/mm	160，185	170	100
齿尖长度 L_1/mm	45	45	25
断面尺寸 $b\times b/\text{mm}^2$	16×16	15×15	Φ14

3.3.2 钉齿的碎土原理和排列

1. 碎土原理

钉齿耙主要依靠其重量使齿尖入土后，在机器前进中撞碎和切碎土块。因而钉齿的断面形状对碎土能力的影响颇大。

钉齿的安装倾角 α 也影响作业质量。倾角 α 一般多大于 90°(图 3-14)。当 $\alpha>90°$时，作用在耙齿上的土壤反力只垂直于刃口(不计土壤与耙齿的摩擦力)。分力 R_1 有使耙齿出土的趋势。它虽不利于机具工作的稳定，但却有压实土壤的作用，有利于保墒，并能防止土块与草根的堵塞。若倾角 $a<90°$，其结果与上述相反。一般固定式直齿钉齿耙 $\alpha=90°$。我国黑龙江地区应用较广的红星除草耙，主要用于苗期除草，耙深较浅，钉齿安装倾角为 105°。

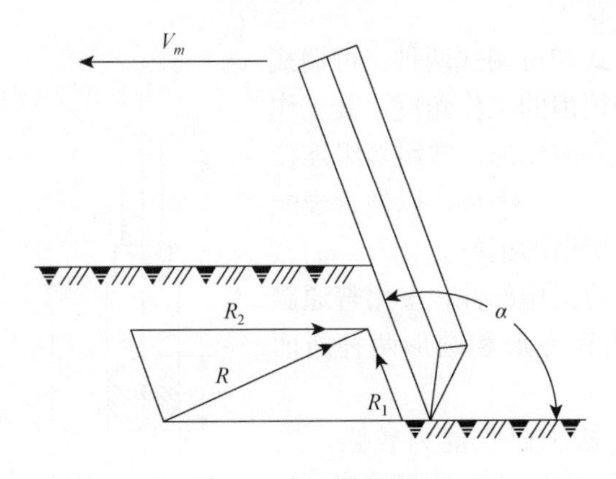

图 3-14　钉齿安装倾角

2. 齿排列的农业技术要求

钉齿排列与耙地质量有密切关系。应符合下列要求：每个钉齿都单独划出一条齿迹，不相重复；各齿迹距应相等；纵向和横向的相邻两钉齿间应有适当的距离，以免为草根和泥块所堵塞；每个钉齿对土壤的作用范围不重叠、不漏耙；每个钉齿两侧的工作条件应相同，以保持耙的工作平稳；各耙齿的耙深应一致。

3. 钉齿排列

为了满足上述要求，常用的排列方法是把钉齿排列在多头螺旋线的展开线上，然后加以必要的调整。

设 b_1 为相邻齿迹距离；b 为同一横杆上相邻两钉齿间的距离；T 为螺距；L 为相邻两横杆之间的纵向距离；K 为一个螺距范围内的螺线数，$K = T/b$；M 为横杆数，即每一螺旋线展开线上的钉齿数，$M = b/b_1$。

在配置前，根据耙的类型和作用，参照表 3-3 选择适当的 b、b_1 和 L，并选定 M 和 K。通常选用 $M = 5$。选用 K 时应注意：当 $K = 1$ 与 $K = M-1$ 时，钉齿两侧工作条件不同，工作不平稳，不宜采用。当 $K = M = 5$ 或 M 为 K 的整数倍时，齿迹重复，也不宜采用。一般螺线头数选择为 3 或 2。齿座配置方法如下(图 3-15)：作 $M+1$ 根相距为 L 的平行横线；在最下一根横线上取 $AB = T = Kb$；从 B 点作 AB 的垂线交最上根横线于 C；连 AC 即为螺旋线的展开线；将 AB 按 b 分为 K 段，从各分点作 AC 的平行线；与水平横线交点即钉齿的齿座；最后将最上的横线取消，每根横线上取相同的钉齿数。

表 3-3 钉齿排列选用的数据 单位：mm

钉齿耙类型	b_1	b	L
重型	50～80	250～100	300～450
中型	40～50	200～250	250～350
轻型	20～40	100～200	200～300

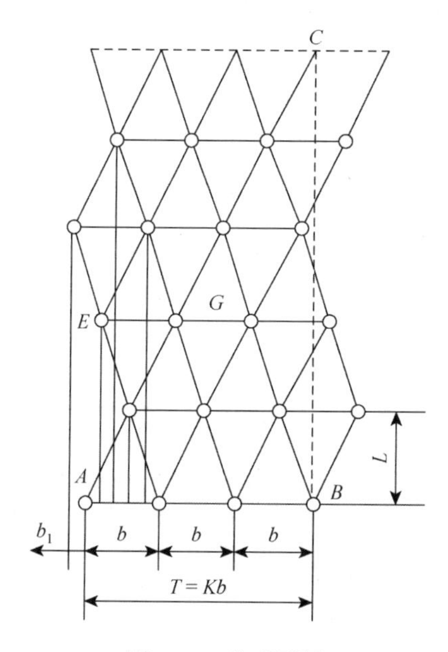

图 3-15 齿座配置

为了使钉齿耙工作平稳，有较好的碎土效果，耙架多采取“之”字形。于是就得到 M 根横杆上的齿座配置图。实际生产中，除了用上述的排列方法，为了防止堵塞，对重型和中型钉齿耙还将中间横杆间的距离加大。

3.4 旋耕机及其设计计算

3.4.1 旋耕机的构造及工作过程

1. 旋耕机的类型与一般构造

旋耕机按旋耕刀轴的位置可分为横轴式(卧式)、立轴式(立式)和斜轴式。按与拖拉机的连接方式可分为牵引式、悬挂式和直接连接式。按刀轴传动方式可分为中间传动式和侧边传动式，侧边传动式又分侧边齿轮传动式和侧边链传动式。

旋耕机主要由刀轴、刀片、右支臂、右主梁、悬挂架、齿轮箱、罩壳、左主梁、传动箱、防磨板、撑杆等组成(图 3-16)。刀轴由无缝钢管制成，轴的两端焊有轴头，用来与左右支臂连接。轴上焊有刀座或刀盘，刀座按螺旋线排列焊在刀轴上供安装刀片；刀盘周边有间距相等的孔位，便于根据农业技术要求安装刀片。机架由中央齿轮箱、左右主梁、侧边传动箱和侧板等组成。侧边传动箱多配置在左侧，因为旋耕机一般在拖拉机上为偏向右侧悬挂，这样两边重量较均衡。传动系统是由拖拉机动力输出轴传来的动力经万向节传给中间齿轮箱，再经侧边传动箱驱动刀轴回转，也有直接由中间齿轮箱驱动刀轴回转的。目前，我国旋耕机系列采用齿轮-链轮和全齿轮传动两种方式。悬挂架结构同悬挂犁上的相似。除此之外，还配有挡泥罩和平土板，用来防止泥土飞溅和进一步碎土，也可保护机务人员的安全，改善劳动条件。

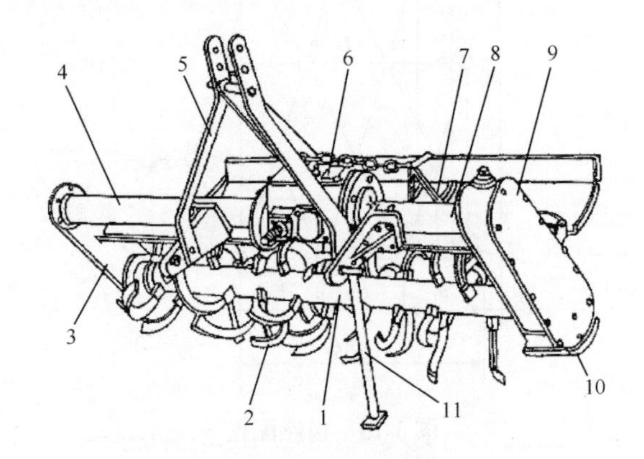

图 3-16 旋耕机的构造

1. 刀轴；2. 刀片；3. 右支臂；4. 右主梁；5. 悬挂架；6. 齿轮箱；7. 罩壳；8. 左主梁；9. 传动箱；10. 防磨板；11. 撑杆

2. 旋耕机的工作过程

旋耕机工作时，刀片一方面由拖拉机动力输出轴驱动做回转运动，另一方面随机组前进做等速直线运动。刀片在切土过程中，先切下土垡，然后将土垡抛向并撞击罩盖与平土拖板，土垡细碎后落到地表上，平土拖板将土垡拖平，随着机组的不断前进，刀片就连续不断地对未耕地进行旋耕并使土垡松碎(图 3-17)。

3. 旋耕机的主要工作部件

刀轴和刀片是旋耕机的主要工作部件，刀轴主要用于传递动力和安装刀片。常见的有弯形刀片、凿形刀片和直角刀片(图 3-18)。弯形刀片(分左弯和右弯)有滑切作用，不易缠草，具有松碎土壤和翻土覆盖能力，但消耗功率较大，国内生产的旋耕机大多配用弯形刀片。凿形刀片入土和松土能力较强，功率消耗小，但易缠草，适用于土质较硬或杂草较少的旱地耕作。直角刀片的性能同弯形刀片相近，国内生产和使用的较少。

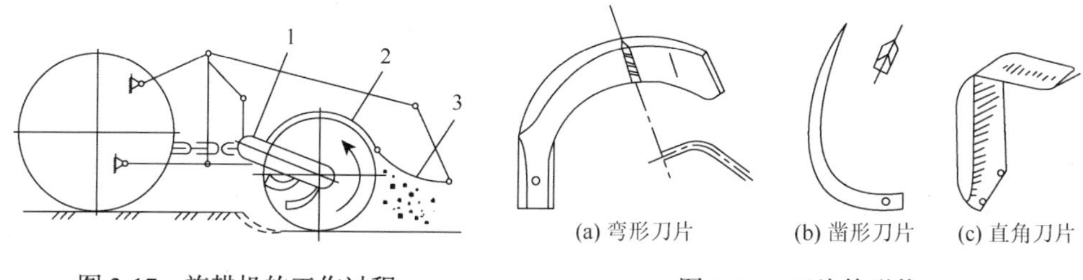

图 3-17　旋耕机的工作过程

1. 刀片；2. 罩盖；3. 平土托板

(a) 弯形刀片　(b) 凿形刀片　(c) 直角刀片

图 3-18　刀片的形状

4. 旋耕刀片的排列

旋耕刀片的排列方式对旋耕质量影响很大，旋耕刀片的排列方式与秸秆粉碎灭茬刀片的排列方式相似。有单螺旋线、双螺旋线、星形、对称排列等几种(图 3-19)。不管哪种排列均应满足：①刀轴受力均匀，径向受力平衡；②相邻两刀片径向夹角要大。单、双螺旋线排列的共同弊病是在工作过程中，土壤或秸秆侧向移动现象严重。国产旋耕机配用弯形刀片时刀片采用了不等间距的排列方式，左弯刀片和右弯刀片尽可能交错入土，使轴两端轴承所承受的侧向压力较为平衡，耕后地表平整。

(a) 旋耕刀排列

(b) 碎茬刀排列

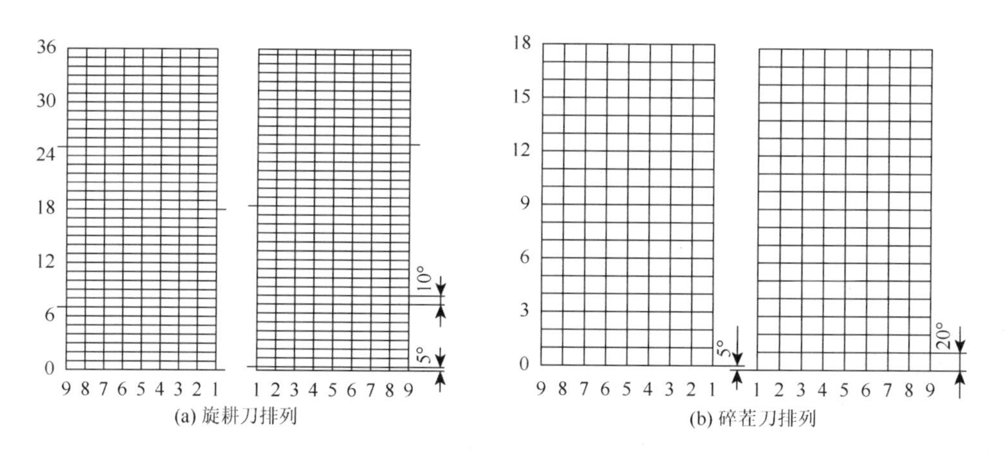

图 3-19　旋耕刀、碎茬刀的螺旋线排列

秸秆粉碎灭茬刀片(锤爪)在一些新机型上采用了均匀免震法排列方式，其特点是：在刀轴的全长上和刀片的回转圆周上均匀地配置刀片；相邻两刀片粉碎秸秆时，刀轴受力均匀，每次只有一组刀片打击秸秆；刀轴旋转时不震动，无须加配重块，粉碎效果较好。

3.4.2　旋耕机运动分析

1. *旋耕刀运动方程*

旋耕机工作时，旋耕刀一边旋转，一边随旋耕机前进，因此刀片的绝对运动是刀轴旋转和旋耕机前进两种运动的合成，其运动轨迹是摆线。以卧式正转旋耕机为例，设刀轴旋转中心为坐标系原点，z 轴正向与旋耕机前进方向一致，y 轴正向垂直向下(图 3-20)，开始时刀片端点位于前方水平位置与 x 轴正向重合，则旋耕刀端点运动方程为

$$\begin{aligned} x &= R\cos\omega t + v_m t \\ y &= R\sin\omega t \end{aligned} \tag{3-2}$$

式中，R 为旋耕刀端点转动半径；ω 为刀轴旋转角速度；v_m 为旋耕机前进速度；t 为时间。

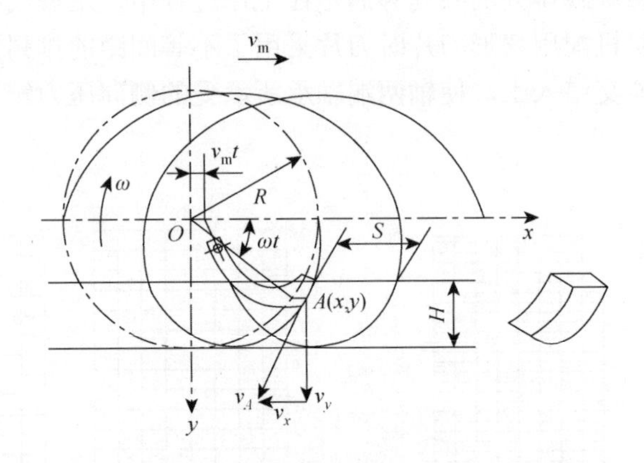

图 3-20　旋耕刀的运动

刀片端点在 x 轴与 y 轴方向的分速度为

$$\begin{aligned} v_x &= \mathrm{d}x/\mathrm{d}t = v_m - R\omega\sin\omega t \\ v_y &= \mathrm{d}y/\mathrm{d}t = R\omega\cos\omega t \end{aligned} \tag{3-3}$$

刀片端点绝对速度 v 为

$$v = \sqrt{v_x^2 + v_y^2} = \sqrt{v_m^2 + R^2\omega^2 - 2v_m R\omega \sin \omega t} \tag{3-4}$$

式中，$v = R\omega$ 为旋耕刀片端点的圆周线速度，令 $\lambda = v_p / v_m = R\omega / v_m$；$\lambda$ 称为旋耕速度比，λ 对旋耕刀运动轨迹及旋耕机工作状况有重要影响。

因

$$\lambda = R\omega / v_m$$

故

$$v_x = v_m - R\omega \sin \omega t = v_m(1 - \lambda \sin \omega t)$$

如果 $\lambda < 1$，即 $v_p < v_m$，则不论旋耕刀运动到什么位置，均有 $v_x > 0$，即刀片端点的水平分速度始终与旋耕机前进方向相同，其运动轨迹是短摆线，这时旋耕刀不能向后切土，而出现刀片端点向前推土的现象，使旋耕机不能正常工作。

如果 $\lambda > 1$，则当旋耕刀转动到一定位置时，就会出现 $v_x < 0$ 的情况，即刀片端点绝对运动的水平分速度与旋耕机前进方向相反，其运动轨迹为余摆线，旋耕刀能够向后切削土壤。只要刀片在开始切土时 $v_x < 0$，整个切土过程刀刃上切土部分各点的运动轨迹都是余摆线，即其圆周速度 v_p 应大于旋耕机前进速度 v_m。

2. 耕作深度

设旋耕机耕深为 H，由图 3-20 和式(3-2)可知

$$y = R - H = R \sin \omega t$$

则

$$\sin \omega t = (R - H) / R$$

代入式(3-3)，得

$$v_x = v_m - (R - H)\omega$$

要使 $v_x < 0$，必须

$$v_m < (R - H)\omega$$

即

$$H < R - v_m / \omega \text{或} H < R(1 - 1/\lambda) \tag{3-5}$$

旋耕机耕深 H 与速度比 λ 之间应当满足式(3-5)。

速度比 λ 对旋耕机的工作性能有重要影响，λ 的选择既要保证旋耕机正常工作及满足农业生产耕深要求，还要综合考虑旋耕机结构、功率消耗及生产率等其他因素。常用的速度比为 $\lambda = 4$～10。

3. 切土节距

沿旋耕机前进方向纵垂面内相邻两把旋刀切下的土块厚度，即在同一纵垂面

内相邻两把刀相继切土的时间间隔内旋耕机前进的距离(图 3-20)，称为切土节距。设在刀轴同一平面内均匀安装 z 把刀，则相邻两刀相继切土的时间间隔为 $t=2\pi/(z\omega)$，因此切土节距 S 为

$$S=v_m t=\frac{2\pi v_m}{z\omega}=\frac{2\pi R}{z\lambda} \tag{3-6}$$

式(3-6)表明：改变同一平面内旋耕刀的安装数、旋耕机前进速度或刀轴转速都可以改变切土节距。但同一平面内的刀片数不宜太多，否则刀片夹角过小，工作时易发生土壤堵塞现象。

切土节距对旋耕机的碎土程度有较大影响，在一般情况下，切土节距越大，切下的土块厚度越大，碎土程度越低。通常在旱耕熟地时，由于土壤容易破碎，切土节距可以大一些，而耕黏重土壤和多草地时，土垡不易破碎，切土节距应小一些。

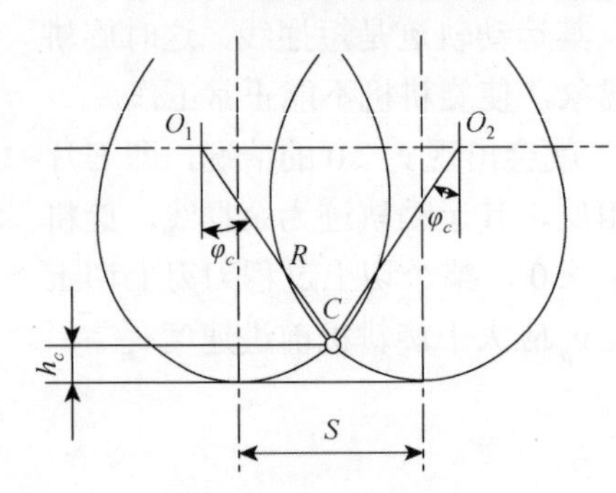

图 3-21 沟底凸起高度

4. 沟底凸起高度

旋耕机耕作后耕作层底部不平，有凸起存在，凸起高度 h_c 等于相邻两余摆线的交点 C 到沟底的距离(图 3-21)，它与旋耕刀的运动轨迹和切土节距有关。h_c 可用下述方法近似计算：

$$\frac{S}{2}=R\sin\varphi_c-\frac{\varphi_c}{\omega}v_m$$

当数值 φ_c 不大时，可近似认为 $\sin\varphi_c=\varphi_c$。

$$\frac{S}{2}=\varphi_c\left(R-\frac{\varphi_c}{\omega}\right)\text{即}\ \varphi_c=\frac{S}{2(R-v_m/\omega)}$$

$$h_c=R(1-\cos\varphi_c)=R\left[1-\cos\frac{S}{2(R-v_m/\omega)}\right]=R\left[1-\cos\frac{\pi}{z(\lambda-1)}\right] \tag{3-7}$$

按式(3-7)计算的 h_c 是理论值，由于耕作时土壤的破坏，不会形成纯几何图形的夹角，故实际凸起高度要小于理论值。

3.4.3 旋耕机的功率消耗与配置

1. 旋耕机的功率消耗

旋耕机的功率消耗主要由旋耕机刀片切削土壤、抛掷土垡、推动旋耕机前进、

传动部分消耗以及克服土壤沿水平方向作用于刀轴上的反力所消耗的功率组成：

$$N = N_q + N_p + N_t + N_f \pm N_n \tag{3-8}$$

式中，N 为旋耕机的总功率消耗；N_q 为切土功率消耗；N_p 为抛土功率消耗；N_t 为旋耕机前进功率消耗；N_f 为传动及摩擦功率消耗；N_n 为克服土壤沿水平方向作用于刀轴上的反力所消耗的功率，正转旋耕机取负号，反转旋耕机取正号。在旋耕机的总功率消耗中，以切土和抛土功率消耗为主，占总功率消耗的70%～80%。

2. 旋耕比能耗

为比较不同旋耕机功率消耗的大小，常用旋耕比能耗即旋耕单位体积土壤所消耗的能量表示。设旋耕机的工作幅宽为 B，耕深为 H，前进速度为 v_m，总功率消耗为 N，则旋耕比能耗 k_r 为

$$k_r = \frac{N}{BHv_m} \tag{3-9}$$

旋耕比能耗单位为 J/m^3，从量纲上约去一级 m 可看成是 N/m^2，其意义为旋耕单位面积土壤时受到的土壤阻力，也称旋耕比阻，用于表示不同土壤对旋耕作业的阻力。

3. 旋耕机的工作幅宽

旋耕机的工作幅宽应根据配套拖拉机的功率、旋耕比能耗(旋耕比阻)、耕深要求来确定。设拖拉机动力输出轴的额定输出功率为 N_p，旋耕机传动效率为 η，则旋耕机的工作幅宽 B 为

$$B = \frac{N_p \eta}{k_r H v_m} \tag{3-10}$$

如果旋耕机的工作幅宽大于拖拉机的最小轮距，机组可采用对称配置；反之，应采用偏置方式，并利用侧边传动来平衡偏置旋耕机组产生的偏转力矩。

复习思考题

3-1 旱地整地作业的要求包括哪些?

3-2 简要说明圆盘耙的类型和一般构造。

3-3 简述圆盘耙的工作过程。

3-4 简述齿耙的类型和一般构造。

3-5 简述钉齿的碎土原理和钉齿排列的农业技术要求。

3-6 简述旋耕机的构造及工作过程。

第4章 播种机械

4.1 概 述

播种作业是农业生产过程的关键环节，必须根据农业技术要求做到适时、适量、满足农艺环境条件，使作物获得良好的生长发育基础。机械化播种较人工播种均匀准确，深浅一致，而且效率高、速度快，同时为田间管理作业创造良好的条件，是实现农业现代化的重要技术手段之一[7]。

4.1.1 播种作业的农业技术要求

播种的农业技术要求包括播种期、播种量、种子在田间的分布状态、播种深度和播后覆盖压实程度等。

作物的播种期影响种子出苗、苗期分蘖、发育生长等。不同的作物有不同的适播期，即使同一作物，不同的地区适播期也相差很大。因此，必须根据作物的种类和当地条件，确定适宜播种期。

播种量决定单位面积内的苗数、分蘖数；种子田间分布状态和播种均匀度确定了田间作物的群体与个体关系。确定上述指标时，应根据当地的耕作制度、土壤条件、气候条件和作物种类综合考虑。

播深是保证作物发芽生长的主要因素之一。播得太深，种子发芽时所需的空气不足，幼芽不易出土；播得太浅，会造成水分不足而影响种子发芽。

播后覆土压实可增加土壤紧实程度，使下层水分上升，使种子紧密接触土壤，有利于种子发芽出苗。适度压实在干旱地区及多风地区是保证全苗的有效措施[8]。

4.1.2 播种机播种质量的常用性能评价指标

(1) 播量稳定性：指排种器的排种量不随时间变化而保持稳定的程度。

(2) 各行排量一致性：指一台播种机上各个排种器在相同条件下排种量的一致程度。

(3) 排种均匀性：指从排种器排种口排出种子的均匀程度。

(4)播种均匀性：指播种时种子在种沟内分布的均匀程度。

(5)播深稳定性：指种子上面覆土层的厚度一致性。

(6)种子破碎率：指排种器排出种子中受机械损伤的种子量占排出种子量的百分比。

(7)穴粒数合格率：穴播时，每穴种子粒数以规定值±1 粒或规定值±2 粒为合格。穴粒数合格率指合格穴数占取样总穴数的百分比。

(8)粒距合格率：单粒精密播种时，设 t 为平均粒距，则 $1.5t \geqslant$ 粒距 $> 0.5t$ 为合格，粒距 $\leqslant 0.5t$ 为重播，粒距 $> 1.5t$ 为漏播。

4.2　播种机的类型及一般构造

我国的播种机械经多年的发展，通过自行设计，引进改型，生产了种类繁多的机型。播种机按作物种植模式可分为撒播机、条播机和点(穴)播机。按作物品种类型可分为谷物播种机、棉花播种机、牧草播种机、蔬菜播种机。按牵引动力可分为畜力播种机、机引播种机、悬挂播种机、半悬挂播种机。按排种原理可分为机械强排式播种机、离心播种机、气力播种机。按作业模式可分为施肥播种机、旋耕播种机、铺膜播种机、通用联合播种机等。随着农业栽培技术、生物技术、机电一体化技术的发展，又出现了精量播种、免耕播种、多功能联合作业等新型播种机具。

4.2.1　撒播机

撒播主要用于面积较大、均匀度要求不太严格的作物类，如牧场大面积播种草籽、林区大面积撒播树籽、水稻未收割前在田里撒播绿肥种子、某些特殊地域的谷物撒播直播等，其速度快，操作方便，播种机构简单(图 4-1)。目前使用的撒播机有地面机械撒播和空中飞机撒播两大类。地面使用的撒播机结构比较简单，其动力可由人力、畜力或机力提供，主要由种子箱和排种器组成，排种器是一个由旋转叶轮构成的撒播器，利用叶轮旋转时的离心力将种子撒出；撒出的种子流按照出口的位置和附加导向板的形状，可分为扇形、条形和带形；其工作幅宽可根据要求调整。空中飞机撒播目前主要用于大面积牧草种子和林区树木种子撒播。

4.2.2　谷物条播机

条播机能够一次完成开沟、均匀条形布种及覆土工序。播种机工作时，开沟器开出种沟，种子箱内的种子被排种器排出，通过导种管落到种沟内，然后覆土

图 4-1　撒播机

器覆土。有的播种机还带有镇压轮，用以将种沟内的松土适当压密使种子与土壤密切接触以利于种子发芽生根。

条播机一般由机架、行走装置、种子箱、排种器、开沟器、覆土器、镇压器、传动机构及开沟深浅调节机构等组成。图 4-2 是国产 24 行谷物施肥播种机总体结构图。

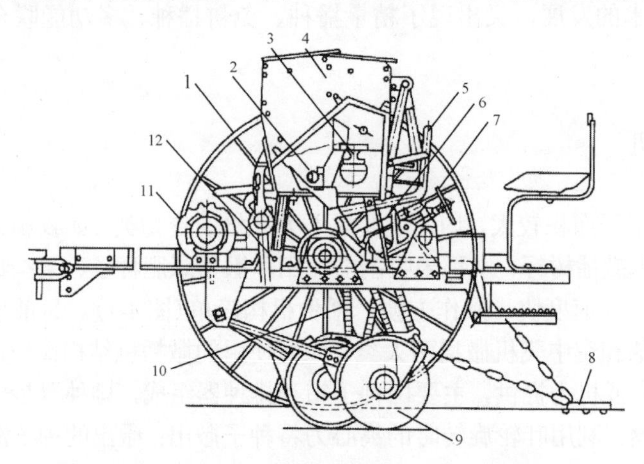

图 4-2　24 行谷物施肥播种机总体结构图

1. 地轮；2. 排种器；3. 排肥器；4. 种肥箱；5. 自动离合器操作杆；6. 起落机构；7. 播深调节机构；8. 覆土器；9. 开沟器；10. 输种肥管；11. 传动机构；12. 机架

谷物条播机(图 4-3)常用行走轮驱动排种器，这样就能使排种器排出的种子量始终与行走轮所走的距离保持一定的比例，保证单位面积上的播种量均匀一致。谷物条播机的行走轮直径都较大，这是由于谷物条播的行距较窄，在一台播种机多行作业时，排种器常采用通轴传动，需要较大的传动力矩；同时，直径较大的轮子可以减少转动时的滑移现象，使排种均匀度较好。

图 4-3 谷物条播机

4.2.3 点(穴)播机

在播种玉米、大豆、棉花等大粒作物时多采用单粒点播或穴播，点(穴)播机主要工作部件是靠成穴器来实现种子的单粒或成穴摆放。目前，我国使用较广泛的点(穴)播机是水平圆盘式、窝眼轮式和气力式点(穴)播机。图 4-4 所示为 2BZ-6

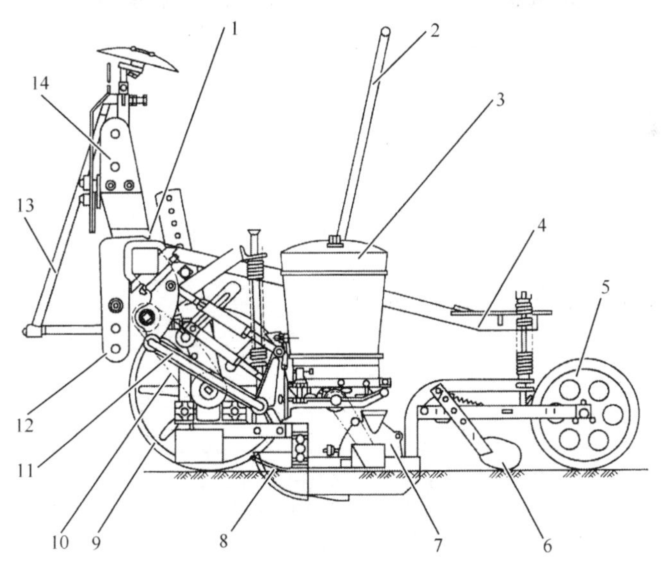

图 4-4 2BZ-6 型悬挂式播种机(播种单体)

1. 主横梁；2. 扶手；3. 种子筒及排种器；4. 踏板；5. 镇压轮；6. 覆土板；7. 成穴轮；8. 开沟器；9. 行走轮；10. 传动链；11. 四杆仿形机构；12. 下悬挂架；13. 划印器；14. 上悬挂架

型悬挂式播种机，是国内较典型的穴播式播种机，主要用于大粒种子的穴播。这种播种机的机架由主横梁、行走轮、上悬挂架等构成，而种子筒、排种器、开沟器、覆土板等则构成播种单体，单体数与播种行数相等。播种单体通过四杆机构与主梁连接，有随地面起伏的仿形功能。每一单体上的排种器动力由自己的行走轮或镇压轮传动。

悬挂式播种机采用水平圆盘排种器和滑刀式开沟器(图 4-5)，以播种玉米为主。若将水平圆盘式排种器换装成棉花排种器，则可穴播棉花；若将排种器换装成纹盘式排种器，开沟器换装成锄铲式开沟器，则可条播谷子、高粱、小麦等作物，这时一个播种单体可播 1～3 行。

图 4-5　悬挂式播种机

4.2.4　联合播种机

联合播种机能同时完成整地、筑埂、铺膜、播种、施肥、喷药等多项作业或其中某几项作业(图 4-6)。联合播种机可以减少田间作业次数，减轻机械对土壤

图 4-6　耕耙播施肥喷药联合作业机械

的压实，缩短作业周期，抢农时还可以节约设备投资，降低作业成本。因此，联合播种机近几年在生产中得到广泛应用，是未来种植机械发展的方向。目前用于生产的联合播种机主要有旋耕播种机和整地播种机。

图 4-7 是一种适用于在未耕地上作业的旋耕播种机。该机具一次可以完成松土除草、旋耕整地、施肥播种、覆土及镇压等多项作业。在机器的前方安装松土除草铲，旋耕整地部分由拖拉机动力输出轴驱动，排种器和排肥器由地轮传动。播种施肥装置安装在旋耕机上方，导种管末端为开沟器。播下的种子覆土后由镇压轮压实。

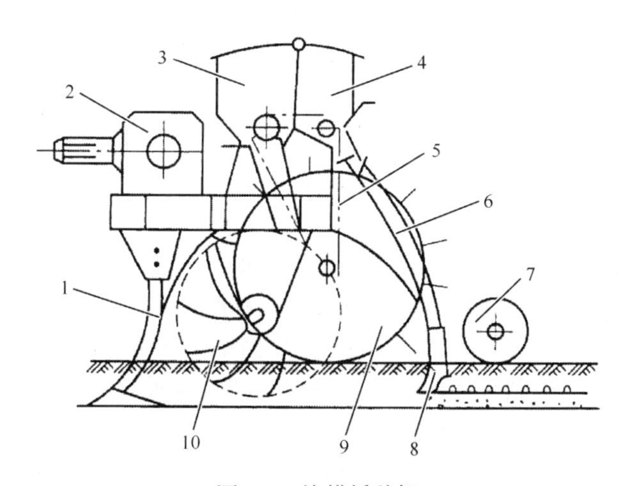

图 4-7　旋耕播种机

1. 松土锄草铲；2. 齿轮箱；3. 肥料箱；4. 种子箱；5. 传动链；6. 导种管；7. 镇压轮；8. 开沟器；9. 传动轮；10. 旋耕机

还有一种将部件作为开沟器的旋耕播种机(如美国约翰迪尔公司生产的 1550 形旋耕播种机)，它的旋耕部分由 6 个单体组成，每个单体有两个锯齿形旋耕圆盘刀和两根导种管，工作时圆盘刀齿能在硬土、草地或留茬地中开出 6mm 宽的窄沟，沟深为 2.3～4.8cm，排种器为外槽轮式。

图 4-8 是一种适用于已耕地上作业的整地播种机。该机可一次完成松土、碎土、播种、覆土镇压等多项作业。排种器采用气力式集中排种装置，排种轮由传动轮驱动。

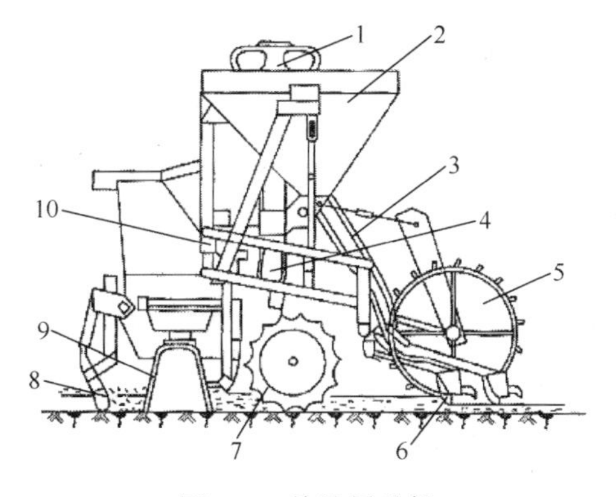

图 4-8　整地播种机

1. 分配器；2. 种子箱；3. 导种管；4. 风机；5. 传动器；6. 开沟器；7. 碎石镇压器；8. 松土铲；9. 立式旋转耙；10. 机架

4.2.5 铺膜播种机

地膜覆盖播种技术是解决我国干旱和半干旱地区农作物生长期缺水问题的关键性栽培技术措施之一，它的优点主要有：地膜覆盖后能有效地阻隔土壤水分向大地散失，具有明显的保墒作用；增加地膜覆盖层，阳光透过地膜使土壤获得辐射热，地表温度升高，提高下层土壤温度，并把热量保存在土壤内，提高地温和提前播期；地膜覆盖减轻了风和雨对土壤表面的侵蚀，使土壤结构避免了自然破坏，保持良好的状态；地膜覆盖可改善土壤环境，使土壤疏松通气，提高养分利用率，对作物根系生长有明显促进作用；地膜覆盖可以抑制杂草生长，减少病虫危害。

对地膜覆盖种植所采用农用膜的质量应有严格的要求，除要求选用透光、透气性能好的地膜外，最好选用质量好的降解膜，否则需要配套地膜回收技术和措施，以免造成土壤污染。

铺膜播种机械主要由铺膜机和播种机组合而成。铺膜机种类较多，包括单一铺膜机、做畦铺膜机、先播种后铺膜机组和先铺膜后播种机组等类型。

图 4-9 为采用先铺膜后播种工艺的鸭嘴式铺膜播种机。该机每个播种单体配置两行开沟、播种、施肥等工作部件，并设一塑料薄膜卷和相应的展膜、压膜装置。作业时，肥料箱内的化肥由排肥器送入输肥管，经施肥开沟器施在种行的一侧，平土器将地表干土及土块推出种床外，并填平肥料沟，同时开出两条压膜小沟，由镇压辊将种床压平。塑料薄膜经展膜辊铺至种床上，由压膜辊将其横向拉

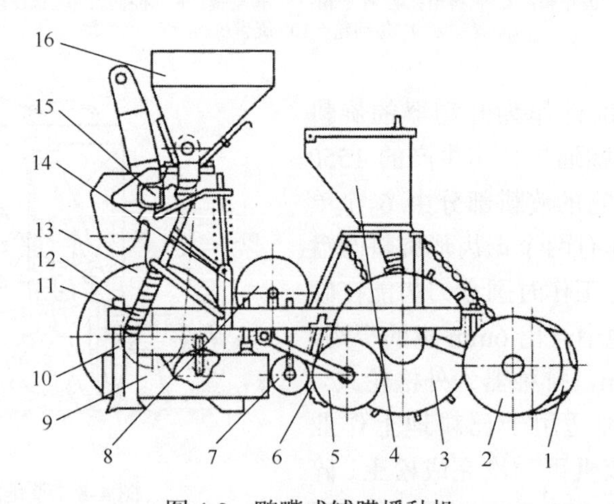

图 4-9　鸭嘴式铺膜播种机

1. 覆土推送器；2. 后覆土圆盘；3. 穴播机；4. 种子箱；5. 前覆土圆盘；6. 压膜辊；7. 展膜辊；8. 膜辊；9. 平土器及镇压辊；10. 开沟器；11. 输肥管；12. 地轮；13. 传动链；14. 副梁及四连杆机构；15. 机架；16. 肥料箱

紧，并使膜边压入两侧的小沟内，由覆土圆盘在膜边盖土。播种部分采用膜上打孔穴播，工作过程是种子箱内种子经导种管进入穴播滚筒的种子分配箱，随穴播滚筒一起转动的取种圆盘通过种子分配箱时，从侧面接收种子进入取种盘的倾斜型孔，并经挡盘卸种后进入种道，随穴播滚筒转动而落入鸭嘴端部。当鸭嘴穿膜打孔达到下死点时，凸轮打开活动鸭嘴，使种子落入穴孔，鸭嘴出土后由弹簧使活动鸭嘴关闭。此时，后覆土圆盘翻起的碎土，小部分经锥形滤网进入覆土推送器，横向推送覆盖在穴孔上，其余大部分碎土压在膜边上压紧已铺地膜。

先播种后铺膜机组是在播种机的后部安装铺膜装置，作物出苗时再人工破口或机械打孔。

4.2.6 免耕播种机

免耕播种是近年来发展的保护性耕作中一项农业栽培新技术，它是在未耕整的茬地上直接播种，与此配套的机具称为免耕播种机。免耕播种机的多数部件与传统播种机相同，不同的是由于未耕翻地土壤坚硬，地表还有残茬，因此必须配置能切断残茬和破土开种沟的破茬部件。

图 4-10 为 2BQM-6A 型气吸式免耕播种机。该机具与拖拉机三点悬挂机构挂接，用于玉米、大豆等中耕作物在前茬地上直接播种。工作时，破茬松土器开出 8～12cm 的沟，外槽轮式排肥器将肥料箱中的化肥排入输肥管，肥料经输肥管落入沟内，破茬松土器后方的回土将肥料覆盖。排种部件的气吸式排种器排出的种子经导种管落入双圆盘式开沟器开出的沟内，随后靠 V 型覆土镇压轮覆土并适度压密。

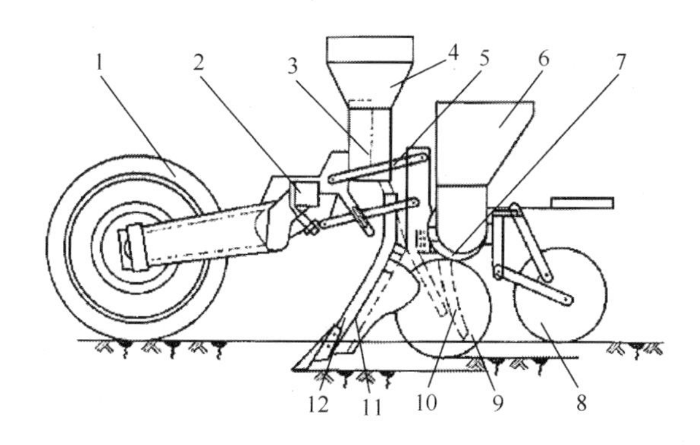

图 4-10 2BQM-6A 型气吸式免耕播种机

1. 地轮；2. 主梁；3. 风机；4. 肥料箱；5. 四杆机构；6. 种子箱；7. 排种器；8. 覆土镇压轮；9. 开沟器；10. 导种管；11. 输肥管；12. 破茬松土器

常用的破茬部件有波纹圆盘刀、凿形齿、窄锄铲式开沟器、驱动式窄形旋耕刀(图 4-11)。波纹圆盘刀具有 5cm 波深的波纹，能开出 5cm 宽的小沟，然后由双圆盘式开沟器加深。其特点是适应性广，在湿度较大的土壤中作业时，也能保证良好的工作质量，并能适应较高的作业速度。凿形齿或窄锄铲式开沟器结构简单，入土性能好，但易堵塞，当土壤太干而板结时，容易翻出大土块，破坏种沟，作业后地表平整度差。驱动式窄形旋耕刀有较好的松土、碎土性能，需由动力输出轴带动，结构较为复杂。

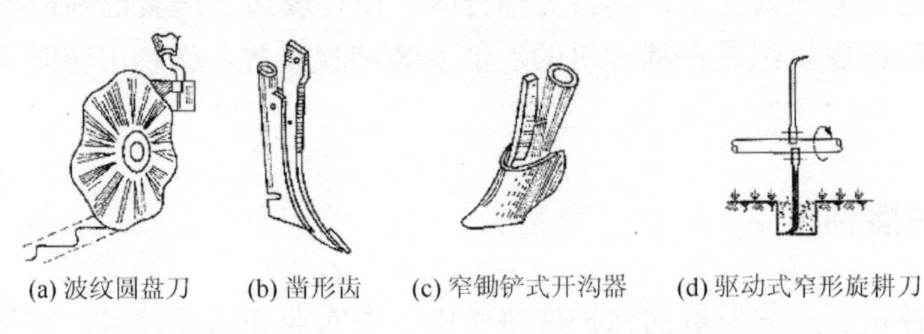

(a) 波纹圆盘刀　(b) 凿形齿　(c) 窄锄铲式开沟器　(d) 驱动式窄形旋耕刀

图 4-11　破茬工作部件

应注意的是采用免耕播种时，为防止未耕地残茬杂草和虫害的影响，播种的同时应喷施除草剂和杀虫剂。若播种机无上述功能，则需将种子拌药包衣，以防虫害。

4.3　排种器的设计及理论

对于播种机来说，其播种方式和播种的质量主要取决于排种器，排种器是播种机的核心部件。多年来，国内外对播种机的研究改进，其中心问题也是放在对排种器的设计研究上。排种器种类很多，但按农业技术的播种方式可以把各类排种器归为三大类，即撒播排种器、条播排种器和点(穴)播排种器。

4.3.1　排种器的类型和特点

条播是按要求的行距、播深与播量将种子播成条行，一般不计较种子的粒距，只注意一定长度区段内的粒数，条播根据作物生长习性不同，有窄行条播、宽带条播、宽窄行条播等不同形式。在农业上使用的条播排种器有外槽轮式、内槽轮式、磨纹盘式、锥面型孔盘式、摆杆式、离心式、匙式及刷式等类型。点(穴)播排种器用于作物的穴播或单粒精密点播，穴排时排种器将几粒种子成簇地间隔排出，而单粒精密播种时，按一定的时间间隔排出单粒种子。目前在生产中使用较多的点(穴)播排种器形式有水平圆盘式、窝眼轮式、勺盘式、孔带式等；气力式包括气吸式、气吹式和气压式等。表 4-1 和表 4-2 分别列出了条播排种器和点(穴)播排种器的类型、结构简图和性能特点，以供参考。

表 4-1 条播式排种器的类型、结构简图和性能特点

类型	结构简图	性能特点
外槽轮式排种器	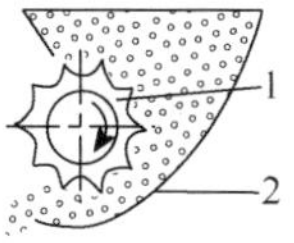 1. 外槽轮；2. 排种盒	工作时外槽轮旋转，种子靠自重充满排种盒及槽轮凹槽，槽轮凹槽将种子带出实现排种。从槽轮下面被带出的方法称为下排法。改变槽轮转动方向，使种子从槽轮上面带出排种盒的方法称上排法。 槽轮每转排量基本稳定，其排量与工作长度成正比，故通过改变槽轮工作长度来调节播量。一般只需2～3种速比即可满足不同作物的播量要求。结构简单，容易制造，国内外已标准化。对大、小粒种子有较好的适应性，广泛用于谷物条播机，亦可用于颗粒化肥、固体杀虫剂、除莠剂的排施
内槽轮式排种器	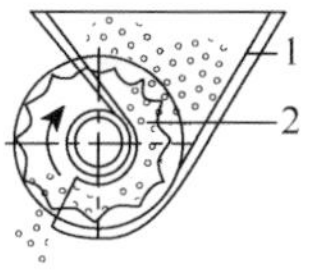 1. 种子箱；2. 内槽轮	凹槽在槽轮内圆上，槽轮分左右两部分，可排不同的种子。工作时槽轮旋转，种子靠内槽和摩擦力被槽轮内环向上拖带一定高度，然后在自重作用下跌落下来，由槽轮外侧开口处排出。 主要靠内槽和摩擦力拾起种子，靠重力实现连续排种，其排种均匀性比外槽轮好。但易受振动等外界因素影响，适于播麦类、谷子、高粱、牧草等小粒种子，排种量主要靠改变转速来调节，传动机构较复杂
纹盘式排种器	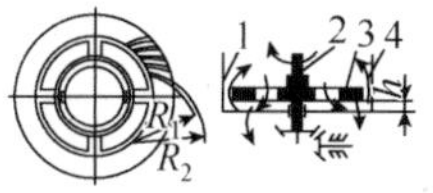 1. 种子箱；2. 传动轴；3. 纹盘；4. 排种门	纹盘式排种器的主要工作部件是在种子箱底部安装的水平回转圆盘。圆盘向下的一面带有弧形条纹。纹盘面与底座之间留有间隙，底座上根据播种行距要求均布排种孔。工作时，种子进入间隙中，纹盘回转时弧形条纹带动间隙中的种子通过排种孔排出。多余的种子从纹盘周缘的缝隙上升回流，再从圆盘上的通道进入纹盘间隙。 在种子箱底上的排种孔数，就是播种的行数，因而可用一个播种纹盘条播几行谷物，当作谷物条播机使用。改变排种孔的大小和纹盘转速，可以调节播量；改变纹盘间隙，则可用于不同粒型的光滑种子
锥面型孔盘式排种器	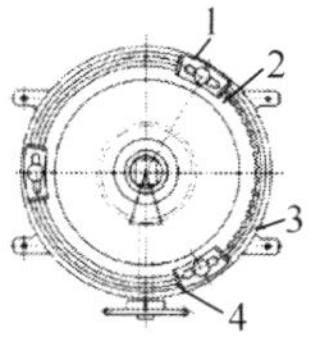 1. 排种器总成；2. 锥面型孔盘；3. 排种器底座；4. 排种孔盘	锥面型孔盘式排种器是在水平圆盘基础上改进的一种新型排种器，它的工作过程是种子在锥面型孔盘的旋转带动下，靠重力和离心力作用沿斜面下滑。充满圆周的平面环带，一部分进入型孔随圆盘转动，多余的种子被刮种器推下，沿导种管排出。该排种器设计了便于种子囊进入土壤，沿圆周切线方向排列与种子开头相似的长圆形型孔，型孔前壁设有引种倒角，以利种子顺利进入；后壁设有退种倒角以利多余种子顺利退出；种子在投种时顺利投落；型孔之间有导种槽连接，辅助种子进入型孔。它装有垂直柱塞式投种轮，可以刮去型孔内多余种子，将型孔内种子推向排种口。 投种轮采用弹性柱塞和自动旋转的柔性投种轮，可以保持合适的压力，在旋转中击种，接触点适应性大，推种效果好，种子损伤率低，耐磨损，灵活可靠，孔向下呈喇叭状，以利种子落下
离心式排种器	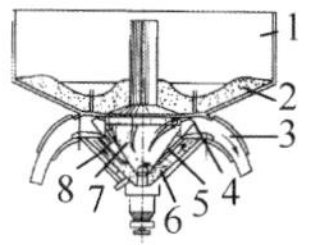 1. 种子筒；2. 种子；3. 导种管；4. 出种门；5. 隔锥；6. 进种口；7. 叶片；8. 排种锥筒	离心式排种器的主要工作部件是在种子箱内安装的倒置锥筒，锥筒内侧焊有螺旋叶片。锥筒在动力驱动下高速旋转，种子由锥顶附近的进种口进入排种锥筒后，受旋转离心力的作用沿锥面上升，从排种口进入导种管口，可以播种多行。改变进种口大小可调节播量。这种排种器构造简单、重量轻、排种均匀度较高。各行播量一致性取决于加工精度及装配质量。影响排种性能的因素有锥筒的转速、种子的外形等，每转排种量因锥筒转速变化而改变，故不利于保持稳定的播量

续表

类型	结构简图	性能特点
摆杆式排种器	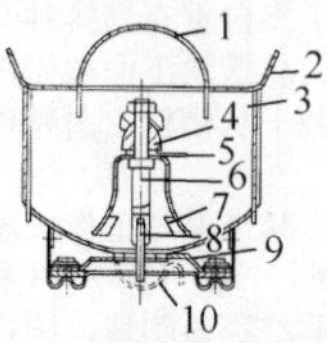 1. 铡罩；2. 种箱；3. 排种盒；4. 摇杆轴；5. 间隙调整片；6. 摆杆；7. 摆锥；8. 导针；9. 排量调节板；10. 封闭环	摆杆式排种器靠转动轴带动曲柄连杆机构传递给往复摆杆，来回搅动种子，导针在排种口做上下往复运动，可清除种子堵塞和架空现象，保证排种的连续性。它对各类谷物适应面广，结构简单，排种均匀性较好，不足是播量调节困难、排种口对播量影响较大
匙式排种器	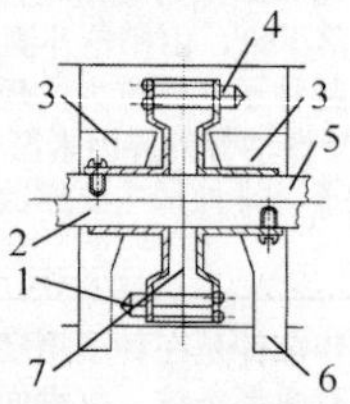 1. 左排种匙；2. 排种半圆轴；3. 排种漏斗；4. 右排种匙；5. 排种半圆轴；6. 排种轮；7. 排种口	匙式排种器排种轮两侧装有相互交错排列的小匙，工作时小匙从种子进入区舀起种子转至上方投种区时将种子倒入排种漏斗排上。排种轮分左右两部分，可以通过调整螺钉改变小匙伸出的距离，借以调节播量，它对粒形的适应性广，对小粒种子有独特优点，但机器在田间若受不规则的振动，对排种均衡性和播量均有影响
刷式排种器	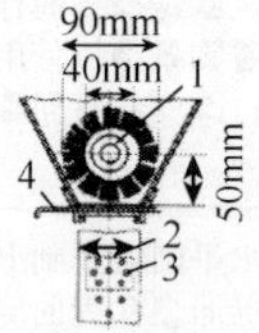 1. 刷轮；2. 播量调节板；3. 排种孔；4. 插门	刷式排种器主要由一个有一定弹性的刷轮和一个带孔的调节板组成，工作时弹性刷轮转动拨动种子从排种孔口排出，专用于油菜、三叶草、苜类等小播量的光滑种子，播量主要由排种口大小来调节，刷轮的转速影响播量和均匀程度

表 4-2　点播式排种器的类型、结构简图和性能特点

类型	结构简图	性能特点
水平圆盘式排种器	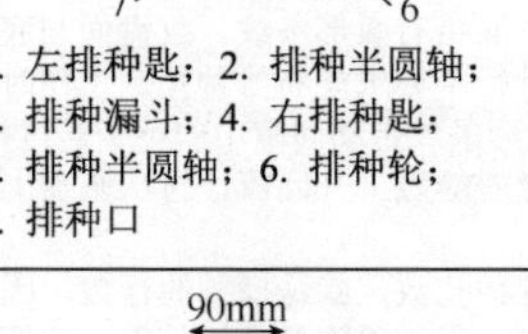 1. 种子筒；2. 排种器；3. 水平圆盘；4. 下种口；5. 底座；6. 排种立轴；7. 水平排种轴；8. 大锥齿轮；9. 小锥齿轮；10. 支架；11. 方向节轴	水平圆盘式排种器的排种圆盘周边可以根据种子粒型制成不同的型孔，圆盘在地轮驱动下旋转，将充入型孔内的种子带至排种口排出，通过导种管播入土中。在排种圆盘上方装有刮种器和推种器，刮种器将型孔上的多余种子刮去，推种器将型孔内的种子推出落入下排种口，完成排种过程。 其优点是结构简单、工作可靠、均匀性好，但由于圆盘线速度的许用值较低，因而对高速播种的适应性较差。特别是在单粒精密播种时，对种子尺寸要求很严，种子必须严格按尺寸分级

续表

类型	结构简图	性能特点
窝眼轮排种器	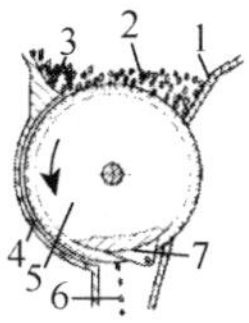 1. 种子箱；2. 种子；3. 刮种片；4. 护种板；5. 窝眼轮；6. 排种；7. 投种片	窝眼轮排种器的工作部件是一个绕水平轴旋转的窝眼轮，窝眼轮转动时，种子靠重力滚入型孔内，经刮种器刮去多余的种子后，窝眼内种子随窝眼沿护种板转到下方，靠重力下落或由推种器投入种沟。它适宜于播粒度均匀的种子，而以播球状种子效果最好。为便于充种，在型孔入口处开有倒角，大直径的窝眼轮可以降低投种高度，有利于提高播种的均匀性。可制作多个窝眼轮备用，也可将窝眼轮制成滑套式，滑套可轴向移动以调节窝眼轮横向大小；或在一个窝眼轮上制作大小不同的型孔，工作时将不需要用的型孔盖住
组合内窝孔玉米精密排种器	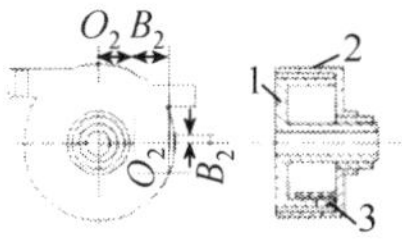 1. 内窝孔轮；2. 壳体；3. 内护种板	组合内窝孔玉米精密排种器的工作过程为：种箱内的种子由进种口进入排种器内腔，随着内窝孔轮的转动，数粒种子在重力的作用下进入充填孔(一次充种)。其中一粒种子在摩擦力和重力的作用下，由充填孔进入内窝定量孔(二次充种)。内窝孔轮继续转动，当充填孔进入清种区时，多余种子在重力作用下落回排种器内腔。而保持在内窝定量孔中的一粒种子随内窝孔轮继续转动并进入护种区，直到投种口时被投出，完成排种过程
孔带式排种器	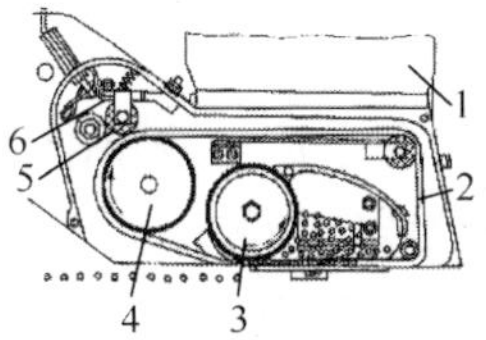 1. 种子箱；2. 型孔带；3. 清种投种刷轮；4. 驱动轮；5. 监测器滚轮；6. 监测器触点	孔带式排种器主要工作部件是一个柔性的橡胶带，胶带上有型孔。位于胶带上的种子在胶带运动时进入型孔内依次排列。孔带式排种器有两种形式，一种是充有种子的型孔移动到清种轮下方时，清种轮将多余的种子清除并将型孔中的种子推出落至土中；另一种是充有种子的型孔带移动到上方时，由另一胶带将种子压住，护送到下部排出
气吸式排种器	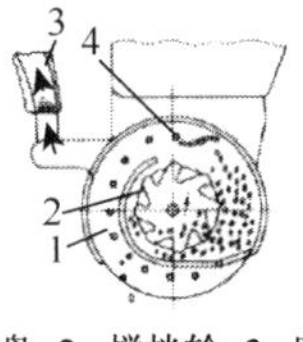 1. 吸种盘；2. 搅拌轮；3. 吸气管；4. 刮种板	气吸式排种器是依靠空气压力将种子均匀分布在型孔轮或滚筒上完成播种作业过程。它多用于中耕作物如大豆、玉米、棉花等大粒种子的精播机上，它具有作业质量高、排种均匀性好、种子破碎率低、适用于高速作业等特点；但它需要在播种机上安装风机，对气密性要求较高，结构相对较复杂，风机需要消耗大的功率。气吸式排种器有一个带有吸种的垂直圆盘，盘背面是与风机吸风管连接的真空管，正面与种子接触。当吸种盘在种子室中转动时，种子被吸附在吸种盘表面的吸种孔上。当吸种盘转向下方时，圆盘背面由于与吸气室隔开，种子不再受吸种盘两面压力差的作用，由于自重落入开沟器完成排种过程
气吹式排种器	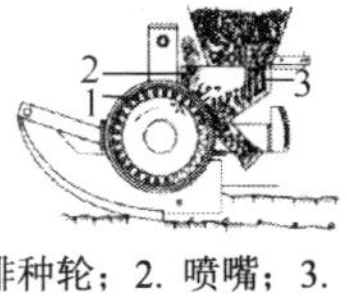 1. 排种轮；2. 喷嘴；3. 种子	气吹式排种器带有一个锥型孔的吸种圆盘，孔型底部有与圆盘内腔吸风管相通的孔道，称为吸种孔，当圆盘转动时，种子从种子箱滚入圆盘的锥形孔上，压气喷嘴中吹出气流压在锥型孔上，被转动圆盘运送到下部投种口处，靠自重作用落入开沟器投入种沟

续表

类型	结构简图	性能特点
气送式排种器	1. 种子箱；2. 风机；3. 弹性阻塞轮；4. 刷种轮；5. 排种滚筒；6. 种子；7. 镇压轮；8. 覆土器；9. 开沟器；10. 行走轮；11. 排种软管；12. 排种口	气送式排种器的工作部件是一个回转的排种滚筒，在筒的内壁设有均匀分布的窝眼通孔，孔底部与外界大气相通，风机的气流从进风管进入排种筒，再通过接种漏斗进入气流导种管，筒内压力高于大气压，种子在压差作用下贴附于窝眼上并随排种管转动上升，刷种轮将孔上多余的种子刷掉，弹性阻塞轮从滚筒外缘将孔堵住切断气流，种子即从孔中落入输种软管，此时因阻塞轮将孔封闭，气流便被导入导种管，种子便被气流强制吹落到开沟器开出的种沟中

4.3.2 影响排种器工作性能的因素分析

1. 影响条播排种器的排种均匀性的结构参数

条播排种过程一般是将整箱种子形成连续不断的种子流。按精准量播种的要求应该是精确、可控、定量地从种子群中分离出单粒或定粒种子，形成明显等时距、均匀的种子流，但实际上受多种因素影响达不到理想的要求，原因是受分离元件和定量元件的工作质量及环境客观条件的限制。

外槽轮排种器是靠槽轮转动时齿脊拨动种子强制排种，槽轮转到凹槽处排出的种子较多，齿脊处排出的种子较少，因此种子流呈脉动现象，影响了均匀度。为了克服其脉动性，在加工槽轮时将槽轮的轮槽交错排列，或将正槽做成螺旋斜槽，有助于提高均匀性，但仍不能从根本上消除排种脉动现象，这是外槽轮排种器的基本缺陷。

根据种子的不同粒型，可以调节外槽轮排种器的清种舌的开口，改变排种间隙。不过间隙过大时，一部分种子可能自流排出影响排种均匀性和播量稳定；间隙过小时则种子损伤率增大。为了克服种子的自流现象，有些播种机在清种舌上方安装毛刷或弹性刮种器，可有效地提高排种均匀性和播量稳定性。

影响外槽轮排种器工作性能的结构参数如下。

1) 槽轮直径 d

槽轮直径过大，排种器尺寸增加，在相同播量下转速和工作长度就相应减小，这会影响排种均匀性；直径过小，同播量下就必须提高转速，会增加种子损伤率。

目前使用最多的外槽轮排种器槽轮直径为 40mm，对于播撒小麦和中粒种子可适当提高转速，增加脉冲频率，减小脉冲振幅，因而排种均匀性比大直径好；播大粒种子如玉米、棉籽等可采用大直径；播油菜、谷子等小粒种子时，槽轮直径可降低为 24～28mm。

2）槽轮转速 n

槽轮转速过低，脉动频率低，排种均匀性差；转速过高，又会增加伤种率。根据种子的不同类型，槽轮转速可在 9～60r/min 范围内调整。

3）槽轮工作长度 L

槽轮工作长度太小，将使排种器内种子流动不畅，形成局部架空，使排种均匀性变差。实验表明，槽轮工作长度不应小于种子长度的 1.5～2 倍。播麦类谷物时，可取 $L=30$～42mm。根据种子的不同类型，槽轮工作长度可在 30～50mm 范围内调整。

4）凹槽断面形状和槽数 Z

槽轮断面形状有弓形、圆弧梯形、直槽形等。弓形便于种子充填和排出。拨大粒种子时常用圆弧梯形，以增加凹槽的容积；对小粒种子则采用直角槽。槽的深度 h 最浅不应小于种子厚度的 1/2，最深取种子厚度的 2～3 倍。槽的宽度 b 因种子大小而定，通常取种子最大长度的 2 倍，槽数太少，会减少带动层厚度，降低排种均匀性；增加槽数，在一定程度上可改善排种均匀性；但槽数太多容易伤种。常用槽数 $Z=10$～18。

纹盘式排种器的分离元件圆弧状条纹在纹盘端面上形成头尾搭接的槽沟，所拨动形成的种子流比外槽轮式细而均匀，而且脉动性小得多，因而排种均匀性优于外槽轮式，但在控量调整、机械制造方面有不足之处。

锥面型孔盘式排种器设计了便于种子囊入的沿圆周切线方向排列的、与小麦种子形状相似的长圆形型孔，型孔前壁设有引种倒角，以利种子顺利囊入；后壁设有退种倒角，以利多余种子顺利退出；型孔向下呈喇叭状，以利种子在投种时顺利投落；型孔之间有导种槽连接，辅助种子囊入型孔。可利用锥盘转动时的旋转离心力和斜面分力将箱内种子压力集中在窄小的平面环带上，增加种子的主动充填能力，可以大大改善囊种条件，提高囊种性能。

2. 点（穴）播型孔式排种器的充种能力

型孔盘和窝眼轮的排种质量取决于型孔与窝眼的充种效果。为了获得高的充种率，种子必须精选并按尺寸分级，形状不规则的种子还要进行丸粒化加工，以保证籽粒大小均匀。

1）型孔的形状和尺寸对充种性能的影响

在确定型孔尺寸时，要使种子在填充概率较大的情况下按一定的排列方式就位。试验表明，扁粒玉米种子常以侧立或竖立状态从种箱侧壁向下运动进入型孔。由于摩擦力和离心力的关系，而以侧立式型孔充种情况较好。

型孔盘的线速度 v_p 对种子充填性能及投种准确性有直接影响。线速度过高，型孔通过充种区时间短，种子有可能来不及进入型孔，造成漏播。假定种子随圆盘以 v_p 的线速度运动，靠重力落入型孔，则当种子在型孔上方运动的过程中，其重心 O 降至低于圆盘上平面时，必能保证进入型孔(图 4-12)。于是按自由落体可求出直径为 d 的球形种子和扁平种子充种的极限速度分别如下。

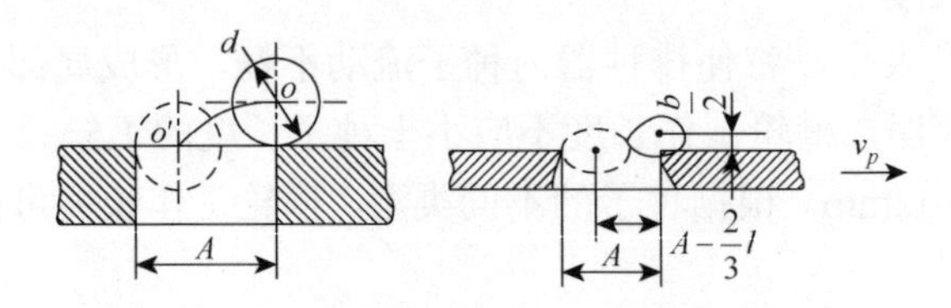

图 4-12　型孔盘或窝眼轮的极限圆周速度

球形种子：
$$v_p \leqslant (A - d/2)\sqrt{g/d} \tag{4-1}$$

扁形种子：
$$v_p \leqslant (A - 2l/3)\sqrt{g/d} \tag{4-2}$$

式中，g 为重力加速度。

试验得知，一般排种盘的线速度 v_p 不宜超过 0.35m/s。如果没有增设其他用以提高充填性能的辅助机构，v_p 超过此值，充填性能大大恶化。经过改进的水平圆盘形孔充种系数 η 为(100±4)%时，相应的型孔线速度可提高到 0.5～0.8m/s。而用于小粒种子的窝眼轮的速度要低得多。排种盘线速度又与播种机作业速度 v_m 有关，两者有如下关系：

$$v_p = \pi Dq(1+\delta)v_m/(Zt) \tag{4-3}$$

式中，D 为排种盘直径；q 为穴粒数；δ 为地轮滑移率；Z 为排种盘型孔数；t 为穴距或株距。

由式(4-3)可知，当其他参数相同时，v_p 与 v_m 成正比。由于 v_p 受充种性能的限制不能过大，因而限制了作业速度 v_m。当 v_m≤0.35m/s 时，v_m 一般在 6～7km/h，减小 D 或增加 Z 可降低 v_p，但是这样会使充种路程缩短，对充种不利，同时也缩小了型孔间的间距。间距太小，又会影响每穴之间种子分离的准确性。采用较大的排种盘直径，可以增加充种路程及充种时间，有利于提高充种系数。

2)气吸式排种器的吸附能力

在竖直面内回转的气吸式排种盘上，被吸附种子的受力情况如图 4-13 所示。一个吸孔要吸住一粒种子，至少应满足：

$$P_o d/2 \geqslant QC$$

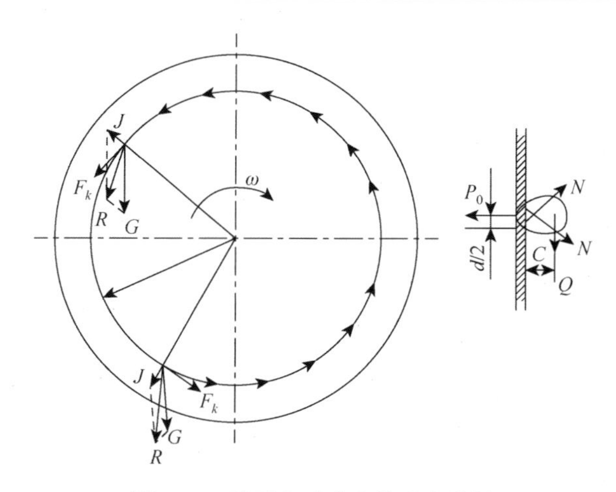

图 4-13　种子在吸孔上的受力分析

P_0. 一个吸孔的吸力；G. 种子重力；J. 种子离心惯性力；F_k. 空气阻力；d. 吸孔直径；C. 种子重心与排种盘之间的距离；R. G与J的合力；Q. G、J、F_f之合力（F_f为种子的内摩擦力）

考虑到在实际工作中，排种器受种子自然条件(吸种区种子分布情况、种子之间碰撞等)和外界环境、吸种可靠性系数 k_1、工作稳定可靠性系数 k_2 影响，在最大极限条件下，可求出气吸室所需真空度最大值 $H_{C\max}$ 为

$$H_{C\max}=\frac{80k_1k_2mgc}{\pi d_3}\left(1+\frac{v_p^2}{gr}+\lambda\right) \tag{4-4}$$

式中，d 为排种盘吸孔直径，单位为 cm；c 为种子重心与排种盘之间的距离，单位为 cm；m 为一粒种子的质量，单位为 kg；v_p 为吸孔中心处的线速度，单位为 m/s；r 为吸孔处转动半径，单位为 m；g 为重力加速度，单位为 m/s^2；λ 为种子的摩擦阻力综合系数，$\lambda=(6\sim10)\tan\varphi$，$\varphi$ 为种子休止角；k_1 为吸种可靠性系数，$k_1=1.8\sim2.0$(一般种子千粒重小，形状近似球形时，k_1 取小值)；k_2 为工作稳定可靠性系数，$k_2=1.6\sim2$(种子千粒重大时，k_2 选大值)。

显然，真空度越大，吸孔吸附种子的能力越强，不易产生漏吸；但若真空度过大，一个吸孔吸附几粒种子的可能性加大，重播率增大。此外，吸孔直径越大，则吸孔处对种子的吸力越大，可减少漏吸，但会增加重吸。目前，采用加大真空度以减少漏吸，同时采用清种器来清除多吸的种子。吸室真空度和吸孔直径可参照表 4-3 选取。

表 4-3　吸孔直径与所需真空度

作物	玉米	大豆	高粱	向日葵	小花生
吸孔直径/mm	5.0～5.5	3.4～4.5	2.0～2.5	2.5～3.5	5.5
吸室真空度/kPa	2.75～2.94	2.75～2.94	2.16～2.35	2.35～2.55	5.88～7.85

3. 清种方式

对于点(穴)播排种器,种子充入型孔时可能附带多余的种子而必须加以清除,以保证精量播种。

刮板式和刷轮式清种法适于水平型孔盘、窝眼轮等形式的排种器(图 4-14)。刮板或刷轮需由弹簧保持一定的弹性,以免伤种且能可靠地清除多余种子。刷轮以本身的旋转作用,用轮缘将多余的种子刷走,刷轮的线速度应大于或等于型孔线速度的 3～4 倍。气吸式排种器上常用齿片式清种器;气吹式排种器上常用气流清种,原理新颖,效果良好。

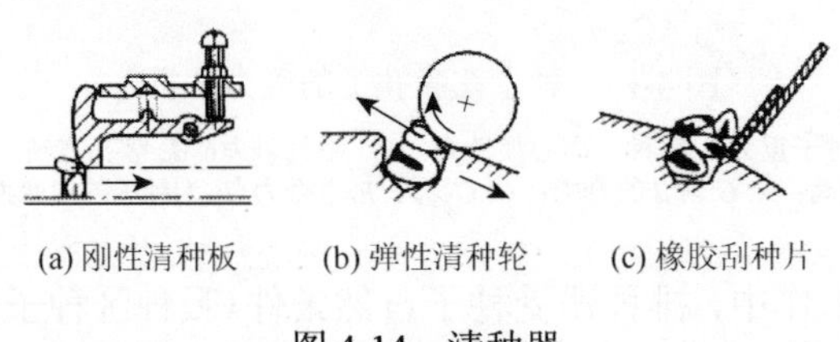

(a) 刚性清种板 (b) 弹性清种轮 (c) 橡胶刮种片

图 4-14 清种器

4. 排种器的同步传动

为保证在播种机前进时播种排量与动力机转速快慢无关,排种器的排种速度必须与播种机的前进速度严格同步。因此,播种机排种器均由地轮驱动。但是,由于地面凹凸起伏及地轮不规则的滑移,排种速度与播种机前进速度不能完全同步,这就影响播种的均匀性和株距的精确性。因此,应尽量减小地轮的滑移,采取的主要措施是采用较大直径的地轮和在轮辋上安装轮刺以提高地轮的抗滑移性能。从整体驱动与单组驱动方式看,单组驱动受工作条件差异和不均匀传动影响,易形成各个排种器不均匀性,造成各行排量的不一致性;而整体传动能减少传动滑移的不一致性和不稳定性,从而提高排种均匀性和沟内种子粒距的精确性。

5. 投种高度与投种速度

充满种子的型孔运动到预定位置(投种口)时,应将种子及时投出,否则种子在行内的粒距精确度将受到影响。故有些排种器设有强制投种的投种器。

投种高度(投种口至种沟底面的距离)对种子在种沟内的分布有很大影响。从排种口均匀排出的种子经过这段路程后,由于受空气阻力和导种管壁碰撞的影响,种子无法保持初始时的均匀间距。投种高度越大,种子经历的路程越长,所受的干扰就越大,越容易引起种子落点不准。因此,应尽量缩短导种管长度,减小开沟器高度,降低投种高度。

投种时种子在机器前进方向的绝对水平分速也是不容忽视的一个重要的因素。此速度为排种盘在投种时的水平分速 v_{px} 与机器前进速度 v_m 之和。绝对水平分速越大，种子与沟底的碰撞及弹跳越厉害，播种质量越差。如果 v_{px} 和 v_m 大小相等、方向相反，则种子绝对水平分速等于零，这时种子落点精度高，即零速投种。

4.3.3 排种器的性能试验

排种器性能试验是播种机研制过程中检查排种器性能的重要方法，通过排种器性能试验可以对排种原理、排种器性能和结构参数合理性等方面进行综合测试，从而为设计提供可靠依据。

排种器性能试验有以下几种常见项目。

1. 排种器能力测定

播种机所能满足的各种作物的最大和最小播量范围，称为播种机的排种能力。对排种器来说，衡量排种能力，通常以每转能播下的种子的重量 Q_0 表示。试验某种条播机排种器时，可先按公式：

$$Q_0 = \frac{Na\pi D(1+\delta)}{1000i} \tag{4-5}$$

式中，N 为播量，单位为 kg/ha；a 为行距，单位为 cm；D 为行走轮直径，单位为 m；i 为传动比；δ 为滑移系数。

算出排种器每转应排的最大和最小种子量范围，然后进行实测，比较计算值与实测值之间的差别，来判断排种器的工作能力。

实测时，应将播种机架起，使行走轮离地，然后以正常工作转速转动轮子，记下行走轮 10 转(或 20 转)时排种器排出的种子、秤重，重复 5 次求其平均值，检查是否达到所要求的排种能力。

2. 条播均匀性测定

均匀性一般指种子在行内纵向分布的均匀程度。测定时应在排种器稳定工作后，将种子排到输送带或土槽内。测区连续长度应大于排种器转一圈所播的距离，重复测 3～5 次，测定总长度应在 10m 左右。条播均匀性的统计，通常是将种子沿纵向分成小段(中、小粒种子 5cm 为一段，大粒种子 10cm 为一段)，测每段种子数，各段种子数越接近，均匀性就越好；相反，各段种子数与各段平均种子数相差越大，则均匀性越差。在比较两种排种器的均匀性时可用以下三个具体指标衡量。

所测段数中，其平均粒数 m 的段数占总段数的百分比越高越好；$m\pm1$ 粒数的段数占总段数的百分比越高越好；粒数为零的空段数越少越好。

3. 断条率测定

断条率也是一种行内分布均匀性指标，指行内纵向种子断条的长度占测定区总长度的百分比。断条长度指两粒相邻种子间距离超过允许的最大间距的长度。试验条播大粒种子的性能时测定断条率。

4. 总排量稳定性测定

农业技术要求每单位面积上应有合理的保苗株数，因此要求播种机和每个排种器在单位面积上的总排量保持稳定。尤其在上、下坡不同转速等条件变化时，也要求总排量稳定。对单个排种器可测量每 10 转排量，重复 5 次，各次播量越接近越好。

5. 排种一致性

排种一致性(或称均齐性)要求播种机上各行的排量一致。这个指标主要反映排种器的制造精度、排量控制和调节机构结构设计的合理性等方面的问题。

测定时，在试验台上同时驱动数个排种器，或者带动地轮使整机排种，分别测定各排种器的 10 转播量，求各排种器的播量变异系数。试验重复 3～5 次。

6. 伤种率测定

伤种率指被排种器损伤的种子数量，占所测种子总数量的百分数。它也属于排种器性能测定的重要项目。

7. 成穴性测定

成穴性指穴播(玉米、棉花等)的穴长、穴距和每穴粒数是否符合农业技术要求。穴长指穴内数粒种子的纵向长度。穴距指两穴中点间的距离。要求穴距为平均穴距±5cm 的穴数所占百分比越高越好。每穴粒数各地要求不同。

测定时，连续测区长度要大于排种器转一圈所播距离，总穴数应在 50 穴以上。

8. 点播精密度测定

单粒点播种子的分布情况一般可用种子间距变异系数来鉴定，室内以平均株距等于 $l\pm0.1l$ 为合格株距，田间以 $l\pm0.2l$ 为合格株距。

测定时，连续测区长度要大于排种器转一圈所播距离，总长度应超过 50 株距。在进行上述项目的测定时，常需应用排种器试验台。它由电动机、传动装置、承接种子带、种子箱试验排种器和机架等组成。工作时，电动机一方面带动种子带上的主动轮，另一方面带动排种轴。传动装置具有多级变速，能保证种子带的线速度和机器前进速度相当，并使排种器轴的转速符合机器工作时的转速和方向。排种器轴转速一般在 8～50r/min 变化。工作时可在种子带上刷胶以保证种子原有的均匀性。

4.4　开沟器的设计及理论

开沟器的作用是在播种机作业时开出种沟，将种子或肥料导入沟内，并使湿土覆盖完好，它的设计要求如下。

开沟时要求沟开得直，沟底松软平整，能达到农业技术要求的苗幅宽度、深度一致，不乱土层；导种入土后，对条播要求分布均匀，对穴播要求落粒位置准确；覆土时，要使细湿土层紧靠种子，且应将种子全部覆盖，覆土深度一致，覆土后地表平整；有良好的入土性能，工作可靠，不易被杂草和湿土堵塞；工作阻力应尽可能小。开沟器可分为滚动式和移动式两大类。

4.4.1　滚动式开沟器

滚动式开沟器在旋转过程中切开土壤开出沟槽，目前使用的滚动式开沟器主要有双圆盘和单圆盘两种形式。

1. 双圆盘开沟器

双圆盘开沟器(图 4-15)有两个相互倾斜对称安装形成夹角 φ 的平面圆盘。两个圆盘边缘的交点在圆盘前沿下方 m 处(图 4-16)，工作时在土壤反力作用下各自绕自己的轴线旋转。圆盘滚转时两个平面将土壤向两侧推挤而形成种沟。导种板将种子导入沟底。它的特点是类似于滑刀切削入土，能切断土中残根，对土壤的适应能力较强，工作可靠。但由于重量大，开沟阻力也较大，结构复杂，造价高。

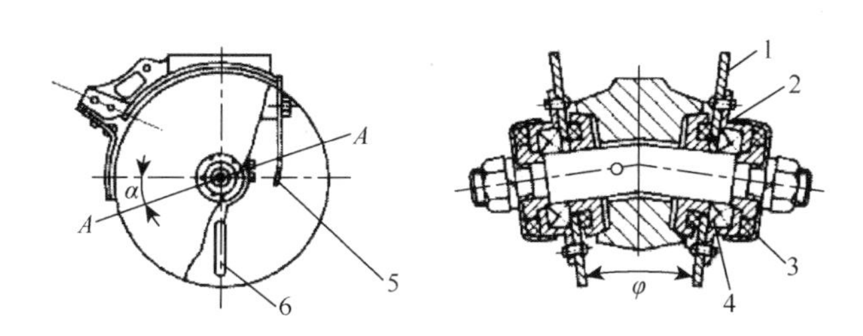

图 4-15　装滚珠轴承的双圆盘开沟器

1. 圆盘；2. 圆盘毂；3. 毡封；4. 滚珠轴承；5. 导种板；6. 分土板

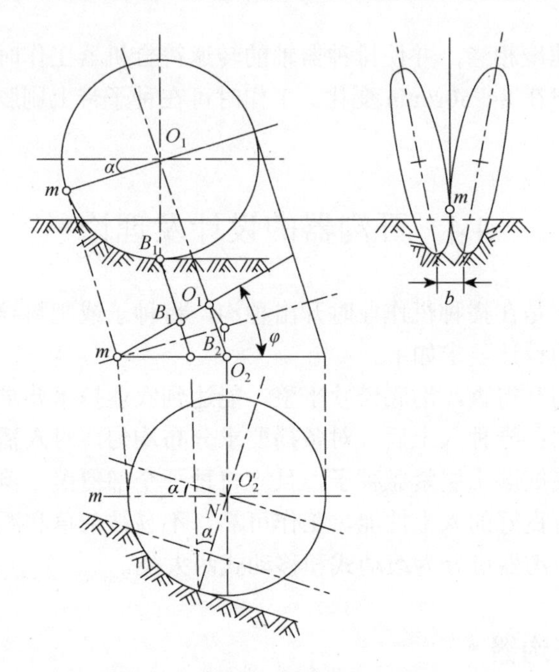

图 4-16　双圆盘开沟器的开沟宽度

双圆盘开沟器在播种作业时 m 点的位置一般取在地面稍上方，它的开沟宽度 b 在图中为 B_1B_2 两点间的距离。设圆盘直径为 D，则沟底宽度 b 为

$$b = B_1B_2 = 2mB_2\sin\frac{\varphi}{2},\quad mB_2 = \frac{D}{2}(1-\sin\alpha) \tag{4-6}$$

$$b = D(1-\sin\alpha)\sin\frac{\varphi}{2} \tag{4-7}$$

如图 4-16 所示，两个圆盘各开出一条凹沟，而在两凹沟之间形成一个凸埂。在开沟宽度不大时，此凸埂对播种深度的影响可忽略不计；但在开沟宽度较大时，凸埂将影响种子在沟内的横向分布。因此 m 点的位置，即 α 角的大小应合理选择，一般的双圆盘开沟器，φ 角为 12°～16°，α 约为 15°，D 为 350mm，b 为 1.5～4mm。

2. 单圆盘开沟器

单圆盘开沟器类似于圆盘耙片，是一个球面圆盘(图 4-17)。圆盘安装与前进方向偏角为 3°～8°。在圆盘凸面一侧，有导种管将种子导入沟内。球面圆盘曲率半径通常为 650mm，圆盘直径为 350mm。

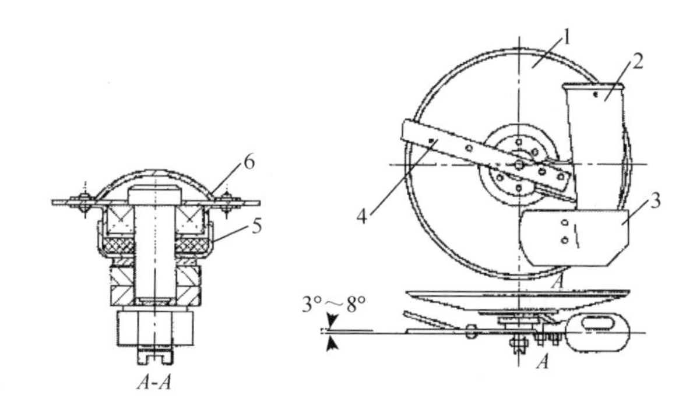

图 4-17 单圆盘开沟器

1. 圆盘；2. 导种管；3. 分土板；4. 拉杆；5. 防尘圈；6. 滚珠轴承

与双圆盘开沟器相比，单圆盘开沟器重量较轻，入土能力强，结构也较简单，但播幅较窄。开沟时土壤沿凹面易抛起形成上下干湿土层搅混，在干燥地区对种子吸收发芽水分有些不利。单圆盘开沟器适于在墒情较好的地区使用。

4.4.2 移动式开沟器

移动式开沟器随机器的前进方向平动，靠铲尖部位与地面形成一定的夹角或外加压力入土，破土能力强，结构简单，适用于不同类型的播种机。图 4-18(a)所示的开沟器尖部锐利，易于入土，所开的沟较小，播幅较窄。图 4-18(b)开出的沟较宽，并装有散种板使种子在种沟内散开。这两种开沟器称为锄式和铲式，有构造简单、重量轻、价格低廉的优点。但在开沟时容易挂草，且不具备破碎较大土块的能力。适于在整地良好、地表杂物少且播种时土壤墒情好的地区和轻便型播种机上使用。图 4-18(c)所示的箭铲式开沟器以钢管作柄柱兼作种子导管。铲面升角小，可减少对土层的翻动，开出的种沟宽度可达 60mm。能适应多种土壤条件并能用于麦收后的硬茬播种。此类开沟器在柄柱型导管下部装有散种板，可形成一定宽度的种子带，有助于播种均匀性。图 4-18(d)所示的开沟器称为芯铧式开沟器。工作时芯铧入土，将土壤推向两侧由两个侧板挡住，种子由导种管经散种板落于沟底，土壤由侧板后部落回沟内盖种。芯铧式开沟器开沟宽度可达 18cm，开沟深度可达 12cm，沟底平整、苗幅宽，可防止干湿土混杂，利于保墒出苗。适于东北垄作地区使用，缺点是阻力较大。图 4-19(a)为靴式开沟器，它的前沿破土部位外形如靴，靠自身重量和外加压力挤开土壤成沟，对种沟底部土壤有压密作用，促使土中水分上升，对种子发芽有利。图 4-19(b)为滑刀式开沟器，以刀形前刃向前滑动切开土壤，随后由两侧壁将土壤挤开，形成种沟，沟底平坦，

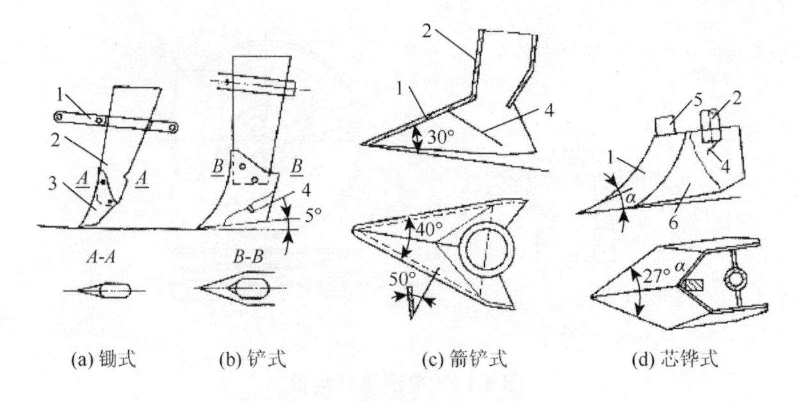

(a) 锄式　(b) 铲式　(c) 箭铲式　(d) 芯铧式

图 4-18　各种锐角式开沟器

1. 拉杆；2. 下种管；3. 锄头；4. 散种板；5. 柄柱；6. 侧板

而且有一定宽度使种子能与沟底土壤密切接触，吸收较多的发芽水分。适宜于播种玉米、棉花等大粒作物。图 4-19(c) 为船式开沟器。前沿开沟部分呈楔形，楔角较大，开出的沟宽而平。常用于种植马铃薯和苗木等。

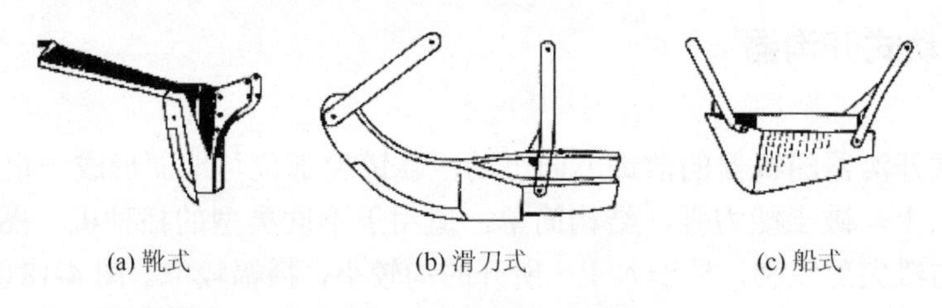

(a) 靴式　(b) 滑刀式　(c) 船式

图 4-19　各种钝角式开沟器

4.4.3　开沟深度调整

播种深度是评价播种机工作质量的重要指标。根据农业技术要求，播种过深过浅，都将使出苗率降低、幼苗生长不旺。播种深度是指种子上面所覆盖的土层厚度。播种深度一致，即指覆盖层厚度一致。显然，在地面起伏不平时，深度一致的种子在土中也是高低不一的。因此，要保持播种深度一致就必须控制各播行的开沟器均能随地面起伏而浮动，使之入土深度一致。这种浮动亦称“仿形”。在现有的播种机上控制开沟器入土深度的方法有以下几种。

(1) 在滚动式开沟器上加装限深环［图 4-20(a)］。

(2) 在滑刀式开沟器上加装限深滑板［图 4-20(b)］。

(3) 开沟器牵引架铰接在播种机架上，牵引点位置可调，并在后部加配重［图 4-20(c)］。

(4) 目前谷物条播机普遍使用弹簧限深机构[图4-20(d)]。这种机构在遇到播行中某处土壤较硬、开沟器入土深度不足向上抬起时，弹簧就被压缩使入土压力增大，迫其恢复原有深度。而在土质较软处因受限位拉杆端板的限制，开沟器又不能入土更深。

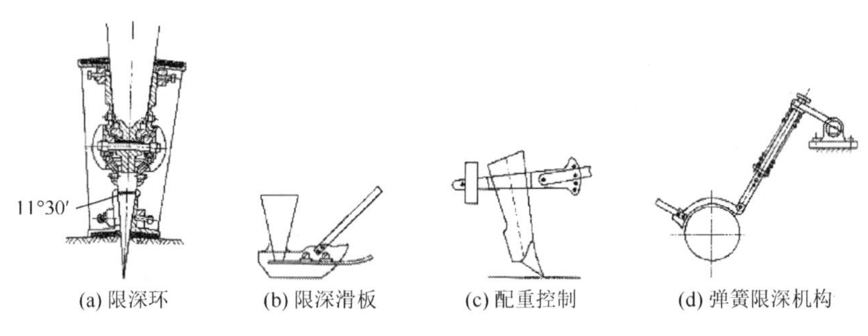

图4-20 开沟器限深装置

(5) 如图4-21所示为各类播种机上常用的四杆仿形机构。这种方法是利用限深装置推动一个能随地面起伏仿形的平行四杆机构来实现开沟深度的控制。限深装置和开沟器与平行四杆机构相连接。当它随地面起伏时，开沟器亦随之升降，使种子相对于地表的覆土深度不受地面凹凸不平的影响。这种机构的优点是当开沟器上下运动时，整个播种单体各部分均做上下平行移动，不产生任何相对运动或转动，不改变开沟器的入土角。但必须使地轮尽量靠近开沟器，否则就会使动作提前或滞后，造成仿形失真。在有些播种机上利用位于开沟器前面或后面的传动轮或镇压轮兼作限深轮，有简化结构的优点，但若距开沟器的位置较远则失真较大，故采用限深滑板的效果最理想。

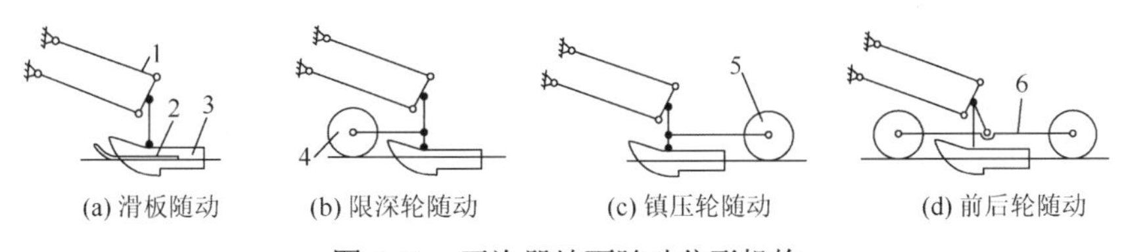

图4-21 开沟器地面随动仿形机构

1. 平行四杆机构；2. 限深滑板；3. 开沟器；4. 限深轮；5. 镇压轮；6. 杠杆

4.4.4 开沟器工作阻力与力的分析

影响开沟器的工作阻力的因素主要有开沟器形式、结构参数、开沟深度、土壤特性及播种机作业速度等。各种开沟器的工作阻力见表4-4。

表 4-4　开沟器工作阻力

形式	锄铲式	双圆盘式	单圆盘式	滑刀式	芯铧式	滑靴式
开沟深度/cm	3～6	4～8	4～8	4～10	5～10	2～4
平均阻力/N	30～65	80～160	70～120	200～400	200～800	20～50

开沟器的受力平衡情况影响其入土性能及工作稳定性。特别是移动式开沟器，反应甚为敏感。在图 4-22 中，G 为重力，P 为牵引力，R 为土壤阻力(包括沟底对开沟器的垂直支承力及其所产生的摩擦力)。按照土壤工作部件牵引平衡理论，当牵引线仰度 α 较大时，工作部件前部对沟底的压力较小，故入土较浅；反之，则入土较深。由此，可以得知：改变开沟牵引点 O 的位置可以改变其入土深度。O 点位置较低或较为靠前时，重力 G 和阻力 R 的合力 S 与牵引力 P 构成使开沟器向下入土的力矩，于是，开沟器入土深度增大；反之，则深度减小。当合力 S 与牵引力 P 作用在一直线上处于平衡状态时，开沟器深度不变，工作稳定。

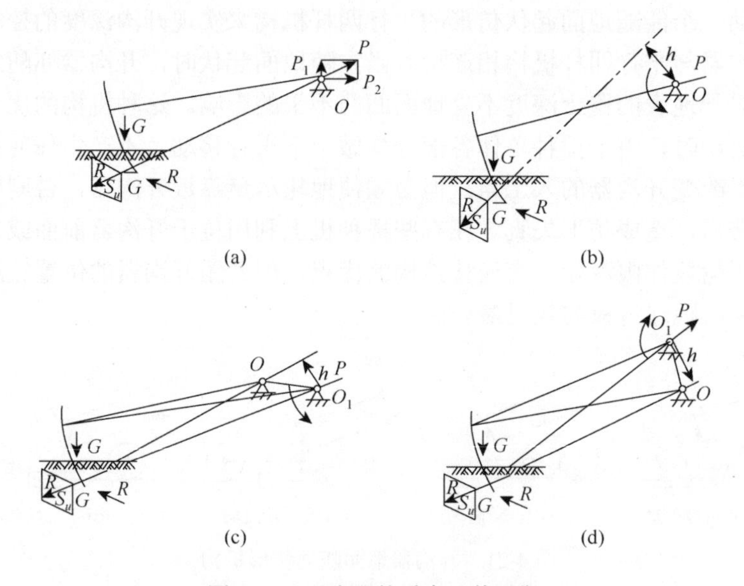

图 4-22　开沟器的受力及其平衡

复习思考题

4-1 播种作业的农业技术要求包括哪些?

4-2 播种机播种质量的常用性能评价指标包括哪些?
4-3 简述播种机的类型和一般构造。
4-4 排种器有哪些类型? 各自的特点是什么?
4-5 简述影响排种器工作性能的因素。
4-6 开沟器的主要作用和设计要求包括哪些?
4-7 开沟器的深度如何调整?
4-8 结合实际，简述播种机在农业生产方面的应用。

第5章　收获机械

5.1　概　　述

机械化收获应满足如下农业技术要求：收割作业干净，掉穗落粒的损失小；割茬低，便于提高后续的耕作质量；铺放整齐，以便于人工打捆或机械捡拾，且不影响机具下一趟作业；适应性好，即对不同地区、不同田块、不同品种作物的收割，以及对作物状况(倒伏及植株密度等)的适应性较好[9-10]。收获作业由收割、脱粒、分离清选、谷粒装袋运回等项工作组成，机械化的谷物收获方式、收获程序及特点见表5-1。

表5-1　机械化谷物收获方式的比较

收获方式	收获程序	特点
分段收获	收割机将作物切割后在田间铺放或捆束；在田间或运至脱拉场地用脱粒机脱粒	技术上比较成熟，机型较多、生产率低。在捆、垛、运、脱等工序中损失大，劳动强度大
联合收获	一次完成收割、脱粒、分离茎秆、清选谷粒、装袋或摘车卸粮各项工作	机械化程度高，生产效率高，省工、省时，摘选效果好，损失小，但机器年利用率低
分段、联合收获	收割机、拾禾器与联合收割机配合使用，实现前期割晒、中期拾禾、晚期直接收获	机器利用率高，购机投资回收快；生产率高；机械化水平高；缓解收获期紧张，抢农时；利用谷物的后熟作用，提高谷物的品质和产量。在北方小麦产区常使用

5.2　收割机械

收割机械是指在稻麦分段收获时完成收割和铺放两道工序的作业机具。

5.2.1　收割机类型和一般构造

1. 收割机的类型

1) 按照茎秆的放铺方向

收割机按照茎秆的放铺方向可以分为收割机、割晒机、割捆机。

收割机：收割机工作时，被割刀切断的谷物茎秆形成的方向与前进方向垂直，割台将谷物切割后，输送到一侧直接铺放在田间［图 5-1(a)］。

割晒机：如图 5-1(b)所示，割晒机工作时，被割刀切断的谷物茎秆形成与前进方向平行的顺向放铺，以便于两段收获时的晾晒。

割捆机：如图 5-1(c)所示，割捆机是将谷物茎秆割断后进行自动打捆，然后放于田间。

(a) 收割机

(b) 割晒机

(c) 割捆机

图 5-1 收割机类型

收割机由于机型一般较小，多采用悬挂在小型拖拉机底盘前面的形式，北方大平原地区也有采用牵引式收割机。

2) 按照被割谷物茎秆的输送方式

收割机按照被割谷物茎秆的输送方式可以分为立式收割机和卧式收割机。

立式收割机：割台为直立式，被割谷物茎秆是在直立状态下输送到收割机一侧的，机构纵向尺寸短。

卧式收割机：割台为水平放置，被割谷物茎秆是在水平输送带上运至收割机一侧的，输送平稳。

2. 收割机的基本构成

无论是立式收割机还是卧式收割机，其基本构成是相同的，即都是由扶禾装置、切割器、输送装置、传动装置等组成的，立式收割机和卧式收割机只是在扶禾装置上有较大的差别。

1) 立式收割机

立式收割机结构如图 5-2 所示。当收割机工作时，输送带和切割器由拖拉机动力输出驱动工作，分禾器将行内谷物茎秆集束引向切割区，并在扶禾轮的后向扶持作用下被切割器切割，随即靠向立式输送带被传送到一侧放铺(图 5-3)。

输送路线和铺放方向主要有两种：侧向输送侧放铺型和中间输送侧放铺型，见图 5-4。图 5-4(a)中，割下的作物被输送带向一侧输送。在扶禾星轮的配合下，作物在机侧放铺；图 5-4(b)中，割下的作物向割台的中间输送，经过换向阀门 4

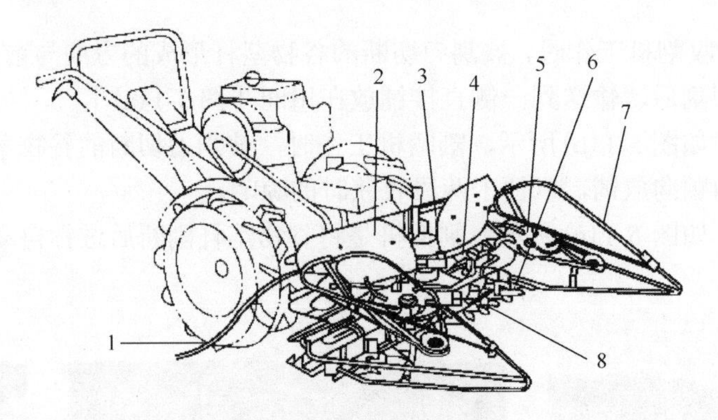

图 5-2　立式收割机结构

1. 铺禾杆；2. 后挡板；3. 转向阀；4. 上输送带；5. 扶禾轮；6. 切割器；7. 分禾器；8. 下输送带

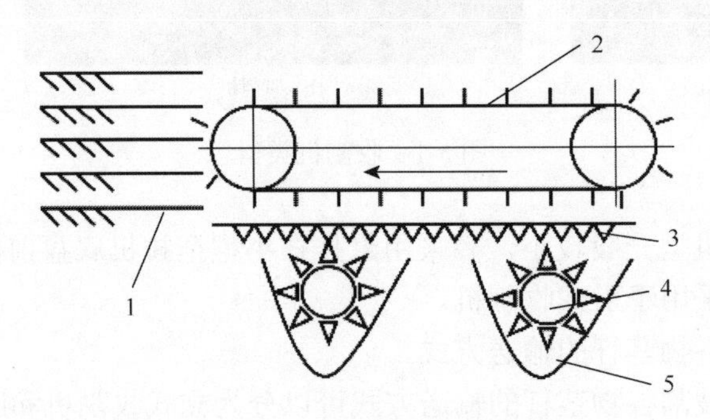

图 5-3　立式收割机工作原理

1. 谷物茎秆；2. 输送带；3. 切割器；4. 扶禾轮；5. 分禾器

的引导，转到输送带的后面，经过导禾槽 5 而向机侧放铺。要改变作物的放铺方向时，不需改变输送方向，只要改变换向阀门的位置就能控制，结构简单。

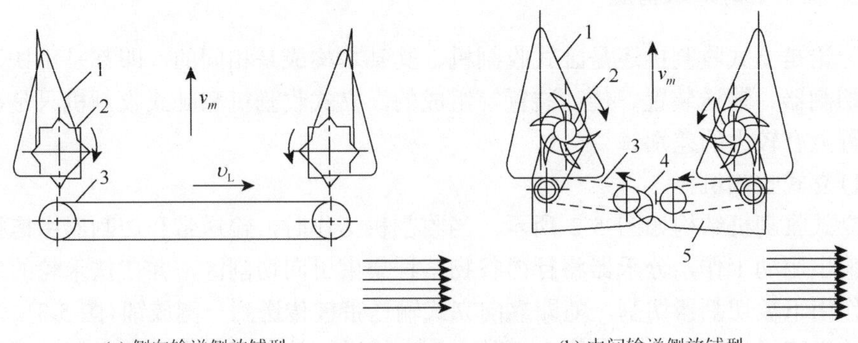

图 5-4　收割机 L 割台输送路线和铺放方式

1. 分禾器；2. 扶禾星轮；3. 输送带；4. 换向阀门；5. 导禾槽

立式收割机的纵向尺寸小、割幅较窄、结构紧凑、质量小、机动灵活，适宜小地块作业，但收割倒伏作物的性能较差。

2) 卧式收割机

卧式收割机由拨禾轮、输送器、分禾器、切割器和传动机构等组成。它的割台基本上水平，略向前倾斜［图 5-5(a)］。收割时，作物在拨禾轮的作用下由切割器割断，随即向后卧倒在帆布输送带上，被送向机器的一侧，呈条状铺放在田间。

卧式收割机对倒伏和稀、密作物的适应性较好、割幅较宽，但纵向尺寸较大，机组的机动灵活性较立式割台收割机差。

如图 5-5(b) 所示，当收割机工作时，拨禾抡、输送带和切割器由拖拉机动力输出驱动工作，分禾器将行内谷物茎秆集束引向切割区，并在拨禾轮的后向推送扶持下被切割器切割，随即倒向输送带(也可能是螺旋搅龙)被传出。

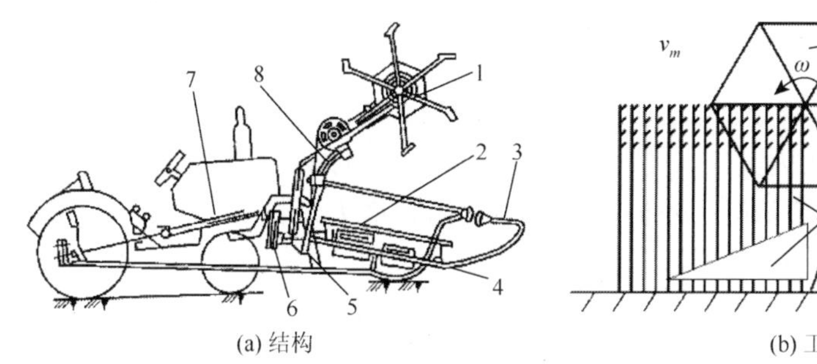

(a) 结构

1. 拨禾轮；2. 输送装置；3. 分禾器；4. 切割器；
5. 悬挂升降机构；6. 传动系统；7. 传动联轴器；8. 机架

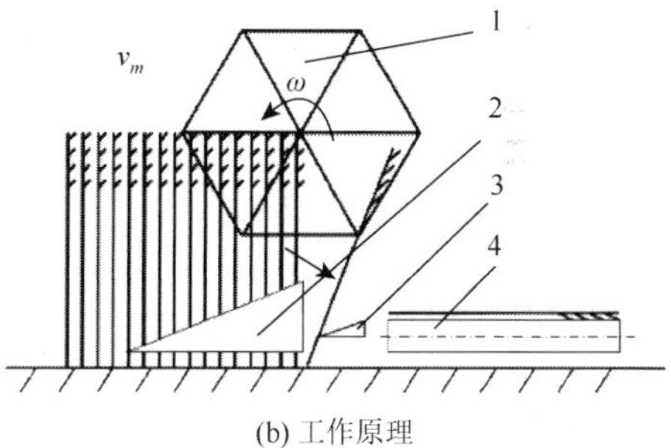

(b) 工作原理

1. 拨禾轮；2. 分禾器；3. 切割器；4. 输送装置

图 5-5　卧式收割机

茎秆是在水平状态下被输送的，因此输送平稳，且拨禾抡对倒伏作物具有一定的扶起作用。但机构纵向尺寸大，不利于拖拉机前置配置，故很少在小型拖拉机上使用。卧式收割机的输送带有单带和双带之分，分别为割晒机和收割机使用。

5.2.2　切割器及理论分析

1. 谷物茎秆的切割理论

切割器是收割机上的重要工作部件，主要完成对谷物茎秆的切割任务，为了有一个良好的工作质量，一般对切割器有如下的技术要求：割茬整齐、不漏割、不堵刀、功率消耗小。

实验结果表明：谷物茎秆的切割过程与割刀的特性、茎秆的物理力学性质、切割方式、切割速度、割刀与茎秆的相对位置等有关。

1) 切割方式对切割性能的影响

切割方式主要是指割刀进入材料的方向，归纳起来主要有正切和滑切两种基本方式。

正切：割刀的绝对运动方向垂直于割刀刃口的切割方式(图 5-6)。

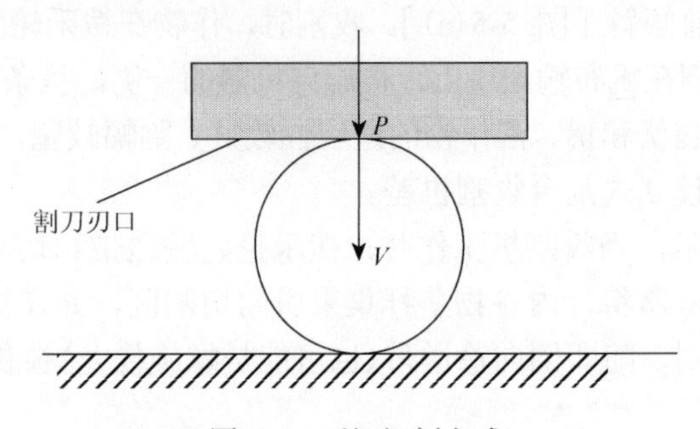

图 5-6　正切切割方式

如图 5-7 所示，横切、斜切、削切三种切割方式均应属正切。实验结果表明：正切中的三种切割方式因其切入茎秆的方向与茎秆本身的纤维方向存在较大的差异，切割阻力和切割功率消耗也不同。其中，横切阻力最大，斜切比横切下降 30%～40%，削切比横切下降 60%。

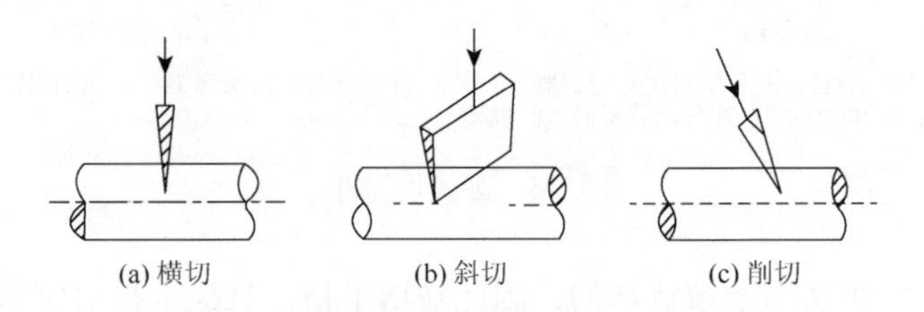

图 5-7　典型的切割方式

滑切：割刀的绝对运动方向与割刀刃口既不垂直又不平行的切割方式(图 5-8)。

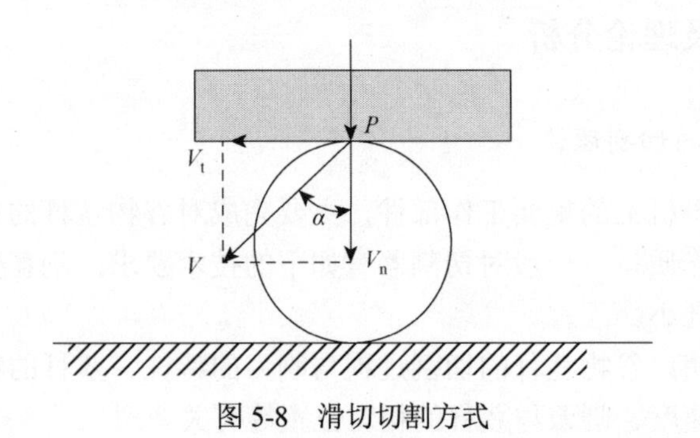

图 5-8　滑切切割方式

图 5-8 中，V_n 为割刀运动的法向速度；V_t 为割刀运动的切向速度；P 为切割力；α 为割刀运动的绝对速度方向与法向速度方向的夹角，此处定义为滑切角。

根据切割理论的力学试验结果和割刀运动几何分析，滑切比正切省力。

高略契金力学试验步骤是，在割刀上一面施加法向力 P，一面使割刀刃口沿切向方向产生滑移，滑移量为 S，在切割条件相同的情况下(材料、深度)，高略契金力学试验结果表明，割刀在切割同一种材料、同一深度的物料时，切向滑移量越大，所需切割力就越小，即切割越省力。试验过程表明，当割刀切向滑移量为零时即为正切，只要存在滑移就会产生滑切，因此，滑切比正切省力。由此而得高略契金常数定理(C 为常数)：

$$P^3S = C \tag{5-1}$$

割刀运动几何分析：对比分析割刀刃口上某质点进入材料时正切刃口角和滑切刃口角的大小，刃口角越小越省力(图 5-9)。

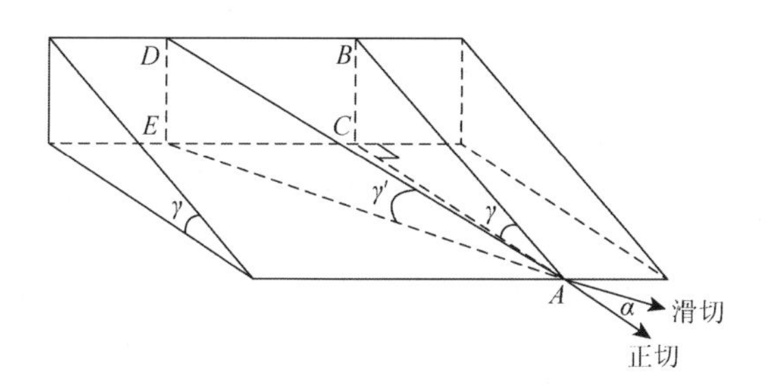

图 5-9 割刀运动几何分析

由于 $\tan\gamma = \dfrac{BC}{AC}$，$\tan\gamma' = \dfrac{DE}{AE}$，$DE = BC$，$AE = \dfrac{AC}{\cos\alpha}$

故

$$\tan\gamma' = \tan\gamma\cos\alpha \tag{5-2}$$

由于

$$\cos\alpha \leqslant 1$$

故

$$\tan\gamma' < \tan\gamma，\ \gamma' < \gamma \tag{5-3}$$

2) 茎秆的物理力学性质的影响

茎秆的物理力学性质主要是指茎秆本身所固有的一些特性，包括切割阻力、弯曲阻力、弹性模量、抗弯强度等。而这些因素随茎秆的品种、成熟度和湿度等的变化而变化。只要割刀克服了横切面内的切割阻力，茎秆就会被切断。

但是，在切割像小麦、水稻这样的刚度较小的作物时，只要受到较小的外力就会发生弯斜，给顺利切割造成一定的困难。因此，要实现对茎秆的完全切割，一般可采取两种措施：低速有支承切割和高速无支承切割。

(1)有支撑切割。在动刀片运动的反向施加支承力的切割称为有支承切割(图 5-10)。

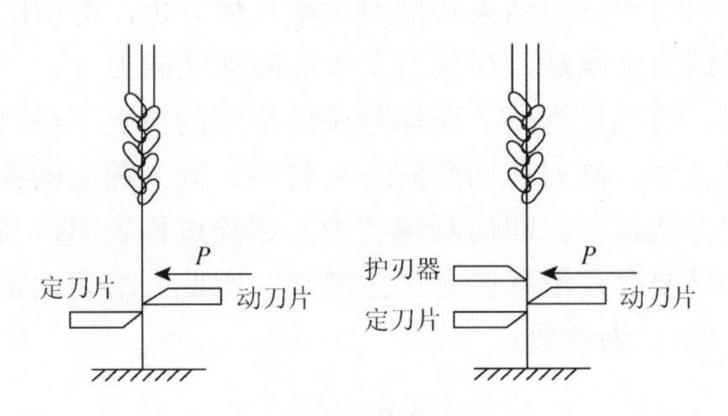

图 5-10 有支撑切割

单支承切割：用动刀片配合定刀片的切割。

双支承切割：用动刀片配合带有护刃器的定刀片的切割(图 5-11)。

有支承切割可使茎秆获得一定的抗弯能力，可在低速状态下进行切割，切割速度为

$$v_p = 1\sim 2\text{m/s}$$

研究结果表明：在同样切割速度的情况下，双支承切割比单支承切割能获得较好的使用参数。在进行单支承切割时，要保证正常的切割，动、定刀片之间的切割间隙必须在 $\delta = 0\sim 0.5\text{mm}$，否则，茎秆的切割阻力增大，有可能发生撕裂现象。这给切割器的设计与安装带来很大的困难。

而在进行双支承切割时，相对于割刀的上下抗弯能力有较大幅度的增强，动、定刀片之间的切割间隙可允许在 $\delta = 1\sim 1.5\text{mm}$(图 5-11)，这就给切割器的设计、使用、安装提供了比较宽松的条件，所以目前收获机械普遍采用双支承切割方式。

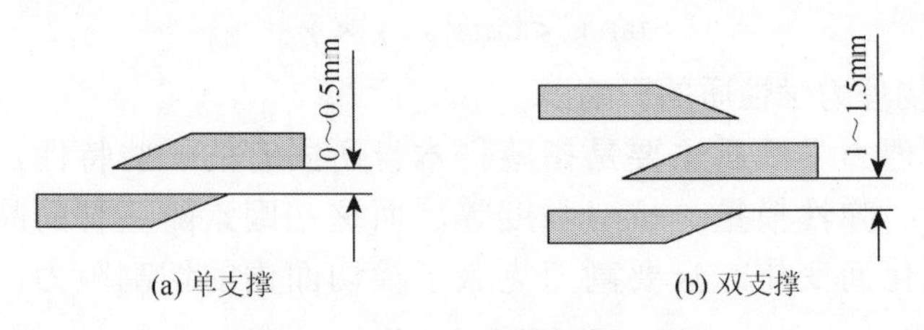

(a) 单支撑　(b) 双支撑

图 5-11 单、双支撑切割区别

(2)无支撑切割。只有动刀片而无定刀片直接切割茎秆的切割称为无支承切割(图 5-12)。

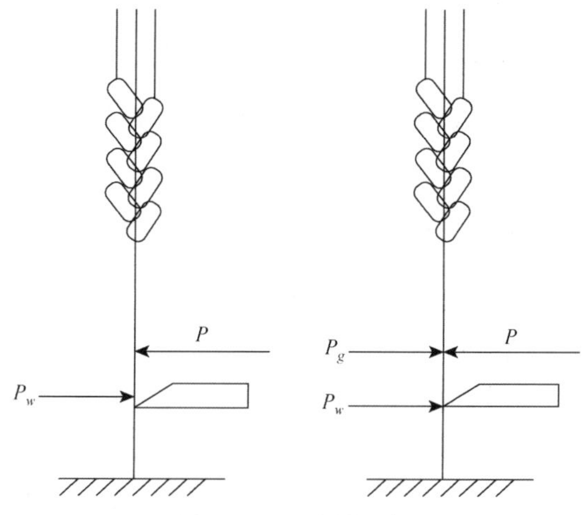

图 5-12　无支撑切割

由于茎秆是在没有任何扶持的状态下进行切割的，仅靠茎秆自身的抗弯能力 P_w 是很难与动刀片的切割力相平衡的，此时，$P > P_w$。切割速度较低时，茎秆将被推倒或折断。

但当动刀片以较高的速度进入材料时，原来静止的茎秆在瞬间获得动刀片所传递的速度并立即产生很大的加速度以及与其方向相反的惯性力 P_g。速度越大则惯性力就越大，因而茎秆的抗弯能力也就越大，有利于茎秆的顺利切割。当 $P = P_g + P_w$ 时，可使得茎秆在直立状态下实现切割，因此，无支承切割所需的切割速度要比有支承切割大得多。

例如，切割小麦时，使用带有护刃器的往复式切割器，其切割速度仅为 1～2m/s，而无支承的回转式切割器的刀片速度则需 10～20m/s，如果切割牧草，则需 40～50m/s，这使得机构功率消耗增大、振动增加，传动装置也将比较复杂。

3) 切割速度与切割阻力的关系

试验结果表明，随着切割速度的增加，切割阻力有所下降。速度-阻力关系如图 5-13 所示。

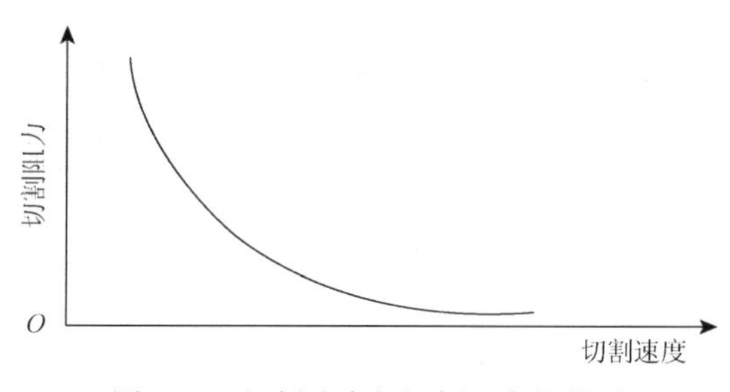

图 5-13　切割速度与切割阻力的关系

2. 切割器的类型与构造

收割机的切割机构由切割器和割刀传动装置组成。切割机构的功用是切断作物茎秆。

对切割器的性能要求：割茬整齐(无撕裂)、无漏割、功率消耗小、振动小、结构简单、容易更换和适应性广。

从目前收割机和联合收获机应用情况看，切割器主要有回转式切割器和往复式切割器两种基本类型。

回转式切割器一般为一高速旋转的水平刀盘，工作幅宽小、功率消耗大，大多用于园艺管理、茶树修剪等作业，很少在谷物收获系统中使用(图 5-14 和图 5-15)。

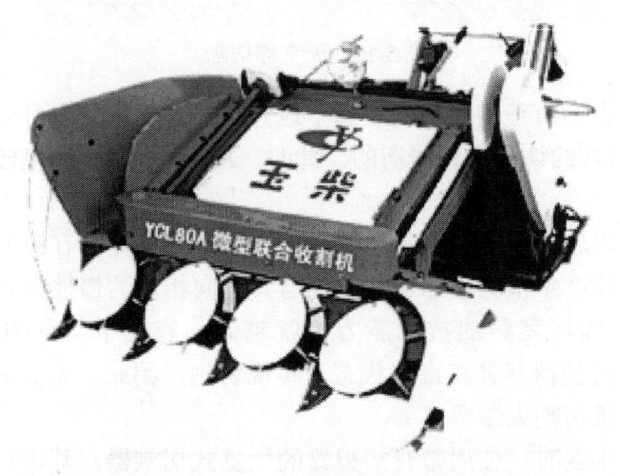

图 5-14　装有回转式切割器的微型联合收获机

图 5-15　大型回转切割器式联合收获机

如图 5-16 所示，往复式切割器一般由动刀片、定刀片、护刃器、压刃板、摩擦片、刀杆等组成。动刀片与定刀片相对做直线往复运动，平均切割速度为 1～2m/s，特点是：结构简单、工作可靠、适应能力强、作业幅宽大，纵向尺寸小，目前绝大多数的收割机和联合收获机上采用这种形式的切割器。本节的重点也将针对往复式切割器的类型、结构、工作原理、参数分析等进行介绍。

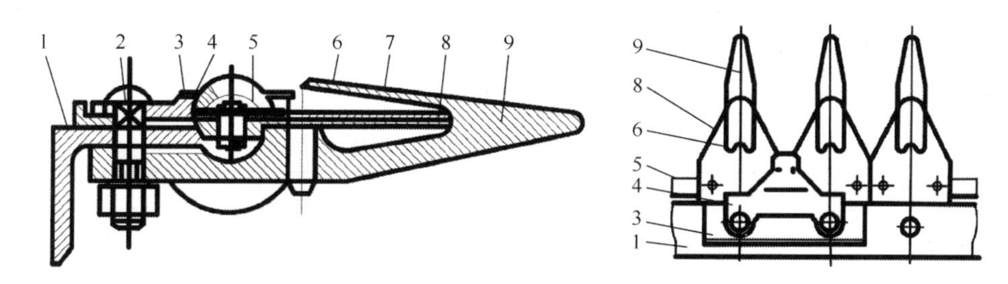

图 5-16 往复式切割器构造与结构关系

1. 护刃器架；2. 螺栓；3. 摩擦片；4. 压刃板；5. 刀杆；6. 护板；7. 定刀片；8. 动刀片；9. 护刃器

根据动刀片直线运动行程 S、相邻动刀片和相邻定刀片之间的安装间距 t 和 t_0 三者的组合关系，往复式切割器可分为三种基本类型。

1) 标准型切割器

标准型切割器的结构尺寸关系为 $S = t = t_0 = 76.2\text{mm}$；工作特点是：割刀的切割速度较高，切割性能好，对粗细茎秆有较强的适应性，广泛用于稻麦作物的收割机械上［图 5-17(a)］。

2) 双刀距型切割器

如图 5-17(b)所示，双刀距型切割器结构尺寸关系为 $S = 2t = 2t_0 = 152.4\text{mm}$；其工作特点是：割刀往复运动频率低，惯性力小、适合抗振性较差的小型收割机。

3) 低割型切割器

如图 5-17(c)所示，低割型切割器的结构尺寸关系为 $S = t = 2t_0 = 76.2\text{mm}$；在标准型切割器的基础上，在两定刀片之间又增加了一个定刀片，使得定刀片之间的间距缩小 1 倍，切割谷物时，茎秆的横向歪斜量小，割茬较低，对收割低夹大豆和牧草较为有利，但有堵刀现象。

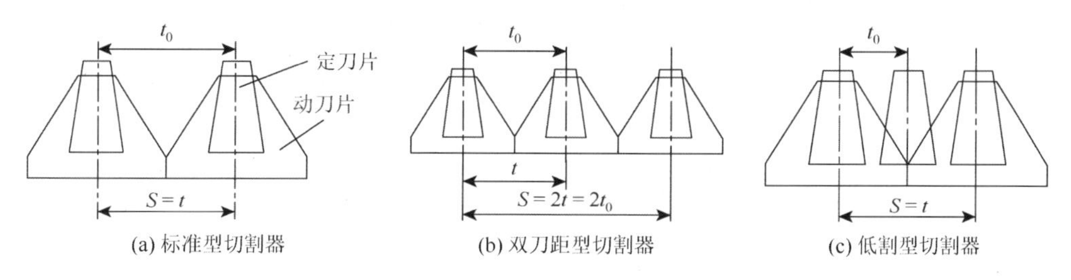

图 5-17 切割器的结构尺寸关系

3. 往复式切割器的传动机构

往复式切割器的工作特点是动刀片做直线往复运动，要实现将动力输出的旋转运动变为割刀的直线运动，方法很多，目前在收割机械上应用较多的有三种类型：曲柄连杆机构、摆环机构、行星齿轮机构，其中曲柄连杆机构应用最广。往复式切割器的传动机构主要类型如表 5-2 所示。

表 5-2　往复式切割器的传动机构主要类型

机构类型	机构简图	特点
曲柄连杆机构		机构简单、成本低廉，但占据空间大
摆环机构		结构紧凑、铰链较少、工作可靠、制造成本高
行星齿轮机构		行星齿轮的节圆直径是齿圈节圆直径的一半，销轴置于割刀的运动直线上，曲柄回转时，销轴在割刀运动方向线上作往复运动，其行程等于齿圈节圆直径。结构紧凑、振动小，便于机构配置，但成本高，机构复杂

4. 往复式切割器的工作原理及运动分析

1) 刀片的几何形状

无论使用什么样的切割器，都必须满足滑切的要求，而能否保证割刀直线运动下的滑切，割刀的几何形状非常关键。如图 5-18 所示，目前比较理想的几何形状是梯形和三角形，而梯形更具合理性，因为三角形一旦出现磨损，将影响割刀刃口的长度，进而最终影响割刀的切割质量。

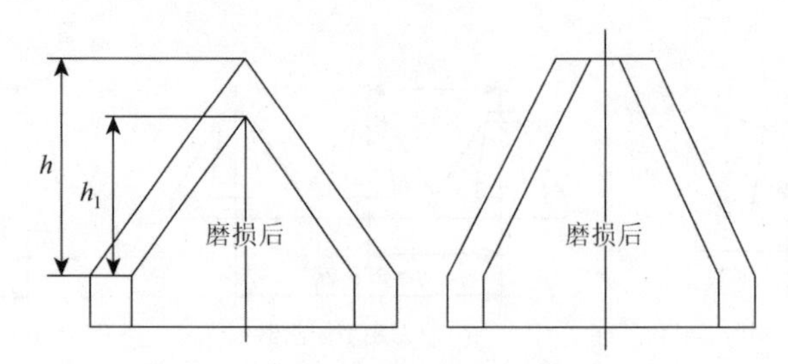

图 5-18　三角形动刀片与梯形动刀片

梯形刀片的结构参数如图 5-19 所示。其中，a 为底部宽；b 为前桥宽；h 为刃部高；α 为滑切角。

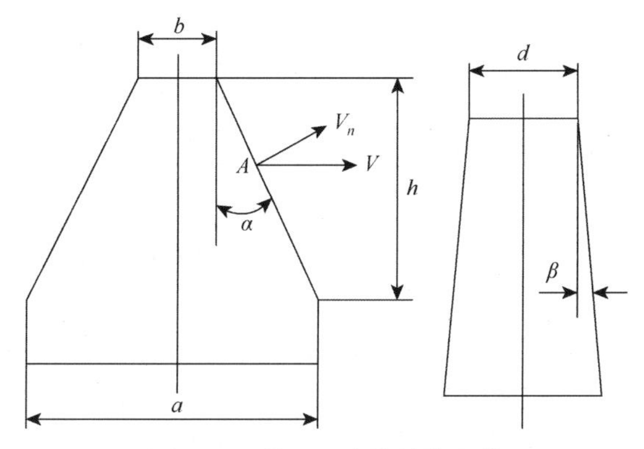

图 5-19　梯形刀片的结构参数

一般情况下，α 越大，滑切能力越强，切割也就越省力，当 α 由 150°增至 450°时，切割阻力将减少一半。滑切角 α 与切割阻力 P 之间的关系曲线如图 5-20 所示。

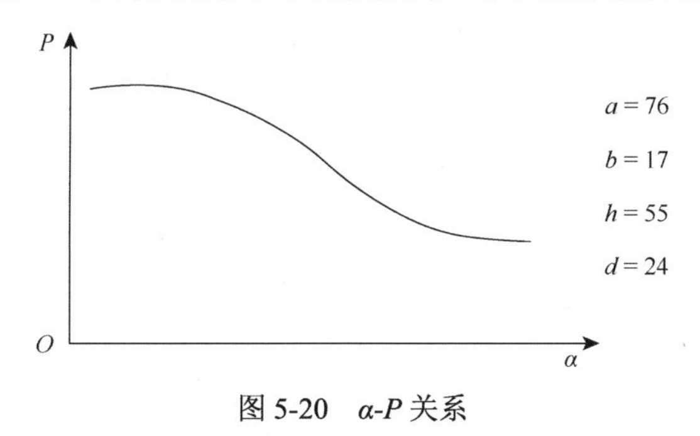

图 5-20　α-P 关系

如图 5-21 所示，要特别注意的是 α 的变化范围一定要首先满足茎秆被动定刀片钳住的条件：切割瞬时，两刃口作用于茎秆的合力 R_1、R_2 必须在同一直线上。

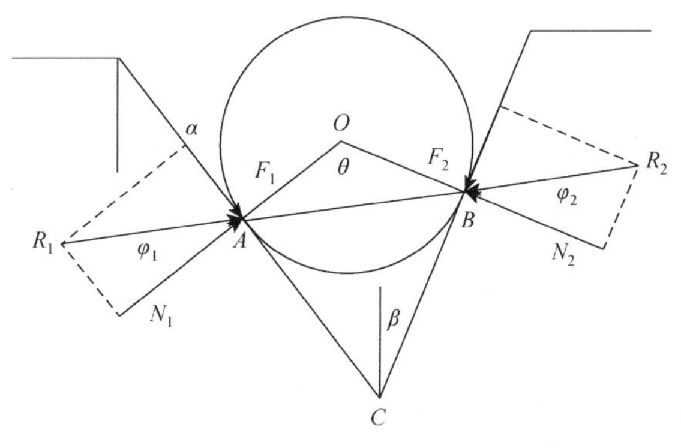

图 5-21　茎秆与被动定刀片的几何关系

在三角形 OAB 中：

$$\theta+\varphi_1+\varphi_2=\pi$$

在四边形 $OACB$ 中：

$$\angle OAC=\angle OBC=\frac{\pi}{2},\quad \theta+\alpha+\beta=\pi$$

将以上两式联立，可得钳住茎秆的条件为

$$\alpha+\beta\leqslant\varphi_1+\varphi_2 \tag{5-4}$$

试验结果表明：当 $\alpha=29°$，$\beta=6°15'$时，割刀的切割效果最好。

2)割刀的运动分析

割刀的运动特性对切割器性能有直接的影响，由于往复式切割器的动刀片工作时在曲柄连杆机构的驱动下做横向的往复直线运动，其运动是间歇的。如图 5-22 所示，通过对该机构的运动分析找出割刀位移与速度之间的关系，为合理地确定割刀速度与机组前进速度配合关系提供理论依据。

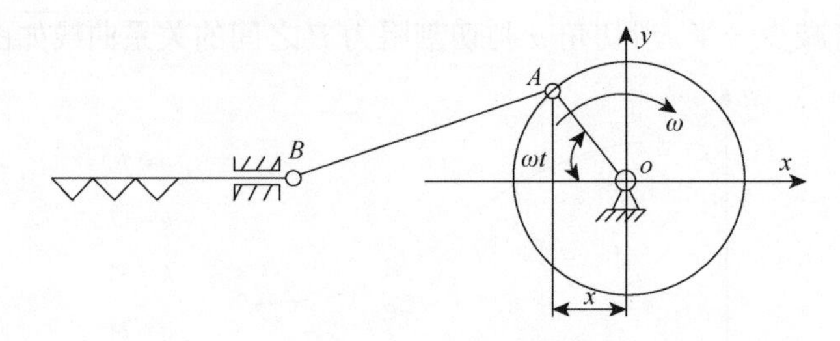

图 5-22　割刀的运动分析

$$x=-r\cos\omega t$$

$$V_x=r\omega\sin\omega t=r\omega\sqrt{\sin^2\omega t}=r\omega\sqrt{1-\cos^2\omega t}=\omega\sqrt{r^2-r^2\cos^2\omega t}=\omega\sqrt{r^2-x^2}$$

$$\frac{x^2}{r^2}+\frac{V_x^2}{r^2\omega^2}=1 \tag{5-5}$$

可以看出，割刀速度与割刀位移之间的关系为一椭圆方程式，长半轴为 $r\omega$，短半轴为 r，反映了割刀在其运动过程中，任意一点的速度是不相同的，有时，为了研究方便，将图中的长半轴 $r\omega$ 缩小 ω 倍，这样割刀速度与位移之间的关系图就可用一标准圆来表达，后面将会用到这个结果。

由于割刀的横向直线运动速度是变化的，应用起来很不方便，因此我们引进割刀的平均速度 V_p 的概念。

设 S 为割刀运动一个行程，$S=2r$，t 为所用时间，n 为曲柄转速(r/min)；如果 60 秒转动 n 圈，则曲柄转动半圈所用时间为 $t=30/n$。

$$V_p = \frac{S}{t} = \frac{nS}{30} = \frac{nr}{15} \tag{5-6}$$

往复式切割器割刀的运动是水平横向运动和直线前进运动的合成，割刀横向运动的平均速度 V_p 与机器前进运动的速度 V_m 的配合关系，决定了割刀绝对运动轨迹，这一配合关系习惯上用割刀进距(即割刀完成一个行程 S 的时间 t 内机组所前进的距离) H 来表示。

$$H = V_m t = \frac{30V_m}{n} \tag{5-7}$$

设 λ 为割刀速度 V_p 与机组前进速度 V_m 的比值。

$$\lambda = \frac{V_p}{V_m} = \frac{\frac{nS}{30}}{\frac{nH}{30}} = \frac{S}{H} \tag{5-8}$$

试验结果表明，λ 的大小对割刀的切割质量影响很大，我们必须进行必要的量化处理，即给出 λ 的值，确定 V_p 与 V_m 的配合关系。通常我们用作图——切割图的方法，来确定 λ 的值。

切割图就是利用作图法，画出动刀片的绝对运动轨迹，分析割刀的切割过程。

由图 5-23 可知，在定刀片运动轨迹线内的谷物茎秆将被动刀片切割，切割区

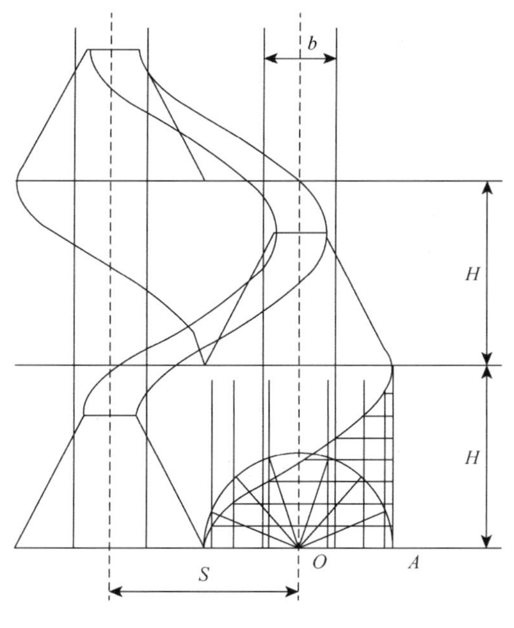

图 5-23 刀片切割图

内的茎秆在动刀片的左右推动下被推向定刀片实施剪切，由于 λ 值不同，切割区内茎秆被处理的程度也有些不同，有可能出现三种情况(图 5-24)。

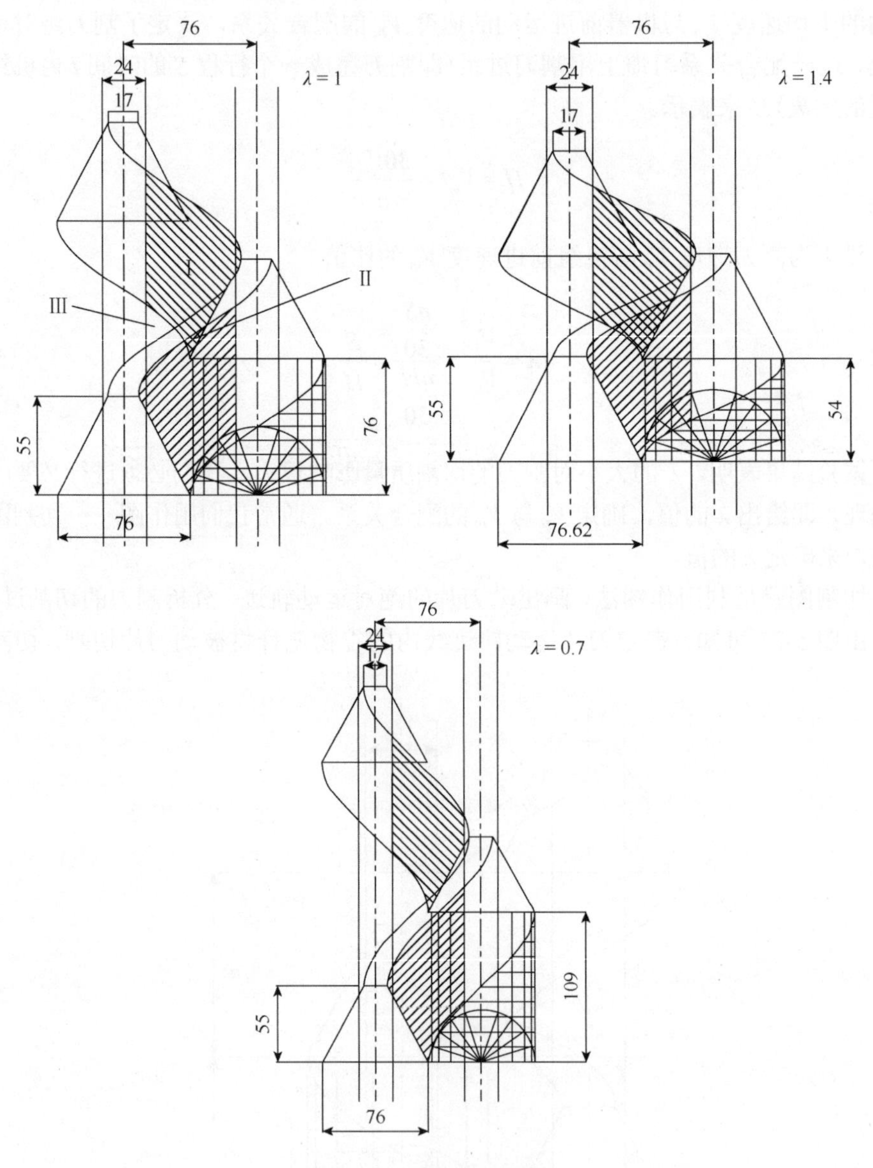

图 5-24　茎秆被处理情况

Ⅰ区(一次切割区)：在此区内的茎秆首先被动刀片推至定刀片刃口线上，并在定刀片和护刃器的双支承下被切割，由于动刀片只有一次通过该区，故称为一次切割区。Ⅰ区内的茎秆由于所处的位置不同，多数茎秆是在横向歪斜状态下被切割的，歪斜状态下被切割的茎秆割茬高度有所增加。

Ⅱ区(重割区)：动刀片刃口线两次通过该区，有可能发生对茎秆的二次切割但并非一定。当Ⅱ区面积较小时，且位于切割区的中部，尽管动刀片两次通过该区，但由于茎秆左右歪斜量大致相同，不可能发生重割。反之，当由于割刀进距 H 较小时，Ⅱ区面积增大，在第二次行程时，离动刀片较远而离定刀片较近的茎秆就有可能被重割一次。重割将增加功率的消耗。

Ⅲ区(空白区)：动刀片的刃口线没有经过该区，当该区面积较小时，且位于动刀片前桥宽度 b 的扫描范围之内，茎秆将被动刀片的前桥推向割刀下次行程的一次切割区内被切割，但歪斜量较大，割茬较高，且为集束切割，切割阻力大，功率消耗增加。如果割刀进距 H 过大，空白区增大，动刀片前桥宽度 b 的扫描面积没有全部掠过该区域，就有可能造成漏割。

经以上分析不难看出，λ 值的大小或 H 值的正确选取对割刀的切割质量影响很大，通过绘制切割图，就可以确定最佳的速度比 λ 值，一般 $\lambda = 0.8 \sim 1.2$。

5. 切割器的功率消耗

切割器工作时的功率消耗主要由切割功率消耗 N_g 和空转功率消耗 N_k 两部分组成。

$$N_g = \frac{V_m B L_0}{1000} \tag{5-9}$$

$$N_k = (0.6 \sim 1.1)B \tag{5-10}$$

式中，V_m 为机组前进速度，单位为 m/s；B 为机组作业幅宽，单位为 m；L_0 为割刀切割每平方米面积的作物茎秆所需功值，单位为 J/m^2，据测试，收割小麦时，$L_0 = 100 \sim 200 J/m^2$。

6. 割刀惯性力的平衡

往复式切割器在工作时做高速往复直线运动，由于其速度是变化的，所以将在机器上产生较大的惯性力，速度越高惯性力就越大，机器的振动也就越严重。据测试，每米割刀所产生的惯性力高达 600～800N，严重地影响了机器的使用寿命和工作质量，因此，必须对割刀的惯性力予以平衡，常用的措施是在曲柄销对面增加平衡配重，以曲柄连杆机构为研究对象，建立割刀惯性力的平衡关系式。

设：M_d 为割刀质量；M_e 为连杆质量；r 为曲柄半径；ω 为曲柄回转角速度；M_p 为配重质量；r_p 为配重块回转半径；a 为割刀加速度，$a = r\omega^2\cos\omega t$。

如图 5-25 所示，为了研究方便，设连杆质量 M_e 的 2/3 随割刀做直线往复运动，1/3 随曲柄销做圆周运动。

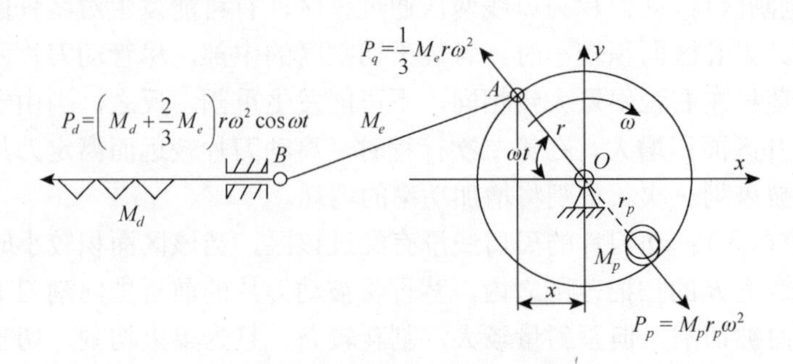

图 5-25 割刀惯性力的平衡分析

当 $\omega t=0°\sim90°$时，加速度 a 为正值，此时，P_d 与 P_q 同向，方向为 x 的反向。当 $\omega t=90°$时，割刀在 x 轴上所受到的力最小，只有 P_d，此时，P_q 和 P_p 在 x 轴上的投影为零。

机构受力平衡式如下：

$$\left(M_d+\frac{2}{3}M_e\right)r\omega^2\cos\omega t+\frac{1}{3}M_e r\omega^2\cos\omega t=M_p r_p\omega^2\cos\omega t \tag{5-11}$$

整理得

$$\left(M_d+\frac{2}{3}M_e\right)r+\frac{1}{3}M_e r=M_p r_p \tag{5-12}$$

这是割刀在水平方向上的全平衡方程式，它不是永恒的，而是变化的。P_q 和 P_p 的方向随着 ω 的变化而变化。当割刀转至水平方向时，可满足全平衡的要求。但当曲柄销转至垂直位置时，在 y 方向上将会出现新的最大不平衡，因为此时 P_d 在 y 轴上的投影为零，P_p 远大于 P_q，从而引起机构在上下或前后的剧烈振动。

为了解决这一矛盾，目前采用较多的是部分平衡法，意在既能够平衡掉一部分水平方向上的割刀惯性力，又不致割刀在垂直方向上出现较大的振动。

$$\lambda\left(M_d+\frac{2}{3}M_e\right)r+\frac{1}{3}M_e r=M_p r_p \tag{5-13}$$

λ 为平衡程度系数，一般取值为 $\lambda=0.25\sim0.5$。

5.2.3 扶禾装置及理论计算

1. 扶禾装置的类型及工作过程

如图 5-26 所示，扶禾装置主要用于收割机或联合收割机割台上，用以引导茎秆、扶持切割并清扫割台，防止已割茎秆在割刀上堆积而造成堵刀。扶禾装置主要有扶禾器和拨禾轮两种基本形式。扶禾器主要用于小型收割机上，而拨禾轮则大多用于联合收获机上。

图5-26 扶禾装置

2. 拨禾轮对谷物的作用

如图5-27和图5-28所示，拨禾轮主要用于卧式收割机或联合收割机割台上，用以引导茎秆、扶持切割、并清扫割台，防止已割茎秆在割刀上堆积而造成堵刀。拨禾轮有普通拨禾轮和偏心拨禾轮之分，其中普通拨禾轮现已逐渐被淘汰。

图5-27 拨禾轮

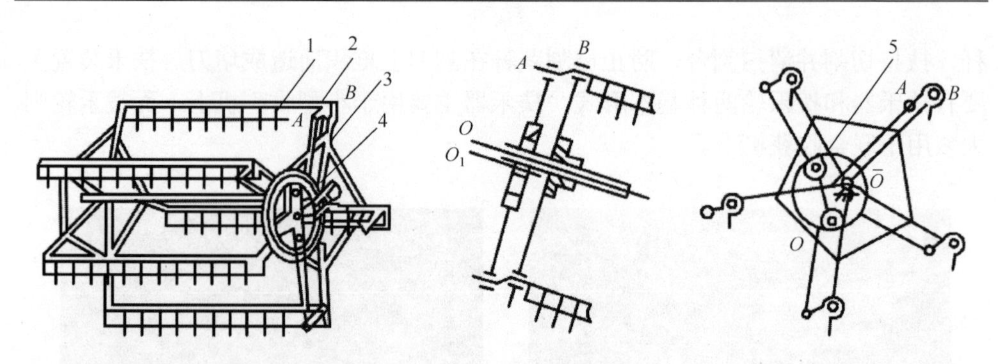

图 5-28　偏心拨禾轮结构示意图

1. 压板；2. 管轴；3. 辐条；4. 偏心环；5. 滚轮

拨禾轮在工作时一边旋转，一边随机组作直线运动，其拨板的绝对运动轨迹是上述两种运动的合成(图 5-29)。根据切割器工作时需要有拨禾轮的向后引导谷物茎秆和推送被割茎秆的作用，拨板的绝对运动轨迹也必须满足余摆线的要求，即 $\lambda = V_b/V_m > 1$。

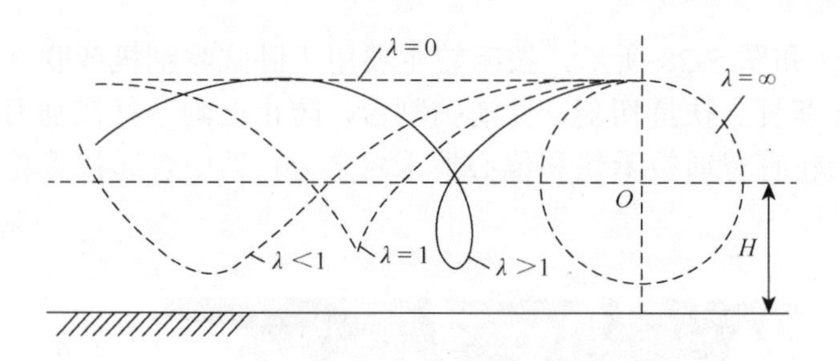

图 5-29　不同值时拨禾板运动轨迹形状

研究拨禾轮对谷物茎秆的作用的目的主要有三点。

(1)减少拨板对谷穗的打击，力求拨板垂直进入禾丛。

(2)保证拨板向后推送扶持切割，$\lambda = V_b/V_m > 1$。

(3)使割后茎秆稳定向后铺放，拨板具有清扫割台的作用。

3. 拨板垂直入禾的条件

从图 5-30 中可以看出，要保证拨板垂直入禾，只有在拨板的绝对运动轨迹余摆线的最大弦长处入禾($V_x = 0$)，而且可通过合理地确定拨禾轮的安装高度 H 来实现。

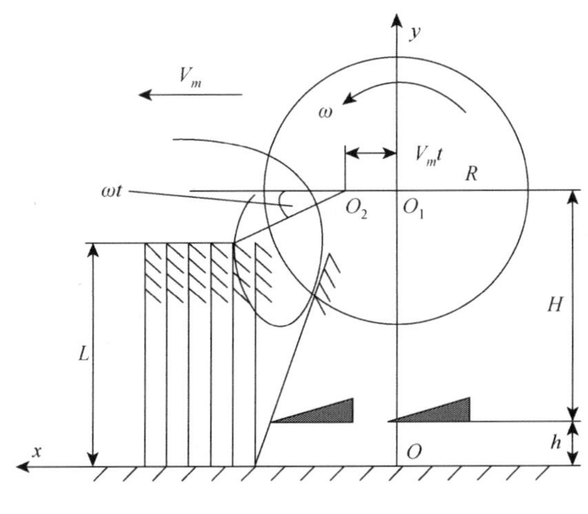

图 5-30 拨板垂直入禾的条件

建立拨板的运动方程式：

$$x = V_m t + R\cos\omega t \tag{5-14}$$

$$y = H + h - R\sin\omega t \tag{5-15}$$

$$y = L \tag{5-16}$$

$$V_x = V_m - R\omega\sin\omega t = 0 \tag{5-17}$$

$$\sin\omega t = \frac{V_m}{R\omega} = \frac{1}{\lambda} \tag{5-18}$$

$$H = L - h + \frac{R}{\lambda} \tag{5-19}$$

该式说明，只要按照公式所确定的拨禾轮安装高度 H，就可保证拨禾轮垂直入禾，同时也说明了确定拨禾轮的安装高度还要考虑作物的生长高度。在这里也出现了运动参数 λ 对拨禾轮安装高度 H 的影响，其分析过程与旋耕机理论相同。

4. 拨禾轮清扫割刀及稳定推送的条件

当作物茎秆被割断后，要求拨禾轮的拨板继续向后推送茎秆，使其迅速离开割刀，并整齐地向后铺放在割台上。这需要拨板在转动到最低位置时对茎秆的打击部位要满足只能向后倒不能向前倒的条件，因此，拨板在转动到最低点时必须打击在已割茎秆的重心以上，即打击点在距穗头部 1/3 处以上，否则，茎秆将向前倾倒，造成割刀堆积堵塞(图 5-31)。

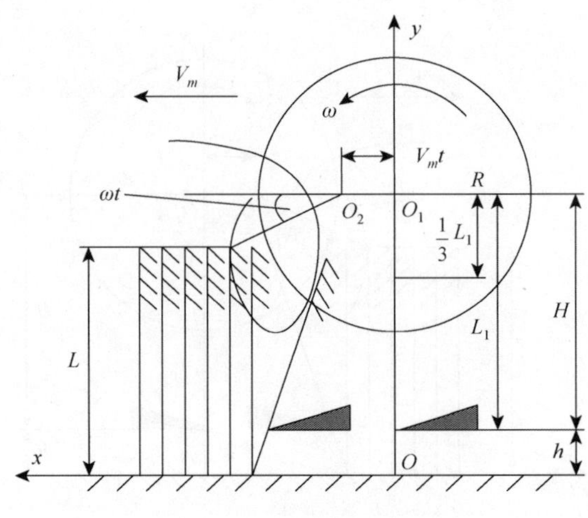

图 5-31　稳定推送的条件

$$H \geqslant R+\frac{2}{3}(L-h) \tag{5-20}$$

通过上述分析，可以得出这样的结论，拨禾轮正常工作的条件必须同时满足三个：① $\lambda=\frac{V_b}{V_m}>1$；② $H=L-h+\frac{R}{\lambda}$；③ $H \geqslant R+\frac{2}{3}(L-h)$。

问题：公式②和公式③能同时满足吗？回答是否定的，因为很难保证。也不能用平均值，因为这样可能双方都不能满足。那么在确定拨禾轮的安装高度时我们依据哪一个公式呢？

一般采取的措施是：公式②和公式③联立求解，求出拨禾轮的直径 D，然后以 $H=L-h+R/\lambda$ 为依据确定拨禾轮的安装高度。

$$D=2R=\frac{2\lambda(L-h)}{3(\lambda-1)} \tag{5-21}$$

5.3　脱粒及分离清选机械

5.3.1　概述

脱粒机械是收获过程中最重要的机具之一，在机械分别收获方法中占主导地位，利用脱粒机械可使收获周期比人工收获缩短 5～7 天，在联合收获机上作为核心部件，对整机的工作质量起到了决定性的作用。

脱粒机械的类型，按脱粒程度分为简易式脱粒机、半复式脱粒机以及复式脱粒机，按谷物喂入的方式分为全喂入脱粒机和半喂入脱粒机。

简易式脱粒机只有脱粒装置，不能分离和清粮，处理结果为混合物，尚需后续加工处理。半复式脱粒机有脱粒、分离和清粮功能，能获得比较干净的籽粒，但脱粒不太彻底，仍有少量的混合物。复式脱粒机除了有脱粒、分离、清粮功能，还设有复脱、复清和分级装置，能获得不同级别的干净籽粒。

5.3.2　脱粒机的结构和工作原理

1. 脱粒机的一般组成

如图 5-32 所示，脱粒机一般包括以下主要部分：脱粒装置、分离装置、清粮装置、传动装置和机架等。其中，脱粒装置、分离装置、清粮装置是脱粒机械的三大组成部分，也是本章的主要讲述内容。

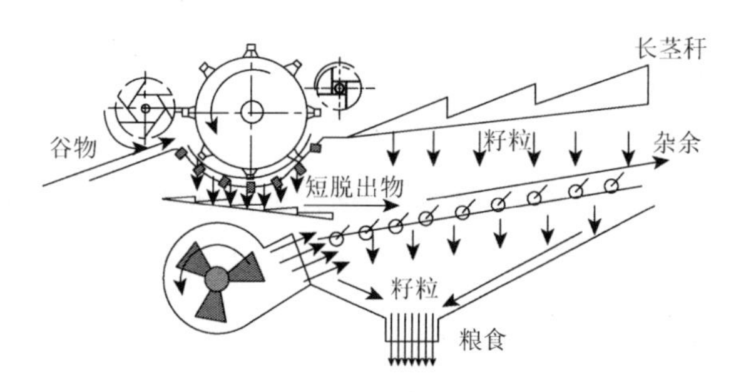

图 5-32　脱粒机的组成

2. 脱粒机的工作原理及工艺流程

脱粒机的工艺流程如图 5-33 所示。

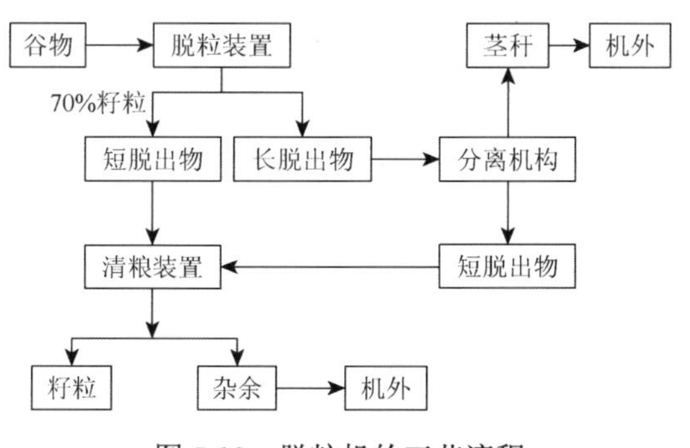

图 5-33　脱粒机的工艺流程

被割谷物经脱粒机械的喂入口进入由脱粒滚筒和凹板组成的脱粒间隙，进行打击和搓擦后，短脱出物通过栅格状凹板进入由清选筛和风机组成的清粮装置进行清选。

脱出物则进入分离装置进行茎秆与籽粒的分离，长茎秆被排出机外，而籽粒等短脱出物则通过分离装置上的筛孔进入下方的清粮装置进行清选；在风机和清选筛的联合作用下，颖壳等细小轻杂物被吹出机外，干净的籽粒经由籽粒收集装置进入集粮装置。

5.3.3 脱粒装置及理论分析

1. 谷物的脱粒特性与脱粒原理

1) 谷物的脱粒特性

谷物的脱粒特性主要是指谷物的脱粒难易程度，这种难易程度主要取决于谷粒与谷穗之间的连接强度，而它们之间的连接强度与作物的品种、成熟度和湿度有直接的关系，随着这些因素的改变，破坏谷粒与谷穗之间的连接所需要的能量也是不相同的。

脱粒的难易程度通常用脱下一颗籽粒所需要的功来表示。常用的方法有：牵拉法、冲击法等。试验结果表明，小麦的脱粒功 $P = 30\text{g·cm}$，小麦的脱粒功小于水稻的脱粒功(图 5-34)。

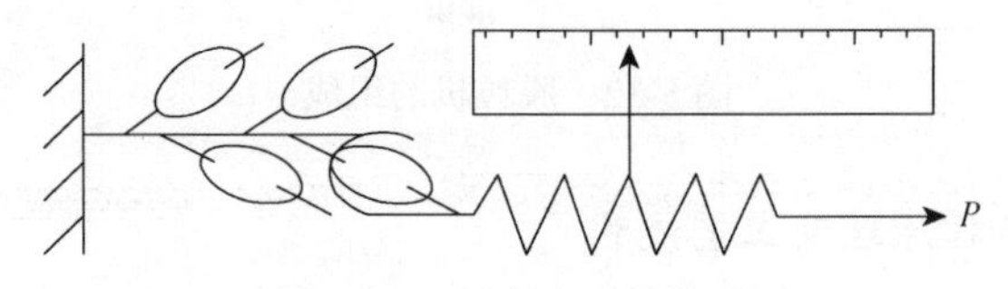

图 5-34　牵拉法测脱粒功

2) 谷物的脱粒原理

脱粒装置工作过程的物理现象是比较复杂的，归纳起来，主要有冲击脱粒、搓擦脱粒、梳刷脱粒、碾压脱粒、振动脱粒等。

冲击脱粒：靠脱粒元件与谷物穗头的相互冲击作用而进行脱粒。增加冲击强度可以提高生产率和保证脱粒干净，但易使谷粒破碎和损失；降低冲击强度能够减少谷粒的破裂和损伤，但增加脱粒时间、降低生产率。冲击强度一般可用冲击速度来衡量。脱粒装置上有脱粒速度的调节装置。

搓擦脱粒：靠脱粒元件与谷物之间，以及谷物与谷物之间的相互摩擦而使谷物脱粒。脱净的程度与摩擦力的大小有关，增强对谷物的搓擦，可以提高生产率和脱净率，但会使谷拉脱壳和脱皮。在脱粒装置上改变滚筒与凹板之间的间隙，能调整搓擦作用的强度。脱粒装置的脱粒间隙至关重要。

梳刷脱粒：靠脱粒元件对谷物施加冲击拉力而将其脱粒。“梳刷”的能力与脱粒元件的形状及运动速度有关。

碾压脱粒：靠脱粒元件对谷物施加挤压力而进行的脱粒。此时作用在谷物上的力主要是沿谷粒表面的法向力。

振动脱粒：靠脱粒元件对谷物施加高频振动而进行的脱粒。

上述几种脱粒方式是在长期的生产实践过程中总结而来的，不同的作物种类和作物品种、不同的储存方式和后加工方式，其脱粒方法也不同，也就是说，选择何种脱粒方法完全取决于作物的特性。

2. 脱粒装置的功用与技术要求

脱粒装置是脱粒机械和联合收获机上的核心工作部件，尤其是对于简易式脱粒机而言更是核心。脱粒装置工作性能的优劣对其他辅助工作部件的影响是很敏感的，在很大程度上决定了整个系统的工作质量和生产率，脱粒机械和联合收获机的设计与选型均是依据脱粒装置的参数来确定的。

脱粒装置的功用是将谷粒从穗轴上脱离下来，并有一定的分离能力。要求脱粒干净，脱净率＞99%；破碎率小，破碎率＜0.5%，要求小麦不破皮，水稻不脱壳；功率消耗小，结构紧凑，通用性好。

3. 脱粒装置的类型

脱粒装置主要用来进行谷物的脱粒，谷物是根据脱粒特性来确定脱粒方式的。因此，不同的脱粒原理决定了脱粒装置也不同。一般有三种基本类型：纹杆滚筒式(切流式、轴流式)，钉齿滚筒式(切流式、轴流式)，弓齿滚筒式。

1) 切流纹杆滚筒式脱粒装置

切流纹杆滚筒式脱粒装置主要由纹杆滚筒、栅格状凹板、间隙调节装置等组成。作物喂入由滚筒和凹板组成的脱粒间隙中，受纹杆的多次打击和凹板面的碰掩、搓擦而脱粒，脱下的谷粒有65%～90%通过凹板筛孔分离出来。凹板分离能力的大小取决于凹板上的筛孔面积、凹板的弧长和脱粒间隙的大小，而凹板弧长又与滚筒直径和凹板包角的大小有关，其主要结构参数如图5-35所示。

纹杆数量：$m = 6$～8；滚筒转速：$n = 750$～1400r/min；凹板包角：$\alpha = 10°$～120°；脱粒间隙：入口16～22mm/出口4～6mm。

如图5-36和图5-37所示，谷物进入脱粒装置，即受到纹杆多次冲击，多数籽粒在凹板前端被脱下，随着脱粒间隙的逐渐变小，以及靠近凹板表面的谷物运动较慢，而靠近纹杆的谷物运动较快等，谷物受到的揉搓作用越来越强，呈现起伏状态向出口移动，同时产生高频振动，脱下其余的籽粒。概括来说，在脱粒过

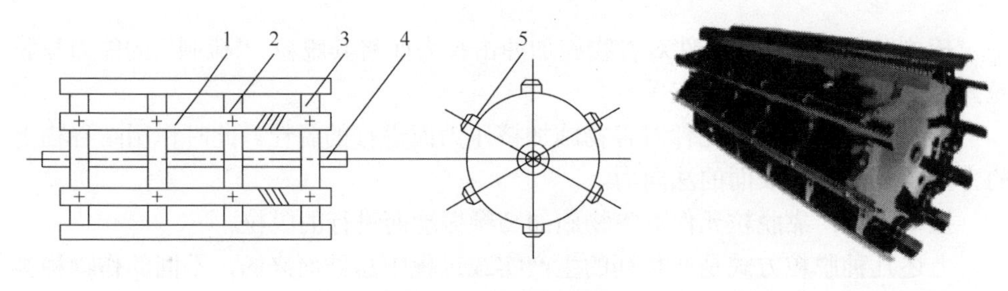

图 5-35　主要结构参数

1. 纹杆；2. 中间支承圈；3. 辐盘；4. 滚筒轴；5. 纹杆座

程中前半部以冲击为主，后半部以揉搓为主，80%左右的籽粒可从凹板筛孔中分离出来，其余籽粒夹杂在茎秆中，从出口间隙抛出。

图 5-36　切流纹杆滚筒式脱粒装置

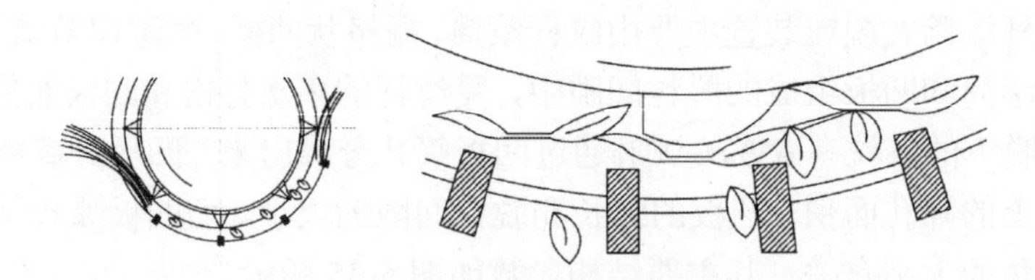

图 5-37　切流纹杆滚筒式脱粒装置的工作过程

如图 5-38 所示，纹杆有 A 型和 D 型两种：A 型纹杆通过纹杆座固定在圆形辐盘上，以增强纹杆的抗弯能力；D 型纹杆的断面是弯曲形的，直接固定在多角形辐盘上。纹杆用 50Mn 钢轧制。上面的纹路有左右旋之分，相邻两纹杆的纹路相反，防止作物移向滚筒一侧。滚筒一般都是开式的。

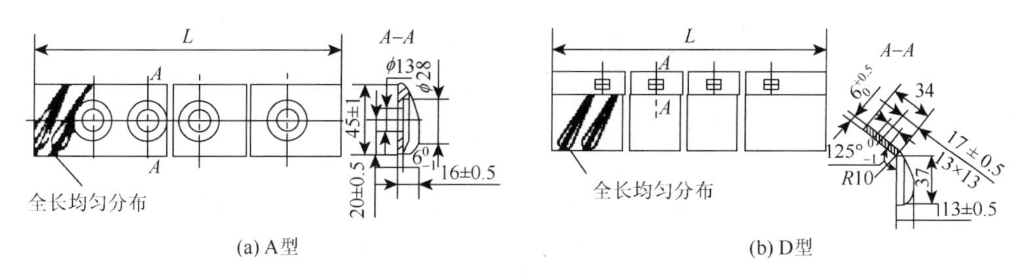

(a) A型 (b) D型

图 5-38 纹杆的类型和尺寸

凹板由横格板和筛条构成(图 5-39)，筛孔面积占凹板总面积的 40%～70%，筛孔面积越大，分离能力越高，但过大则滑下未脱净的断穗增多。

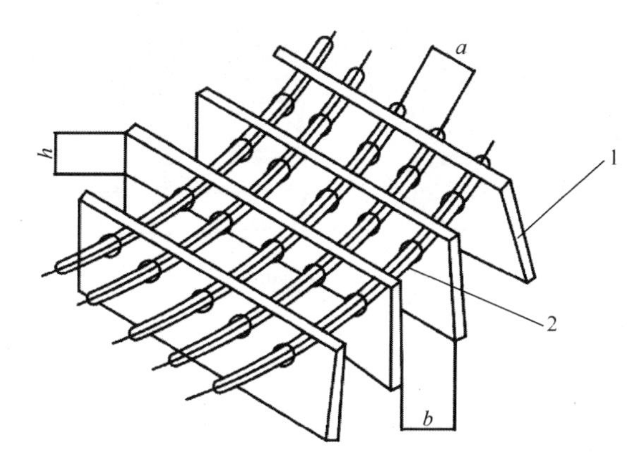

图 5-39 栅格式凹板

1. 横格板；2. 筛条

滚筒与凹板入口间隙和出口间隙的比值为 3～4。出、入口间隙小则凹板分离能力强，但过小易产生堵塞。入口间隙过大(＞30mm)则滚筒抓取作物能力和凹板前端分离能力减弱。

该装置以搓擦脱粒为主、冲击为辅，脱粒能力和分离能力强，断秆率小，有利于后续加工处理，对多种作物有较强的适应能力，特别适用于小麦收获，多用于联合收获机上。但当喂入不均匀、谷物湿度大时，脱粒质量明显下降。

2) 切流钉齿滚筒式脱粒装置

切流钉齿滚筒式脱粒装置主要由钉齿滚筒和钉齿凹板组成，如图 5-40 和图 5-41 所示。

该装置利用钉齿对谷物的强烈冲击以及在脱粒间隙内的搓擦而进行脱粒。抓取能力强、对不均匀喂入和潮湿作物有较强的适应性。但由于断秆率较高，分离效果较差，对分离装置和清粮装置的工作造成一定的困难(图 5-42 和图 5-43)。

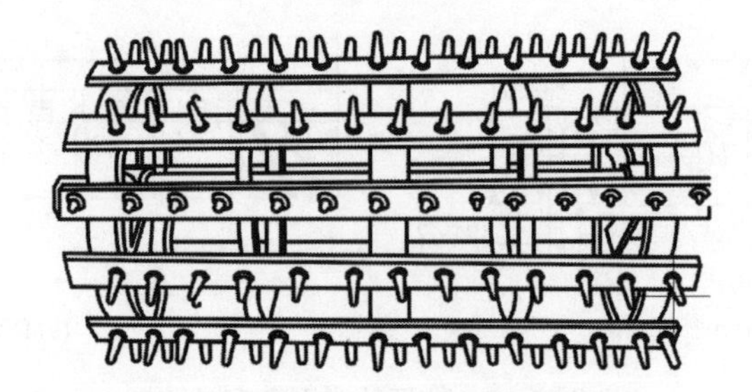

图 5-40　钉齿滚筒

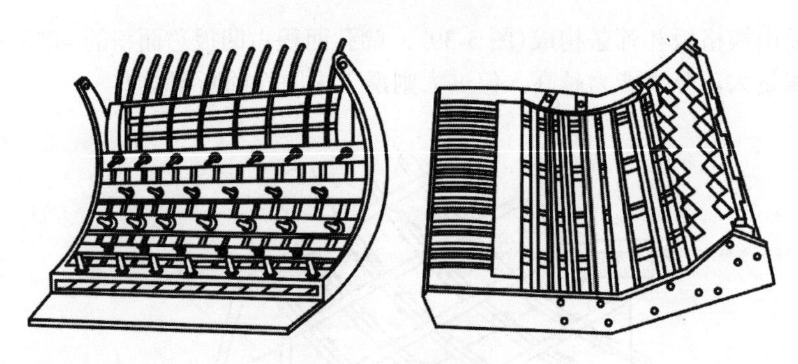

图 5-41　钉齿凹板

3) 双滚筒式脱粒装置

作物先后通过两个滚筒进行脱粒，滚筒速度前低后高，且延长了脱粒时间，因而脱净率高，破碎率低，适于水稻脱粒。可比单滚筒的喂入量高 30%左右。前后两块凹板的分离率高达 95%以上。但结构复杂，茎秆较碎，能耗比单滚筒的高 15%～20%。

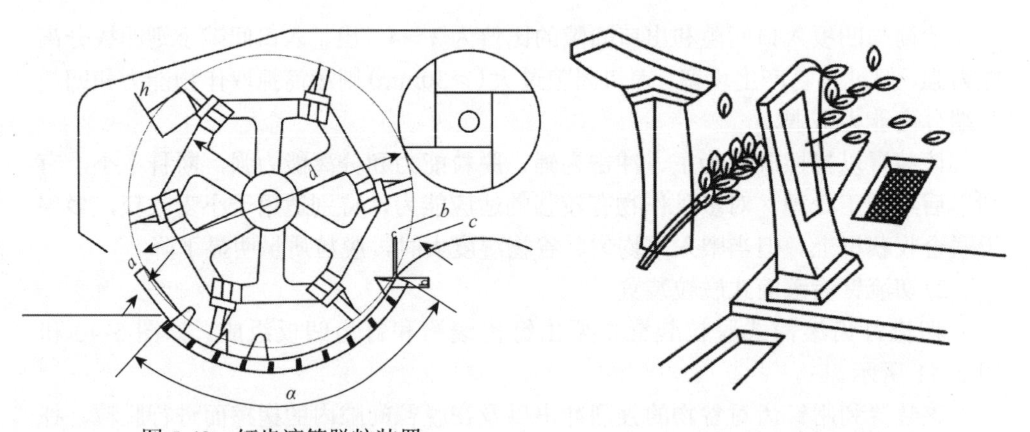

图 5-42　钉齿滚筒脱粒装置

a. 入口间隙；*b*. 重合度；*c*. 出口间隙；*h*. 齿高；*α*. 包角

图 5-43　钉齿的脱粒作用

第一滚筒多采用钉齿式，结构与单滚筒的相同。但齿顶圆周速度较单滚筒的低1/3～1/2。凹板上钉齿排数少，甚至不装钉齿。出口齿侧间隙较单滚筒的大一倍。

第二滚筒为纹杆滚筒，其脱粒速度与单滚筒的基本相同、凹板入口间隙较单滚筒的小 1/3 左右。出口间隙大 2～3mm(稻、麦)。

4) 轴流滚筒式脱粒装置

作物由一端沿滚筒切向或轴向喂入，在滚筒和顶盖上导板的作用下沿轴向做螺旋运动，同时受到反复的冲击和搓擦进行脱粒。谷粒、颖壳和碎草等通过凹板筛孔分离，秸秆则由另一端沿滚筒切向或轴向排出。作物在脱粒装置中的运行时间为 25 秒左右，脱净率高，分离率可高达 99%，无须另设分离装置。凹板的间隙较大，谷粒破碎很少，但碎草多，能耗较大。

滚筒有圆柱形和圆锥形两种。圆锥形滚筒有助于作物从滚筒小端向大端移动，其锥角为 10°～15°。滚筒的长度主要取决于其分离能力，滚筒越长，允许的喂入量越大，但能耗和茎秆破碎都增加。滚筒长度范围为 1～3m，多采用 1.2～1.8m。

滚筒上的脱粒元件多数为杆齿，也有用板齿、叶片、纹杆或纹杆与杆齿混合的。图 5-44 为各种类型的杆齿和叶片式脱粒元件。板齿倾斜安装增加轴向推送作物的能力。

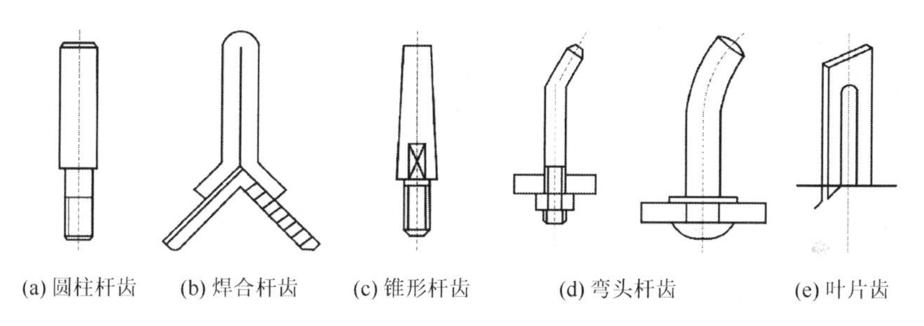

(a) 圆柱杆齿　(b) 焊合杆齿　(c) 锥形杆齿　(d) 弯头杆齿　(e) 叶片齿

图 5-44　轴流滚筒的杆齿和叶片

叶片式轴流滚筒的构造类似轴流风扇。叶片工作面与滚筒轴线的夹角为 60°，顶盖无导板。吸入的气流一部分通过凹板流出，分离效果较好。

凹板的结构有栅格式、冲孔筛式和编织筛式等类型，以栅格式凹板的分离效果最好，其结构和尺寸与纹杆滚筒式脱粒装置相同。冲孔筛式和编织筛式凹板的孔径多 6～10mm。锥形滚筒的凹板锥度略小于滚筒的锥度，使出口间隙小于入口间隙。

螺旋导板装在圆柱形轴流滚筒式脱粒装置的顶盖内，引导作物以适当速度沿滚筒轴向运动(图 5-45)。作物以垂直于滚筒轴方向喂入及排出时，在喂入口处应有一块导板横跨整个喂入口，且有一定伸入量，以免喂入口处返草。最后一块导板应伸到排出口宽 1/3 的地方，以保证顺利排草。

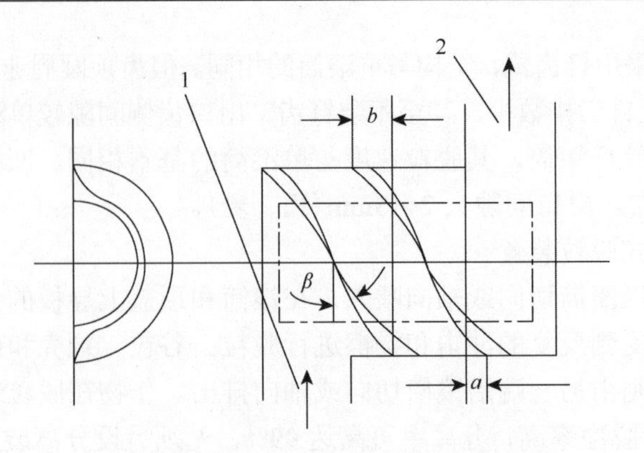

图 5-45　轴流滚筒式脱粒装置的螺旋导板

1. 喂入口；2. 排草口；*a*. 伸出量；*b*. 重叠量；*β*. 螺旋角

锥形滚筒的顶盖上不设导板，或只在喂入口处设置导板。

5) 弓齿滚筒式半喂入脱粒装置

如图 5-46 所示，弓齿滚筒式脱粒装置由弓齿滚筒、栅格状凹板、夹持输送装置等组成。

工作时，禾秆的茎部由夹持输送链夹持并沿滚筒的轴向输送，穗部进入滚筒与凹板之间，在滚筒弓齿的打击和梳刷下脱粒。脱下的谷粒由凹板筛孔漏下，秸秆被夹持输送链夹着从滚筒末端排出。断穗和碎秸经副滚筒或复脱装置复脱和分离后排出。主要适用于水稻。

脱粒方式分为上脱、下脱和侧脱三种(图 5-47)：上脱式分离效果好，滚筒位置低，喂入性能差；下脱式分离性能较差，断穗和带柄少，适用于一般夹持式半喂入脱粒机和联合收割机；侧脱式分离性能和喂入性能较好，适用于卧式割台联合收割机。

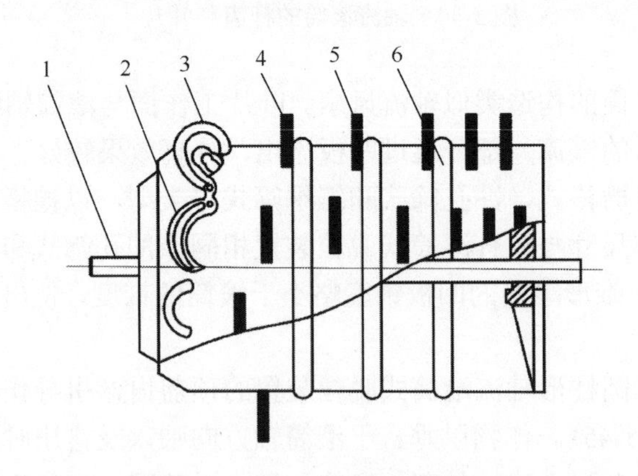

图 5-46　弓齿滚筒式脱粒装置

1. 滚筒轴；2. 滚筒体；3. 梳整齿；4. 加强齿；5. 脱粒齿；6. 加强筋

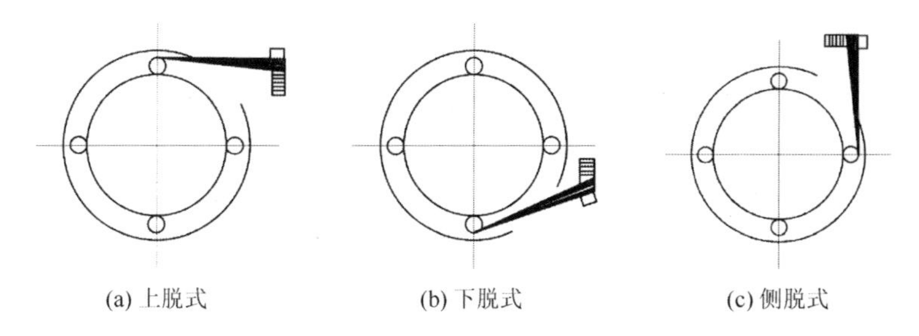

(a) 上脱式　(b) 下脱式　(c) 侧脱式

图 5-47　半喂入式脱粒装置的脱粒方式

弓齿滚筒为封闭式，用 1.2～1.5mm 厚的钢板制成。滚筒圈直径 360～460mm。为便于喂入，滚筒的喂入端可做成一截锥体。

夹送器位于弓齿滚筒的一侧，由夹送链、夹送台和压紧弹簧等组成(图 5-48)。夹送链与夹送台的间隙可按作物层厚度进行调节。

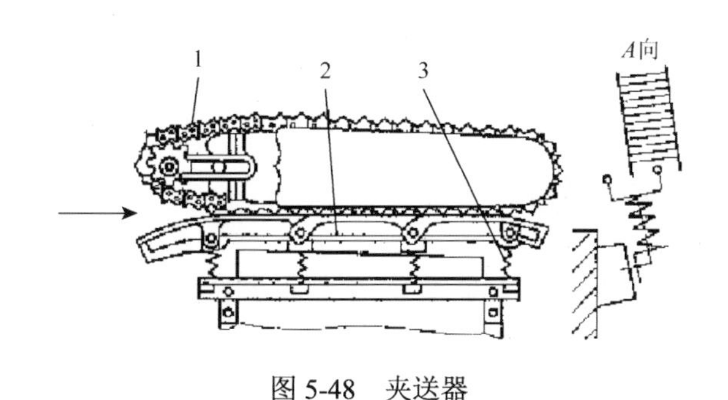

图 5-48　夹送器

1. 夹送链；2. 夹送台；3. 压紧弹簧

滚筒齿端的脱粒速度为 14～17m/s。脱粒间隙在喂入口梳整齿区由 30mm 逐渐减至 10mm 左右，在脱粒区段为 3～8mm。

4. 脱粒装置的功率消耗

脱粒装置在工作时，在运转稳定性较好的条件下，其功率总耗 N 由两部分组成：用于克服滚筒空转而消耗的功率 N_k(占总功率消耗的 5%～7%)和用于脱粒阻力而消耗的功率 N_t。

$$N = N_k + N_t \tag{5-22}$$

保障脱粒滚筒运转稳定性的条件：有足够的转动惯量；发动机有足够的储备功率和较灵敏的调速器。

空转功率消耗 N_k 为

$$N_k = A\omega + B\omega^3 \tag{5-23}$$

式中，A 为系数，$A\omega$ 为克服轴承及传动装置的摩擦阻力的功率消耗，$A=(0.2\sim0.3)\times10^{-3}$；$B$ 为系数，$B\omega^3$ 为克服滚筒转动时的空气迎风阻力而消耗的功率，$B=(0.48\sim0.68)\times10^{-6}$。

脱粒过程比较复杂，谷物首先是以较低的速度进入脱粒装置入口处，与高速旋转的脱粒滚筒接触，然后被拖入脱粒间隙进行搓擦，既有打击也有搓擦，研究的依据是动量守恒定律——冲量转换为动量。

脱粒功率消耗 N_t 为

$$P\Delta t=\Delta mV,\quad m'=\frac{\Delta m}{\Delta t} \tag{5-24}$$

$$N_t=\frac{m'V^2}{1000(1-f)} \tag{5-25}$$

式中，P 为冲击力；Δt 为冲击时间；Δm 为 Δt 时间内脱粒元件抓取的谷物量；m'为单位时间喂入的谷物量；f 为综合搓擦系数，0.7～0.8；V 为滚筒的切向速度，单位为 m/s。

5.3.4　分离装置及理论分析

由于脱出物中的长茎秆含量较多，为了减少谷粒的夹带损失，提高分离效率，在机器上均采用较庞大的分离装置，将从脱粒装置排出的秸秆中夹带的谷粒及断穗分离出来，并将秸秆送往机后。

对分离装置的性能要求是：谷粒的夹带损失小(一般损失率应小于收获总量的0.5%～1%)；夹带在分离谷粒中的细小脱出物少，以利于减轻清选装置的负荷；生产能力高、结构简单、尺寸紧凑。

从整机来说，分离装置是最易超负荷的工作部件。当工作条件变化时(如谷物的喂入量及谷物的湿度增加)，谷粒的夹带损失比较大。所以，分离机构成为收获机上最薄弱的环节。

1. 分离装置的基本类型

只有全喂入式脱粒装置才设有分离装置，分离装置的功用就是将经脱粒装置排出的长脱出物中夹带的籽粒及断穗头分离出来，将长茎秆排出机外。由于分离原理不同，分离装置类型也不同。

分离机构种类较多，其工作原理大致可为两类：第一类为利用抛扬的原理进行分离，这是一种常用的分离方法。当分离机构将茎稿层抛扬时，由于谷粒比重较大，茎稿的漂浮性能较好，从而使谷粒通过松散的茎稿层分离出来。采用这种原理的有键式逐稿器和平台式逐稿器，它们通称为逐稿器。第二类为利用离心力原理进行分离。脱出物通过线速度较高的分离筒时，依靠比谷粒重量大许多倍的离心力把谷粒从稿层中分离出来。

目前常用的分离装置有键式逐稿器、平台式逐稿器、分离轮式逐稿器等。后两种在脱粒机械或联合收获机上应用较少。

1) 利用抛扬原理进行分离

(1) 键式分离装置。键式分离装置又称为键式逐稿器(图 5-49)。根据所需分离装置宽度的大小，由 3～6 个狭长形键箱并列组成。曲柄有单轴式和双轴式两种，以双轴四键式逐稿器最为普遍［图 5-49(b)］。双轴式的键箱支承在曲柄半径相同的两根曲轴上，键和曲柄形成平行四连杆机构。键上各点均作半径相同的圆周运动。进入键上的脱出物，靠本身的离心力和相邻键对它的交替作用，被蓬松、抖松和抛送。谷粒和断穗通过键面上的筛孔滑下，秸草排向出口。

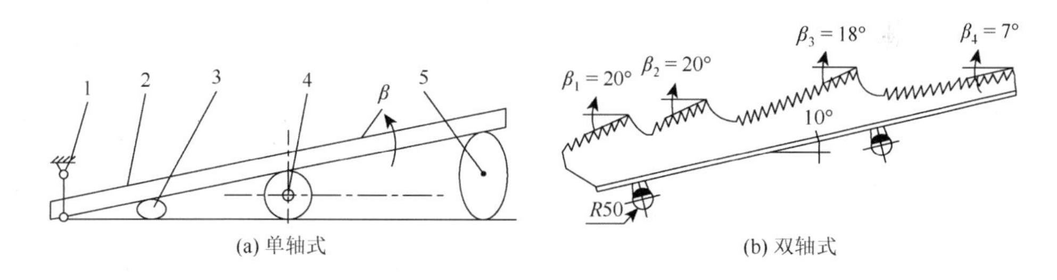

图 5-49 键式分离装置

1. 摆杆；2. 键；3. 卧椭圆轨迹；4. 曲轴；5. 立椭圆轨迹

当分离机构对谷物茎稿层进行抛物体运动时，利用籽粒比重大、茎稿漂浮性能好的特性，将籽粒从松散的茎稿层中分离出来。

逐稿器的分离功能，除了与脱出物在键面上的运动情况有关外，还与键箱筛面的结构有密切的关系。键面上具有各种鳞片、折纹和凸胫等凸起，防止脱出物沿筛面下滑。筛面结构与筛孔尺寸见图 5-50。

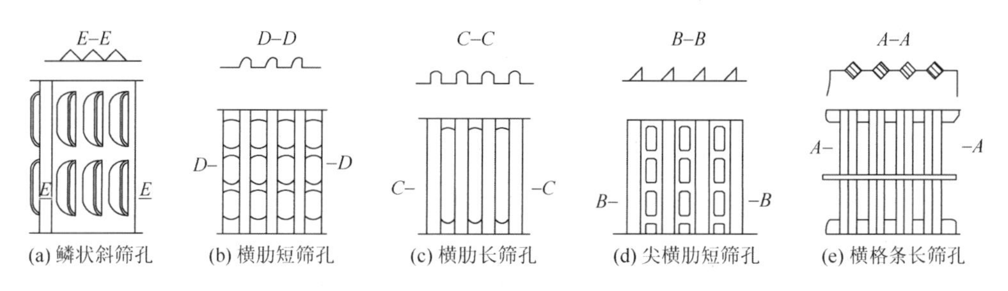

图 5-50 筛面结构

(2)平台式分离装置。又称为平台式逐稿器。它由一块有筛状表面的平台、两对前后吊杆和驱动的曲柄摆杆结构组成(图 5-51)。台上各点按摆动方向作近似直线往复运动。平台式逐稿器的台面有平面状和阶梯面状两种。台面结构、筛孔形式和尺寸等与键式分离装置的相似。

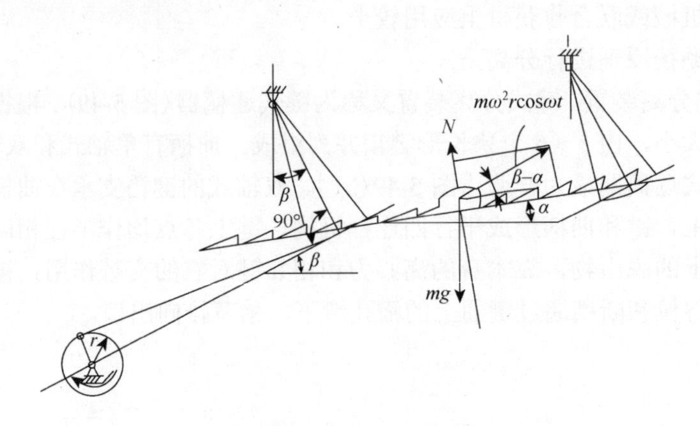

图 5-51 平台式逐稿器

平台式分离装置结构简单，但分离能力较低，只有键式分离装置的 70%左右，且运动时惯性力较大。多用于中小型脱粒机和茎稿层比较匀薄的直流型联合收割机。

平台面上具有阶梯、齿条、齿板，有的还铰装有多排可上下摆动的抖松指杆，用于增强分离和推逐能力。

2)利用离心原理进行分离

如图 5-52 所示，脱出物通过高速旋转的分离筒时，依靠比籽粒大许多倍的离心力将籽粒从茎稿层中通过分离筒周边的分离孔径向甩出。

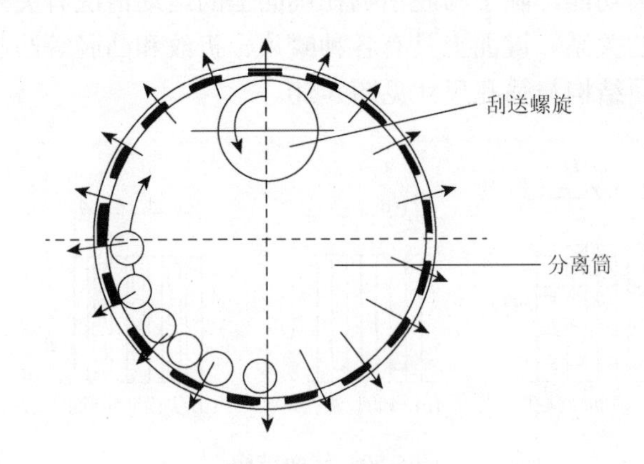

图 5-52 离心原理

3）整体筛箱式分离——清选装置

如图5-53所示，在半喂入联合收割机上，采用一种分离清选装置——整体筛箱式装置，该箱中有三层筛：上层为逐稿筛，把从滚筒出来的长秸秆分离出去；中层为冲孔筛，可以使籽粒及小杂物通过，而较长的秸秆和杂物则经筛尾排出机外；底层为编织筛，用作最后的分离筛选。另外，在清选部件的后部，安置有两块可调挡板。根据不同的作物条件，调整其高度，可以减少清选损失。

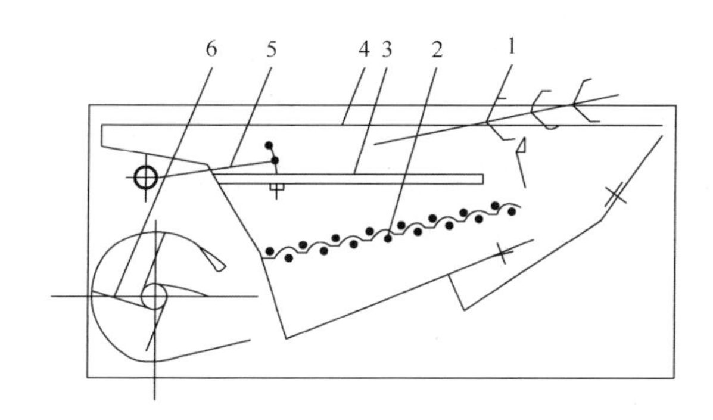

图5-53 HD3100清选部件

1. 逐稿器；2. 下筛；3. 上筛；4. 箱体；5. 传动部分；6. 风扇

目前分离装置存在的问题有：谷物分离损失大，主要表现在夹带损失(要求0.5%～1%)；分离机构对负荷过于敏感；分离机构尺寸太大(占3/4)。

2. 双轴键式逐稿器的基本工作条件

1）分离过程

如图5-54所示，键式逐稿器工作时，在曲柄连杆机构的驱动下整个键箱作平面运动，脱出物被抛离键面后在空中做抛物体运动，这时茎秆层处于松散状态，

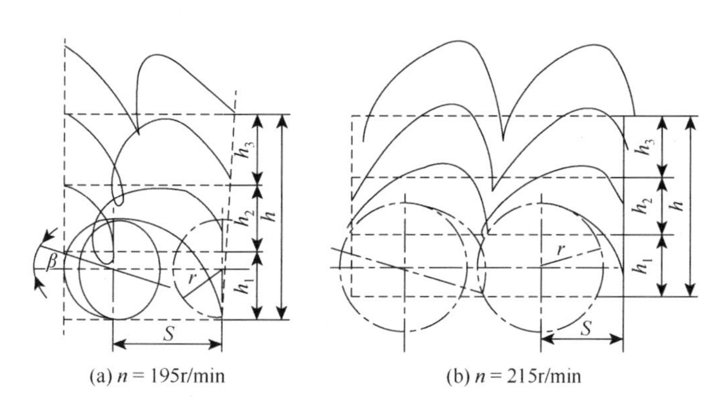

图5-54 茎秆层的运动轨迹

比茎秆比重较大的谷粒有较多的机会穿过茎秆层的空隙被分离出来。脱出物在抛扔过程中，长茎秆沿筛面向后输送，直至排出机外。

很显然，为了能使作抛物体运动的物料分离效果更好，或者增加抛扔高度，或者增加抛扔次数，而抛射速度和抛射角度是使脱出物产生抛物体运动的基本条件。能使双轴键式逐稿器发生抛物体运动的结构参数和运动参数必须满足这一基本条件(图 5-55)。

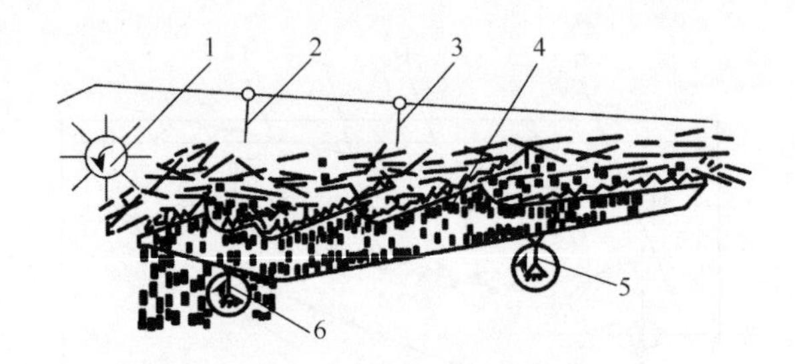

图 5-55　双轴键式逐稿器的结构

1. 逐稿轮；2. 前挡帘；3. 后挡帘；4. 键箱；5. 后曲轴；6. 前曲轴

2) 脱出物抛离键面的基本条件

如图 5-56 所示，假设键面与水平面的夹角为 β，曲柄半径为 r，由于曲柄连杆机构为平行四边形机构，键面上任意一点 C'的运动为以 r 为半径的圆。若从曲柄与 AE 重合位置为曲柄的起始位置，则质量为 m 的脱出物在 C'点的受力简图如图 5-56 所示。

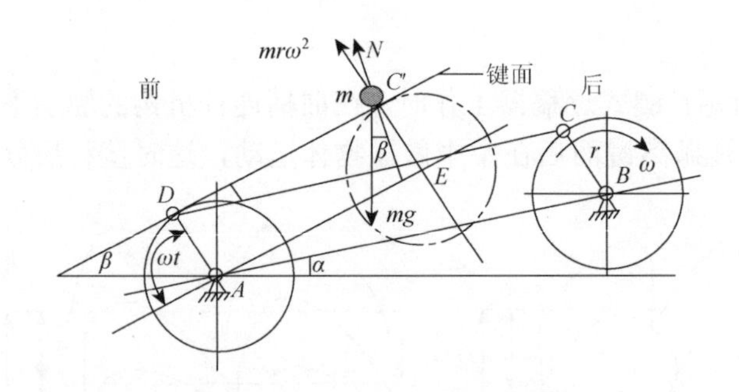

图 5-56　脱出物抛离键面的基本条件

设：脱出物抛离键面的标志是键面对脱出物的支反力 $N=0$，所有的合外力向 N 方向投影，t 时刻有

$$N + mr\omega^2 \sin\omega t - mg\cos\beta = 0 \tag{5-26}$$

令 $N=0$，则有

$$r\omega^2 \sin \omega t = g \cos \beta$$

$$\sin \omega t \leqslant 1, \quad r\omega^2 \sin \omega t = g \cos \beta$$

整理得

$$\frac{r\omega^2}{g} \geqslant \cos \beta \tag{5-27}$$

令 $\frac{r\omega^2}{g} = k$ 为脱出物抛离键面的特征值，它反映了脱出物做抛物体运动的速度大小，只要 $k \geqslant \cos \beta$ ，脱出物就能抛起，但抛起的方向不能确定。

随之而来的问题：决定脱出物沿筛面抛起的主要参数是什么？如何定量地确定脱出物沿规定方向抛起的结构参数和运动参数？脱出物抛起的规定方向是什么？

如图 5-57 所示，当 $\omega t = \beta$ 时，V 垂直于水平面，脱出物不能向后上方抛起，脱出物只能在原地运动，将造成堵塞现象。故 $\omega t = \beta$ 是最早抛起的条件。

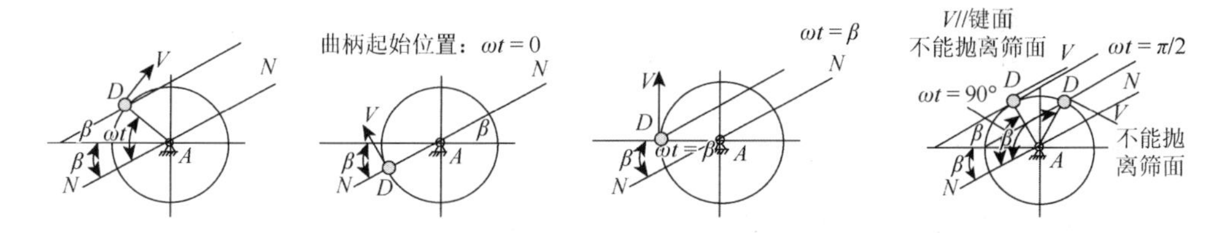

图 5-57　脱出物在键面上任一曲柄转角时的抛起方向

当 $\omega t = \pi/2$ 时，V 平行于键面，不可能抛起。当 $\omega t > \pi/2$ 时，V 压向键面，更不可能抛起。故 $\omega t = \pi/2$ 是最晚抛起的条件。

通过以上分析可得出：向后上方抛起的极限条件是：$\omega t \geqslant \beta$，β 是已知量。为避免转速过低，物料不能抛起，脱出物最晚抛起的极限转角 $\omega t \leqslant \pi/2$。

由此可得出曲柄四连杆机构的曲柄回转角速度作用范围是

$$\beta \leqslant \omega t \leqslant \frac{1}{2}\pi \tag{5-28}$$

双轴键式逐稿器的基本工作条件：$\frac{r\omega^2}{g} \geqslant \cos \beta$ ，$\beta \leqslant \omega t \leqslant \frac{1}{2}\pi$ 。

将 ωt 的两个极限转角 β 和 $\pi/2$ 分别代入脱出物抛起的基本条件公式 $r\omega^2 \sin\omega t = g\cos\beta$，可求得两个 ω 值或 n 值，这就是保证脱出物向后上方抛起的曲柄旋转速度范围，键式逐稿器工作时如果超出这个范围，就无法正常工作。

一般情况下双轴键式分离装置的结构参数和运动参数为：$r = 50\text{mm}$，$n = 170 \sim 220\text{r/min}$，$\beta = 180°$，$k = 2 \sim 2.2$。

3) 分离装置的功率消耗

$$N_f = \frac{1}{\eta} Q_f N_b \tag{5-29}$$

式中，Q_f 为单位时间进入分离装置的脱出物质量，kg/s；N_b 为单位时间内脱出物质量所需的功率，kW/(kg·s)，取值 0.38～0.6；η 为分离能力系数，取值 0.8～0.9。

5.3.5　清选装置及理论分析

清选装置的功用是：将经脱粒装置脱下和分离装置分离出来的谷物混合物中的颖壳、碎茎和断穗等清除干净，将细小夹杂物排出机外，以得到清洁的谷粒。

对清选装置的性能要求是：谷粒中的混杂物应少于 2%；清选时谷粒损失不大于脱出谷粒总量的 0.5%；其生产率应与收割、脱粒装置相适应。

1. 清选原理

清选原理就是利用被清选对象各组成部分之间的物理力学性质的差异将它们分离开来。

经脱粒装置脱下的和经分离装置分离出的短脱出物中混有断、碎茎秆、颖壳和灰尘等细小夹杂物。清选装置的功用就是将混合物中的籽粒分离出来，将其他混杂物排出机外，以得到清洁的籽粒。

常用的清选原理大致可以分为两类：一类是按照谷粒的空气动力特性(悬浮速度)进行清选。某物体的悬浮速度是指垂直气流对物体的作用力等于物体本身的重量而使物体保持悬浮状态时，气流所具有的速度。另一类是利用气流和筛子配合进行清选。谷粒的尺寸一般以长度、宽度和厚度表示。与此相对应的筛子类型有鱼鳞筛、冲孔筛、网眼筛(编织筛)和鱼眼筛(贝壳筛)等。该方式在清选装置中最为常用。使用表明，有了气流的配合可将轻杂物吹离筛面，并吹出机外，有利于谷粒的分离，当气流的作用力抵消了物料的重量而使物料处于疏散状态时，分离效率最高。

清选装置的类型主要有气流式、风扇筛子式、气流筛子组合式。

1) 气流式清选装置

气流式清选装置是靠风扇产生的气流清除谷粒中的杂质。这种清选装置结构简单，但清洁度较差，多用于筒式脱粒机。工作时，按照谷物混合物各组成部分的空气动力特性的不同进行选别。一般用物料的飘浮速度 V_p 来表示。

如图 5-58 所示，物料的飘浮速度 V_p 是指将物体置于垂直向上的气流场内，当气流对物体的作用力 P_F 等于该物体的重力 mg 而使该物体处于相对静止的悬浮状态时气流所具有的速度(有时也称为临界速度)。

$$P_F = k\rho FV^2$$

式中，k 为阻力系数，与物体的形状和表面特性有关，小麦 $k=0.184\sim0.265$；ρ 为空气密度，单位为 g/m^3；F 为物体的迎风面积，单位为 m^2；V 为气流速度，单位为 m/s，小麦 $V=8.09\sim11.5$m/s。

利用此原理进行清选的机械有气流型脱粒机(图 5-59)，利用风机产生的气流对谷物进行分离和选别。扬场机利用高速抛掷皮带将混合物掷向空中，飘浮速度较大的籽粒掷得较远，而飘浮速度较小的轻杂物将落在距扬场机较近的地方。

(1)吹出型清选装置。清选风道位于风扇出口的前面，谷粒混合物沿滑板在出风口前落下，轻杂物沿风道被吹走，谷粒靠重力穿过气流场进入集谷装置(图 5-60)。清选风道下沿保证轻杂物的吹出通畅，并能截留被气流吹出的少量谷粒，减少损失。清选风道的截面积一般比风扇出口的面积大很多。以便在出风口处把谷粒混合物吹散，在风道中气流扩散减速时被带走的谷粒沉淀下来一般在风扇出口处气流速度为 7～10m/s，风道末端排出口处为 4～6m/s。谷粒滑板与水平夹角为 40°～50°。

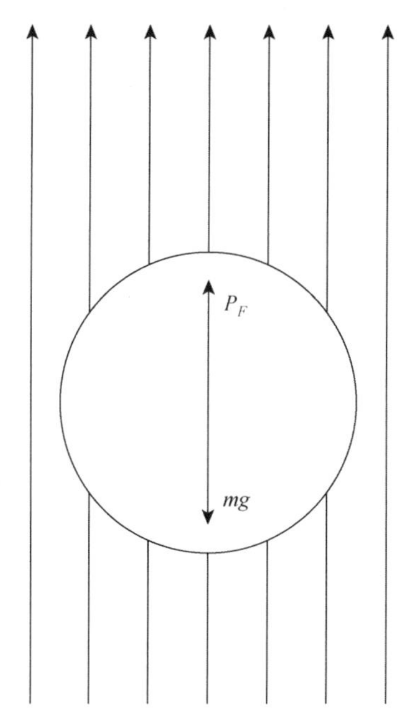

图 5-58　气流式清粮装置原理

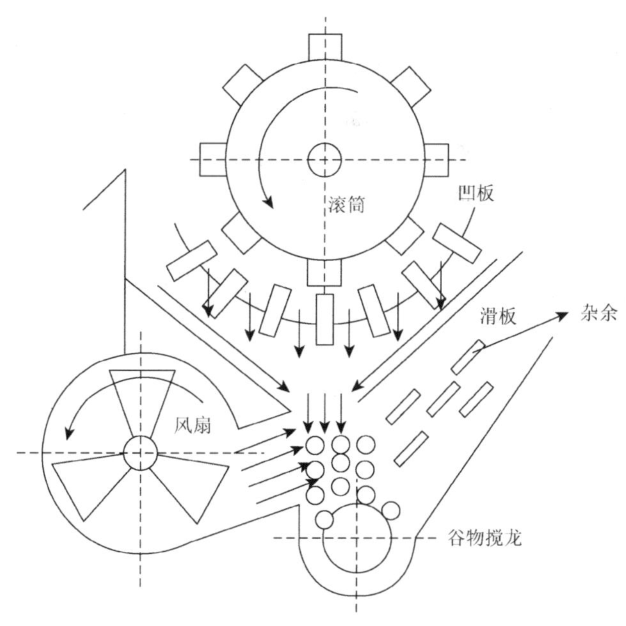

图 5-59　气流型脱粒机工作原理

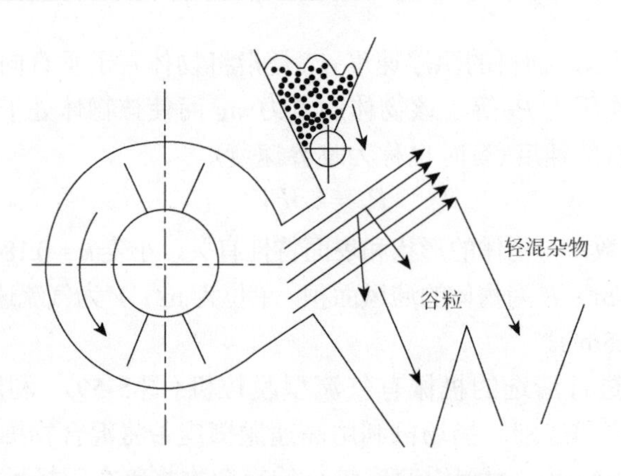

图 5-60　吹出型风扇式清选装置

(2) 吸入型风扇式清选装置。由风扇产生的气流，从谷粒混合物喂入口 h_1 和谷粒出口 h_2 吸入，和轻杂物一起排除机外(图 5-61)。上风道入口 H 处的吸引风速为 12～15m/s，在扩散段内，风速降低至 4m/s 以下。吸入型的作业条件比较干净，但所需功率较大。清选质量对风扇转速的影响较敏感。

2) 风扇筛子式清选装置

风扇筛子式清选装置由风扇和筛子组成，筛箱由杆件支撑或悬吊作往复运动(图 5-62)。风扇多为吹出型。谷粒混合物先集中在抖动滑板或阶梯板上，而后送

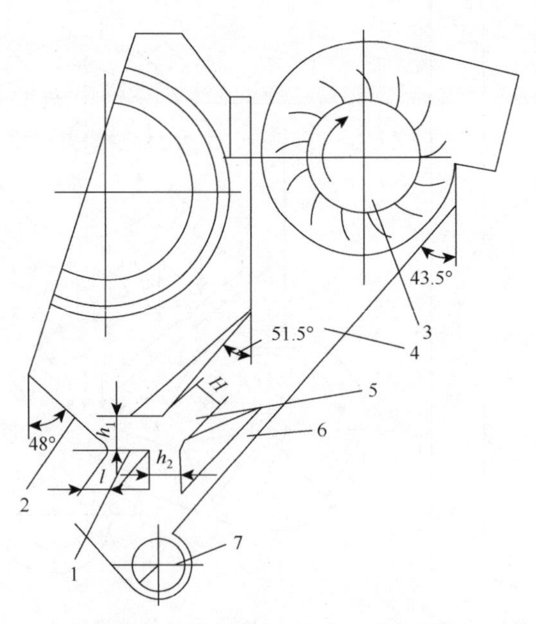

图 5-61　吸入型风扇式清选装置

1. 调节板；2. 滑板；3. 吸引风扇；4. 扩散区；5. 上风道；6. 下风道；7. 螺旋推运器

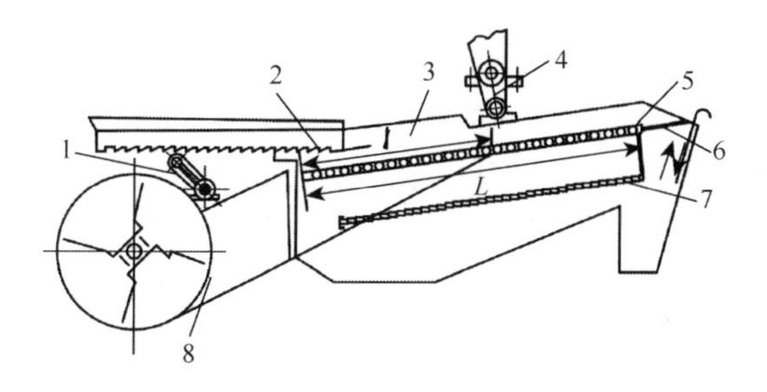

图 5-62 风扇筛子式清选装置

1. 支杆；2. 抖动滑板；3. 筛箱；4. 吊杆；5. 上筛；6. 尾筛；7. 下筛；8. 风扇

至筛子的前端。轻杂物沿风道被吹走，大杂物由筛尾排除，谷粒通过筛孔流入螺旋推运器或出粮口。有的机器上在筛后还装有尾筛，把断穗分离出去，以便再次处理。

筛箱内有 1～3 层筛子，大多数为两层，上下配置，装三层筛时有阶梯配置的，靠筛间的高度落差增强气流清选作用。上筛的筛孔较大，清除谷粒中的断穗和碎茎；下筛的筛孔较小，对谷粒进一步清选。上下筛的垂直距离为 100～150mm。筛面与水平夹角 $\alpha=-10°\sim+10°$(前高后低时 α 为正值)。

风扇筛子式清选装置的风扇需与筛子很好地配合。吹出气流的方向与筛面的夹角一般为 25°，风扇出口处的平均风速为 8～10m/s，经扩散后筛子前、中、后部风速分别达到 7～8m/s、5～6m/s、1～2m/s。单层筛的压力损失为 100～150Pa，多层筛的压力损失为 200～250Pa。

3)气流筛子组合式清选装置

气流清选筒利用谷粒混合物通过清选筒时各部分离心力及悬浮速度的不同将谷粒和杂质分开，图 5-63 所示为气流清选筒。谷粒混合物由抛送器送入清选筒内，沿筒切向旋转。由风扇产生的强大吸引气流，将离心力较小和悬浮速度较大的碎

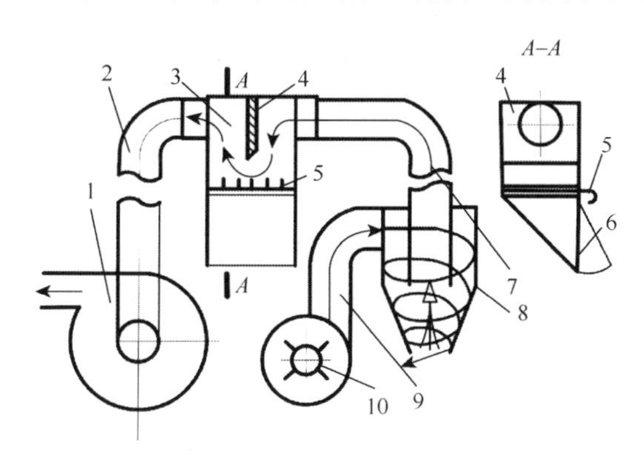

图 5-63 气流清选筒

1. 吸气风扇；2. 吸气管；3. 沉降截留器；4. 阻挡板；5. 活动隔风板；6. 排杂物门；7. 吸气管；8. 清选筒；9. 抛送管；10. 抛送器

茎、断穗和轻谷粒等沿管道吸至沉降截留器中。由于截留器的通道突然增大，大杂物在其中沉降，轻杂物则通过风扇排出谷粒沿清选筒壁由筒的下方出口流出，下方出口内的吸引气流再次清除轻的混杂物。这种清选筒不易把碎茎和断穗清除干净。

水稻联合收获机的清选装置大都采用筛-气组合式清选机构，应用宽度较大的风扇筛子式清选装置，振动清选筛是一定形状的鱼鳞式翘片结构，经过筛选的物料仍然混有不少轻小的杂余。由风扇产生的高速气流进行二次清选。

2. 清选装置的功率消耗

清选装置的功率消耗(N_s)如下式所示：

$$N_s = \frac{1}{\eta} Q_s N_p \tag{5-30}$$

式中，Q_s为单位时间进入清选装置的脱出物质量，单位为kg/s；N_p为单位脱出物质量清选筛所需的功率，单位为kW/(kg·s)，上筛为0.4～0.5，下筛为0.25～0.3；η为选别能力系数，0.8～0.9。

3. 脱出物在筛面上的运动分析

短脱出物进入由清选筛和风机组成的清选装置后，利用风机的配合在筛面上作往复运动，借以获得更多的机会通过筛孔。一般来说筛子由筛面、吊杆组成的四边形机构和曲柄连杆机构构成，为了找出影响脱出物沿筛面运动性质的主要因素，将筛子近似为一平行四边形机构。

由于吊杆和连杆长度远大于曲柄半径，可近似认为筛子的运动是振幅为$A=2r$(r为曲柄半径)的直线往复运动。

如图5-64所示，设：曲柄的回转中心O与筛架连杆连接点O'的连线的延长线OO'方向为筛子的振动方向，曲柄在左侧与OO'重合位置为曲柄运动的起始位置，筛子的位移、速度、加速度与时间的关系为

$$x = -r\cos\omega t \tag{5-31}$$

$$V_x = r\omega\sin\omega t, \quad a = r\omega^2\cos\omega t \tag{5-32}$$

假设筛面上有一质量为m的脱出物质点和筛子一起运动，在$\omega t=0$～$\pi/2$和$3\pi/2$～2π区间(1、4区间)时，加速度a为正，惯性力u为负，方向沿x轴向左，脱出物有沿筛面向前滑动的趋势。

在$\omega t=\pi/2$～$3\pi/2$区间(2、3区间)时，加速度a为负，惯性力u为正，方向沿x轴向右，脱出物有沿筛面向后滑动的趋势。

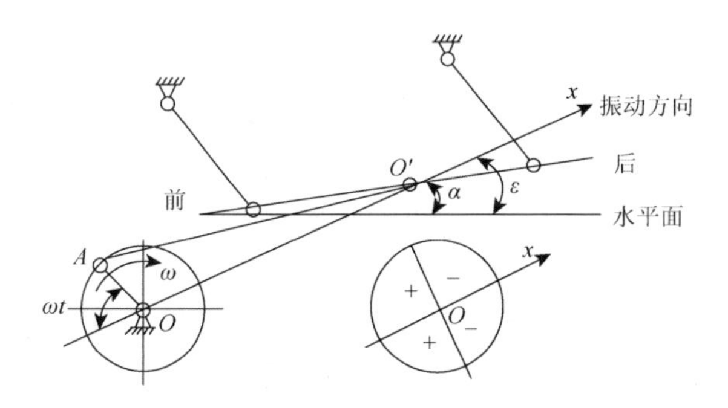

图 5-64 脱出物在筛面上的运动分析

1) 脱出物沿筛面向前滑动的极限条件

如图 5-65 所示，假设筛面上有一质量为 m 的脱出物质点和筛子一起运动，当脱出物沿筛面滑动时，作用在脱出物上的力，除了惯性力 u，还有重力 mg、筛面的法向反力 N 和摩擦力 F。

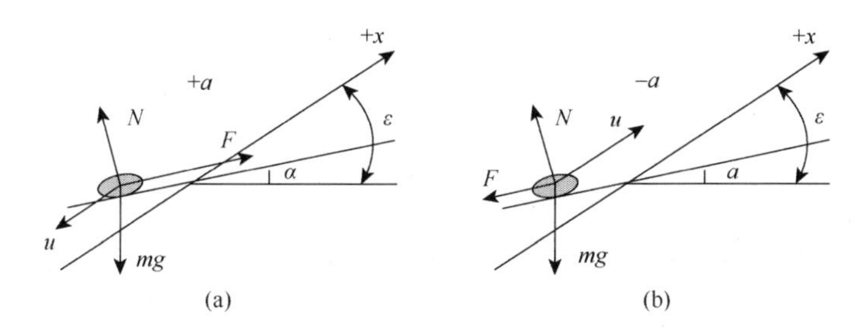

图 5-65 脱出物沿筛面向前滑动的极限条件

当加速度为正值时，脱出物在惯性力的作用下有前滑的趋势，由图 5-65(a) 所示，全部外力向筛面投影得

$$u = mr\omega^2 \cos\omega t \tag{5-33}$$

$$F = N\tan\varphi \tag{5-34}$$

式中，φ 为脱出物与筛面的摩擦角，小麦为 25°～36°，水稻为 23°～32°。

$$u\cos(\varepsilon-\alpha) + mg\sin\alpha = F \tag{5-35}$$

$$N = u\sin(\varepsilon-\alpha) + mg\cos\alpha \tag{5-36}$$

将 u 和 F 代入并整理得

$$u\cos(\varepsilon-\alpha) + mg\sin\alpha = [u\sin(\varepsilon-\alpha) + mg\cos\alpha]\tan\varphi$$

移项整理得

$$u[\cos(\varepsilon-\alpha) - \sin(\varepsilon-\alpha)\tan\varphi] = mg(\cos\alpha\tan\varphi - \sin\alpha)$$

等式两边同乘以 $\cos\varphi$ 得

$$u[\cos(\varepsilon-\alpha)\cos\varphi-\sin(\varepsilon-\alpha)\sin\varphi]=mg(\cos\alpha\sin\varphi-\sin\alpha\cos\varphi)$$

利用：

$$\sin(\alpha\pm\varphi)=\sin\alpha\cos\varphi\pm\cos\alpha\sin\varphi$$

$$\cos(\alpha\pm\varphi)=\cos\alpha\cos\varphi\mp\sin\alpha\sin\varphi$$

整理得

$$mr\omega^2\cos\omega t\cos(\varepsilon-\alpha+\varphi)=mg\sin(\varphi-\alpha) \tag{5-37}$$

$$\frac{r\omega^2}{g}\cos\omega t=\frac{\sin(\varphi-\alpha)}{\cos(\varepsilon-\alpha+\varphi)} \tag{5-38}$$

令 $K=\dfrac{r\omega^2}{g}$ 为筛子运动的加速度比，因为 $\cos\omega t\leqslant 1$，欲使脱出物沿筛面前滑，必须使筛子运动的加速度比满足如下条件：

$$\frac{r\omega^2}{g}>\frac{\sin(\varphi-\alpha)}{\cos(\varepsilon-\alpha+\varphi)} \tag{5-39}$$

令

$$\frac{\sin(\varphi-\alpha)}{\cos(\varepsilon-\alpha+\varphi)}=K_1 \tag{5-40}$$

K_1 为脱出物沿筛面前滑的特征条件，当 $K>K_1$ 时，脱出物将沿筛面前滑。

2) 脱出物沿筛面向后滑动的极限条件

当加速度为负值时，脱出物在惯性力的作用下有后滑的趋势，由图 5-65(b) 所示，全部外力向筛面投影得

$$u\cos(\varepsilon-\alpha)=F+mg\sin\alpha \tag{5-41}$$

$$N=mg\cos\alpha-u\sin(\varepsilon-\alpha) \tag{5-42}$$

同理整理得

$$\frac{r\omega^2}{g}>\frac{\sin(\alpha+\varphi)}{\cos(\varepsilon-\alpha+\varphi)} \tag{5-43}$$

令

$$\frac{\sin(\alpha+\varphi)}{\cos(\varepsilon-\alpha+\varphi)}=K_2 \tag{5-44}$$

K_2 为脱出物沿筛面后滑的特征条件，当 $K>K_2$ 时，脱出物将沿筛面后滑出。

3) 脱出物抛离筛面的极限条件

当脱出物在筛面上运动满足上抛的特征条件时，脱出物将抛离筛面。什么条件下脱出物有可能抛离筛面？

前面已经介绍过，脱出物是靠惯性力运动的，当惯性力 u 沿 x 轴正向时，随着 $r\omega^2$ 的增大，法向反力 N 减小，脱出物有抛离筛面的趋势。脱出物抛离筛面的标志是 $N=0$。

$$N=mg\cos\alpha-u\sin(\varepsilon-\alpha) \tag{5-45}$$

令 $N=0$

$$mg\cos\alpha - mr\omega^2\sin(\varepsilon-\alpha)=0 \tag{5-46}$$

同理整理得

$$\frac{r\omega^2}{g}=\frac{\cos\alpha}{\sin(\varepsilon-\alpha)} \tag{5-47}$$

令

$$\frac{\cos\alpha}{\sin(\varepsilon-\alpha)}=K_3 \tag{5-48}$$

K_3为脱出物抛离筛面的特征条件，当$K>K_3$时，脱出物将抛离筛面。

通过以上分析，当清选筛结构参数和安装参数确定后，在不考虑其他影响因素的条件下，脱出物在筛面上的运动结果主要取决于筛子运动的加速度比：

$$K=\frac{r\omega^2}{g} \tag{5-49}$$

只要K值达到了K_1、K_2、K_3值就能前滑、后滑和抛离筛面。我们希望的筛子运动结果是：脱出物沿筛面既有前滑又有后滑，且后滑量大于前滑量，但不允许有抛离筛面的现象发生。清选筛正常工作的条件：

$$K_3>K>K_1>K_2 \tag{5-50}$$

目前，清选装置的主要参数为

$$K=2.2\sim3，R=23\sim30\text{mm}$$

$$\varepsilon=12°\sim25°，\alpha=1°\sim3°，n=200\sim350\text{r/min}$$

5.4　联合收获机械

联合收获机是将收割机和脱粒机通过中间输送装置、传动装置、行走装置、操作控制装置等有机地结合成一体的自走式机械。它能同时完成作物的收割、脱粒、分离、清选和秸秆处理等多项作业，从而获得比较清洁的籽粒[11]。

5.4.1　谷物联合收获机械

如图5-66所示。谷物联合收获机的主要工作部件包括收割台、脱粒装置和分离清选装置。要完成上述作业，还需要有发动机、传动系统、电气系统、液压系统、中间输送装置、底盘支架、履带行走装置、粮箱以及驾驶室等部件支持。机器前方是收割台，割台和拨禾轮由液压系统操纵升降。脱粒装置一般配置在后方，以平衡整机重量。行走部分由变速器、驱动轮和转向轮等组成。机器前进速度一般在1～20km/h的范围内变化，以适应不同的作业要求。脱粒和分离清选部件包括脱粒滚筒、逐稿器、清选筛、输送器等，将谷粒输送到卸粮部位。有些机型还配有集草箱、捡拾器、茎秆切碎器等附件。

图 5-66　谷物联合收获机

1. 谷物联合收获机的类型

谷物联合收获机类型如表 5-3 所示。

表 5-3　谷物联合收获机的分类

按喂入方式分类	按行走方式分类	按生产率分类(喂入量 kg/s)	按行走装置分类	按收割作物品种分类	按作物流向分类
全喂入式联合收获机	自走式	大型(大于 5)	轮胎式	麦类收获机	L 型联合收获机
半喂入式联合收获机	牵引式	中型(3～5)	半履带式	水稻收获机	Π 型联合收获机
割前脱粒联合收获机	背负式	小型(3 以下)	履带式	稻麦收获机	直流型联合收获机

2. 谷物联合收获机的构成

如图 5-67 所示，谷物联合收获机是由割台、输送装置、脱粒系统(脱粒、分离、清粮装置)、发动机、传动系统、行走装置、操纵控制装置、粮仓等构成的。

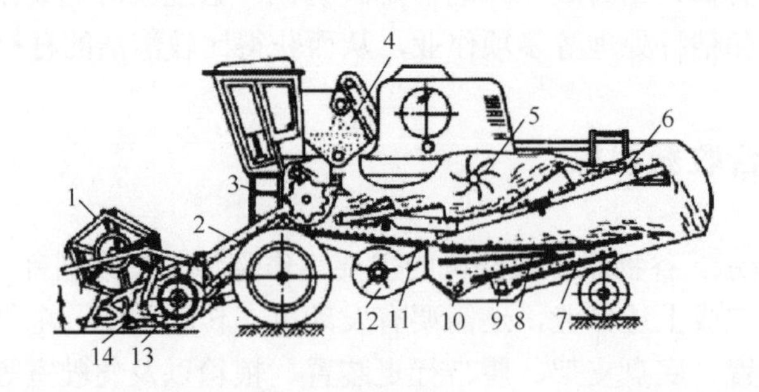

图 5-67　JL1065 型谷物联合收获机结构与工作原理示意图

1. 拨禾轮；2. 倾斜输送器；3. 滚筒；4. 粮箱；5. 横向逐稿轮；6. 键式逐稿器；7. 滑板；8. 筛子；9. 杂余螺旋推运器；10. 谷物螺旋推运器；11. 抖动板；12. 风扇；13. 割台输送器；14. 切割器

谷物联合收获机的工艺流程如图5-68所示。

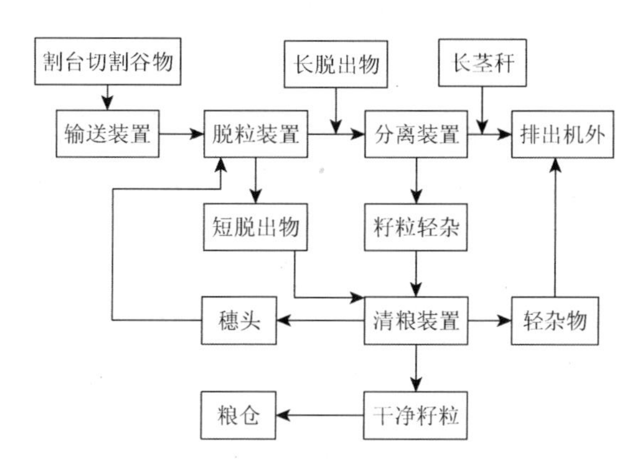

图5-68 谷物联合收获机的工艺流程图

5.4.2 玉米收割机械

玉米是一种高产稳产的粮食作物和畜牧业、轻工业、食品业等不可缺少的原料。目前，国外的玉米收割机主要有两种机型：一种是以美国和德国等为代表的、大功率联合收割机配套用的玉米摘穗台(我国称为玉米割台)；另一种以苏联生产的KCKY-6型为代表的玉米联合收割机。美国的玉米摘穗台与联合收割机配套使用，可一次完成玉米摘穗、脱粒和秸秆还田作业。其主要特点是在田间直接收割玉米籽粒，然后运输到农户。KCKY-6型自走式玉米收割机能够一次完成玉米摘穗、剥皮和秸秆粉碎还田(或青贮作业)，其配套动力为147kW，适用于大面积作业，生产率为1.33～2hm^2/h。

1. 玉米收割机械的类型及收获方法

1)玉米收割机械的类型

我国目前开发研制的玉米收割机可以分为背负式、自走式、玉米割台几种。

(1)背负式机型。背负式单行玉米收割机配套9～22.2kW四轮拖拉机，具有摘穗、集穗、秸秆粉碎还田等功能。这类机型开发时间较早，特点是结构简单、操作方便、配套动力来源广泛，适应中小地块作业，不存在行距适应性问题；缺点是生产率较低、重复压地。

背负式多行玉米收割机有2行机和3行机，其配套动力为37～44kW四轮拖拉机。

(2) 自走式机型。自走式机型为多行（3 行和 4 行），配套动力 55.5～88.8kW，具有摘穗、剥皮、集穗、秸秆粉碎还田等功能，生产效率高。

自走式摘穗机基本采用已定型的苏联或美国摘穗板-拉茎辊-拨禾链这种组合机构，其籽粒损失率较小。

(3) 玉米割台。又称玉米摘穗台，与国外不同的是，我国开发的玉米割台与联合收割机配套作业时，没有脱粒功能。玉米割台的开发可以很好地与我国目前拥有量很多的新疆-2 型等中型稻麦联合收割机相配套，可完成摘穗、集穗、秸秆粉碎还田等作业。

在上述这些机型中，单行机采用卧式摘穗辊结构，作业时无须对行。多行机则采用摘穗板拉茎辊结构，适应行距 600～700mm，作业时存在对行问题。相对而言，单行机技术较为成熟。

2) 玉米机械化收获方法

由于各地玉米种植品种和气候条件的不同，收获时玉米的长势和物理力学特性不同，尤其是茎秆和籽粒的含水率存有较大的差异，所以收获的方法和使用的机械也不同。目前，国内外玉米机械化收获的方法大致可分为三种：分别收获法、联合收获法和两段收获法。

分别收获法是用不同功能的相对独立的多种机械，分别完成玉米的摘穗、运输、剥皮、脱粒、茎秆处理等作业的方法。该方法所用机械结构简单、价格低廉、易于操作，但生产率低，收获损失大。

联合收获法主要分以下两种。

(1) 专用玉米联合收获机。在田间一次完成摘穗、剥皮、脱粒、分离、清选、秸秆处理等作业，直接获得清洁籽粒（此时籽粒湿度为 25%～29%）。

(2) 谷物联合收获机换装玉米割台。在田间一次完成摘穗、剥皮、脱粒、分离、清选、秸秆处理等作业，直接获得清洁籽粒。该种方法可提高机器利用率（此时籽粒湿度为 25%～29%）。

两段收获法主要分以下两种。

(1) 玉米联合收获机。用玉米摘穗剥皮联合作业机，在田间完成摘穗、剥皮和秸秆粉碎等作业，然后将光果穗运回场院晾晒，水分适度后进行脱粒。

(2) 玉米割晒机。用割晒机将玉米割断呈条铺晾晒于田间，然后，用装有捡拾器的谷物联合收获机拾禾脱粒。

2. 玉米收获机的结构和工作原理

1) 玉米收获机一般构造

玉米联合收割机一般为立秆摘穗，由分禾装置、输送装置、摘穗装置、果穗输送器、除茎器、剥皮装置、苞叶输送器、籽粒回收装置和茎秆切碎装置等组成（图 5-69）。

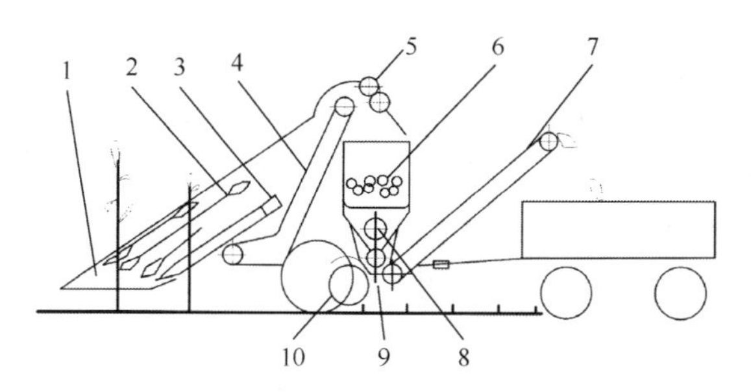

图 5-69　玉米收割机的一般构造和工作过程

1. 分禾装置；2. 输送装置；3. 摘穗装置；4. 第一输送器；5. 除茎器；6. 剥皮装置；7. 第二输送器；8. 苞叶输送器；9. 籽粒回收装置；10. 茎秆切碎装置

(1) 分禾装置。玉米收割机一般是对行进行收割作业。分禾装置可将直立茎秆导向输送装置或摘穗装置中，但往往由于气候、病虫害及植株密度过高等使部分茎秆倒伏。为此，分禾装置应能扶起倒伏的茎秆，将其导入夹持输送装置(或摘辊)。分禾装置的尖部需贴近地面，能轻轻扶起茎秆，使茎秆缓和地沿分禾装置表面扶起，而不推不挂茎秆。

(2) 茎秆输送装置。如图 5-70 所示，茎秆输送装置一般采用链条式夹持输送装置。其作用是牢靠地夹住茎秆(不夹断和不夹脱茎秆)，并平稳地向摘穗装置运送茎秆，准确地喂入摘辊。

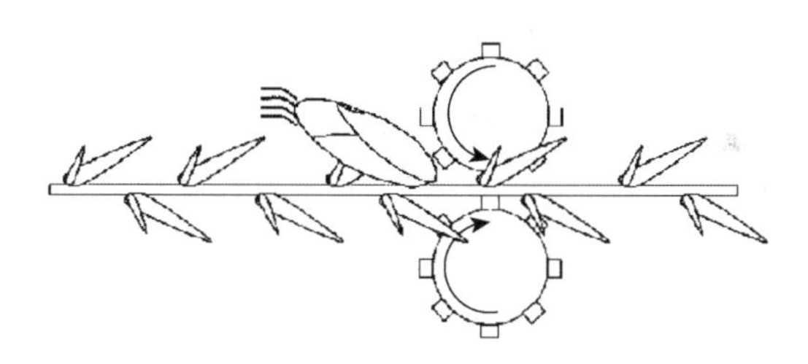

图 5-70　输送装置的结构和工作原理

(3) 果穗升运器。一般装有两个果穗升运器。第一升运器用来输送由摘辊摘落的果穗，第二升运器用来输送由剥苞叶装置送出的果穗和由籽粒回收螺旋推运器送出的籽粒。升运器有螺旋推运器和刮板升运器两种，一般刮板升运器应用较广泛。

(4) 籽粒回收装置。常用的是螺旋推运器式籽粒回收装置。螺旋推运器式籽粒回收装置由苞叶推运器、籽粒回收筛和籽粒回收推运器等组成。苞叶推运器将剥下的苞叶以及所夹带的籽粒在向机体外推送的同时进行翻动，使夹带的籽粒通过籽粒回收筛分离出来落入下方的籽粒回收推运器中，再推送到第二升运器里。

(5)茎秆切碎装置。能将摘穗后的茎秆切碎还田作肥料或者收集作倒料，一般切碎长度在20～60mm。常用的有转子式和滚筒式两种。

2)玉米收获机工作过程

分禾装置从根部将集秆扶正并引向带有拨齿的拨禾链。拨禾链将茎秆扶持并引向摘穗装置。摘穗装置为纵向倾斜配置，每行有一对，相对向里侧回转。两辊在回转中将茎秆引向摘辊间隙之中，并不断向下方拉送。由于果穗直径较大通不过间隙而被摘落。摘掉的果穗，由摘辊上方滑向中央第一升运器中被运到上方，并滑落到剥皮装置中。若果穗中含有被拉断的茎秆，则由上方的除茎器排出。剥皮装置的剥皮辊回转时将果穗的苞叶撕开和咬住，从两辊间的缝隙中拉下。苞叶经下方的输送螺旋推向一侧，排出机外。苞叶中夹杂的少许已脱落的籽粒，在苞叶输送中从螺旋底壳(筛状)的孔漏下，经下方的籽粒回收螺旋落入第二升运器。已剥去苞叶的果穗沿剥皮辊向下滑入第二升运器与回收籽粒一道被输送到后方的拖车。经过摘辊碾压后的茎秆，其上部多已被撕碎或折断。基部约有1m长的仍站立在田间。在机器的后下方设有横置卧式甩刀式切碎刀，将残存的茎秆切碎件抛撒于地面。

复习思考题

5-1 谷物机械化收获应满足的农业技术要求包括哪些?

5-2 机械化谷物收获方式有哪些？各自的工作程序和特点是什么?

5-3 简述收割机械的类型和各自特点。

5-4 卧式收割台和立式收割台的工作过程分别是什么?

5-5 收割机切割器有几种类型？各自适合哪些农作物?

5-6 简述往复式切割器的传动机构主要类型和各自特点。

5-7 简述拨禾轮清扫割刀及稳定推送的条件。

5-8 谷物脱粒的方法有哪些？脱粒装置的常见类型有哪些?

5-9 谷物分离装置和谷物清选装置的常见类型有哪些?

5-10 简述联合收获机的一般类型结构及全喂入联合收割机的工作流程。

5-11 玉米收割机有几种类型？结构形式如何？主要由哪几部分组成?

5-12 简述玉米收割机的一般构造和工艺过程。

第6章 营林机械

6.1 概 述

6.1.1 营林机械的特点

近年来，由于人们对于改善生活环境的迫切需求以及木材需求量的迅速增长，国内外都很重视营林作业机械化的发展。由于营林作业的种类繁多，作业地点地形复杂，作业面积大而分散，作业条件变化大，与农业机械化相比，营林作业的机械化水平仍是较低的，而且各种作业的机械化程度也很不平衡[12]。

营林作业包括树木种子的采集和调制、苗木培育、造林、促进森林天然更新、幼林抚育、施肥、打枝、森林病虫害防治、抚育采伐和森林防火等，为了实现营林作业的全面机械化需 300 多种营林机械。营林作业机械化的发展可以分成单项作业机械化、全面作业机械化、单机自动化和全面自动化四个阶段。目前营林机械化比较先进的国家如瑞典、美国、加拿大和俄罗斯在某些作业方面已经实现了自动化，如芬兰在容器育苗，瑞典在植树机方面。由于作业对象的特殊性，营林机械有以下工作特点。

(1) 营林机械的工作对象是具有生命力的种子、苗木和树木，营林机械在完成作业中对于工作对象的生命力不许有破坏作用，如提取和处理树木种子的机械在提取、调制的过程中不许破坏种子的发芽力，播种机的排种装置不许擦破种子，除草机不许伤害苗木等。

(2) 营林机械的工作对象即土壤、苗木和树木等分布在广大的地区，营林机械要在分布较广的地区内行走中完成作业。

营林机械进行作业的地点很多是山谷坡地，地上生有灌木和乔木，土中有石块、伐根和树根等妨碍机械正常作业的障碍物。这些障碍物有的位于地表，有的埋于地中。

(3) 营林机械的作业地点分布较广，不同地点的气候、土壤、地形和树木的情况相差很大，即使在同一地点，营林机械的作业对象也不一样，而且经常变化，如土壤的组成和湿度等。

(4) 各种营林机械都有一定的作业季节，有的作业每年只有 10～30 天。如春季播种作业的时间为 10～15 天，造林的时间为 20 天左右。所以营林机械在一年中的作业时间是比较短的。

(5) 很多以土壤为工作对象的营林机械的工作部分经常处于磨耗的条件下，如植树机的开沟器、铧式犁的犁铧等。

(6) 营林机械的作业地点多为山谷坡地、沙荒沙丘、采伐迹地和林冠下等不便行走的地方。所以营林机械的工作幅度和工作速度都受到限制，不能过大。

6.1.2 营林机械设计制造要求

根据营林机械作业的特点，在设计制造营林机械时应考虑以下各项。

(1) 在确定营林机械的结构方案时，首先应把满足林业技术的生物学要求作为最基本的要求，其他指标如生产率、机械化程度等都要在满足生物学要求的基础上来考虑。

(2) 由于营林机械要在起伏变化很大的山谷坡地上行走中进行作业，所以营林机械的结构应简单、坚固、行走灵活、通过性强，从这个角度来看悬挂式和自走式机器具有较大的优越性。

(3) 由于营林机械的工作对象大多是组成变化很大的土壤，其中多有石块、伐根、树根和粗细不等的树木，工作阻力变化很大。为了防止机器损坏，增加机器的工作可靠性，其零件应尽量采用热处理进行强化。为了避免超负荷时造成的机件损坏，机器上应采用适当的安全装置和保护装置。

(4) 同一种营林机械的工作条件随工作地点和时间的不同而有变化，所以营林机械应有相应的调节装置和可以更换的工作部分。例如，在犁上应配备不同的犁铧和犁刀，在播种机上配备可换的传动齿轮等。

(5) 由于各种营林作业的季节较短，单一工序机械在一年中的使用时间很少。为了增加营林机械的使用时间，提高其经济性，采用多种作业用的机架是一项有效的措施。在多用机架上可以根据不同的作业要求更换不同的工作部分。但在设计多种作业用机架时，不能为了无限制地追求“多用性”，而使机器的结构过于复杂，以致引起使用费用和制造费用的增加。

(6) 经常磨损的工作部分，如犁铧、犁壁、除草铲、开沟器和割灌机刀片等应采用耐磨优质材料和自磨刃，以增加工作部分的使用期限和减少磨刀时间。犁铧、开沟器等磨耗大的工作部分也可以采用组合式结构，磨耗时只需更换其中的一部分。

(7) 由于营林机械的工作速度和工作幅度都受到限制，不能很大。为了充分利用拖拉机的牵引功率，可以采用多种工序联合作业机。这种机械能同时完成数种前后互相连续的作业，如同时完成整地、作床和播种三种作业的联合机，同时完成除草松土、追肥和打药三种作业的除草松土追肥打药联合机等。采用多种工序联合作业机可以减少机械的型号，节省材料和减少机组的行走次数。

6.1.3　营林机械的分类

营林作业的内容很广，其中包括采集和调制种子、培育苗木、直播造林、植树造林、促进森林天然更新、幼林抚育、森林抚育采伐、森林病虫害防治和森林防火等各方面。每一方面又由许多不同的工序组成，如培育苗木就由苗圃整地、施肥、作床、播种、除草松土、灌溉和起苗等作业组成。植树造林根据造林地的不同又分为沙荒造林、平原造林、采伐迹地造林等。不同造林地的造林方法也不相同，如采伐迹地的植树造林就包括拔除伐根、清理采伐剩余物、整地、植树，幼林除草松土和抚育采伐等。营林机械可以根据使用的动力、工作时的状态、完成工序的多少、完成作业的内容和工作部分的动作情况进行分类。

(1) 按动力可分为人力、小型机动式和拖拉机式三种。如手推苗圃除草机、背负式小型机动割灌机和拖拉机牵引式喷雾机等。

(2) 根据工作时的状态可分为固定式、移位式和移动式三种。移动式中又分为拖拉机牵引式、拖拉机悬挂式、自走式和背负手提式。大型种子调制设备和水泵站为固定式。一些人工喷灌机则属于移位式，在一个地点喷灌完了后移向另一地点。营林机械大部分是移动式，即在不断移动中完成作业，如拖拉机牵引犁、悬挂式除草松土机、自走式喷雾机和背负式割灌机等。

(3) 根据完成作业的多少分为单一工序作业机械、多种作业通用机械和多种工序联合作业机三种。

(4) 根据作业的内容可分为以下几类。

①树木种子采集和调制机械：采种机、果球烘干机、除翅机和种子清选机等。

②容器育苗机械。

③苗圃育苗机械：整地机、作床机、化肥施肥机、厩肥施肥机、播种机、除草松土机、化学除草机、喷灌机、切根机、起苗机、移植机和选苗机等。

④清理林地机械：拔根机、伐根旋切机、采伐剩余物清理机、碎木机。

⑤采伐迹地造林机械：整地机、植树机、幼林除草松土机。

⑥促进森林天然更新机械：地被梳松机、播种机。

⑦沙地造林机械：深层松土机、植树机和松土除草机等。

⑧山地造林机械：挖穴机、开梯田机、整地机、植树机、除草松土机等。

⑨病虫害防治机械：喷雾机、喷粉机、喷烟机和土壤消毒机等。

⑩森林防火机械：开带机、灭火机、抛土机和点火机等。

(5) 根据工作部分的动作情况分为活动式工作部分与不动式工作部分两种。前种机械的工作部分与机架间有相对运动，如旋耕机；后种机械的工作部分与机架间没有相对运动，如铧式犁。

6.1.4 营林机械的发展趋势

近年来，新型材料开始广泛应用在林业机械中。新型材料的采用将减轻便携式营林机械的重量，并增大功率。低振动发动机和防振技术的采用可减少振动对人体的危害；改进发动机吸排气系统、提高机械的加工和装配精度，可降低噪声和振动。采用自动监视和调节装置，以提高机械的作业质量；利用液压和电子技术可以提高机械的自动化程度，减轻工人的劳动强度。此外，多功用机架和多工序联合机的推广使用，容器育苗生产和栽植机械化设备的进一步应用等，也都是今后营林机械的发展方向，并将为向全盘机械化和自动化过渡创造条件。

人机工程学的研究结果广泛用于营林机械的改进之中，工人的劳动条件和安全性将得到明显的改善。由此营林作业的工艺将发生根本性的改变，营林机械的体系、工作原理和结构设计等也将冲破现有传统，提高到一个新的水平。

(1)采用可以一机多用的多种作业机架，可以增加机器的使用时间，节省大量金属材料。

(2)采用多种工序联合作业机，可以充分利用拖拉机的功率，节省金属材料，减少机组的行走次数。

(3)采用悬挂式机械。由于营林作业的地形多为山谷坡地，树木丛生，且有伐根等障碍物，采用悬挂式机械可以提高机组的通过性能，减少转弯半径，操纵灵活。

(4)采用自动化的工作装置，除了可以减轻工作人员的劳动强度，还可以改进作业质量和提高生产率。例如，采用装有自动栽植装置的植树机不只省去了植苗员，而且可以保证植树质量和提高植树机的作业速度。

(5)采用液压技术，可以改进机械的结构，减轻机器的重量，增加机器工作的可靠性和改善操作人员的工作条件。

(6)改善操作人员的工作条件。根据人机工程学的研究成果，采用合理的结构以及舒适的驾驶室和座位，减少振动和噪声，防止操作人员工作疲劳和产生职业病。

(7)采用远距离操纵和遥控技术。在一些适当的机器上采用远距离操纵和遥控技术，以减少危险和改进工作人员的作业条件。

6.2 林地清理机械

林地清理的目的是在采伐地上进行森林的人工更新，开辟森林苗圃和修筑道路等。林地清理包括铲除灌木、伐木、清除伐根、堆集和运出伐根、树木和采伐剩余物以及平整拔除伐根后所留下的坑穴等作业。

伐木一般使用油锯、电锯以及推土机和联合作业机。灌木利用各种除灌机除去，也可以用灌木犁把灌木翻在地上将小树和灌木切碎或打碎用重型圆盘耙耙碎，使其腐烂。近年来一些国家采用灌木粉碎机撒布在地上，也可以采用喷洒化学药剂的方法清除树木。

清除伐根是林地清理作业中比较繁重的作业，在不同的工作条件下需采用不同的作业方法和机器。在拖拉机可以通行的地方可使用大型除根机，在拖拉机难以通行的地方则可采用绞盘式拔根机，在不便采用机械的地方还可以利用炸药将伐根炸出，也可以向伐根喷洒化学腐蚀剂，使伐根腐烂。拔根后留下的坑穴可用推土机推平。采用拔根的方法清除伐根时，拔根的阻力很大，同时伐根会带走大量的肥沃土壤，地面留下很大的坑穴。近来出现了伐根铣削机。这种机器是利用绕垂直轴或水平轴旋转的铣刀将伐根的地上部分铣下，以便后续的机械化作业能顺利地进行。

伐根拔出后，地中仍留有大量的侧根，这些侧根既妨碍幼树根部的生长，又不利于机械化作业的顺利进行，所以在拔出伐根后还要将留在地中的侧根拉出。

用各种型号的集堆机将采伐剩余物堆集成长条堆或圆堆，然后烧毁或任其自然腐烂，也可以运出，作为综合利用的原料。有些国家则采用灌木粉碎机将采伐剩余物打碎或切碎，任其自然腐烂，以增加土壤的肥力。

由于林地中树木粗细不一，分布不均，所以林地清理机械的工作负荷变化很大，林地清理机械的工作部分要求有较大的强度。

6.2.1 除灌机

1. 除灌机的类型

除灌机根据其工作部分的形式可分为装有固定式工作部分的除灌机和装有活动式工作部分的除灌机两种类型(图 6-1)。前者的工作部分装在拖拉机的前方，多为铲式，工作时随同拖拉机一起作向前运动。后者的工作部分除了随同机器一起前进外，对于机架还作相对的直线或旋转运动。

图 6-1 中之 1 的工作部分为成 60°夹角的两个铲刀，在拖拉机推力的作用下沿地面向前移动，用其锐利的铲刀刃部将灌木沿地面铲断。

图 6-1 中之 2 的工作部分为一重量较大的圆辊，表面装有与圆筒母线成一角度的切刀。拖拉机牵引圆辊前进时，带有切刀的圆辊便将小树和灌木压倒在地上，并用切刀将它们切碎，压入地中，使之腐烂。

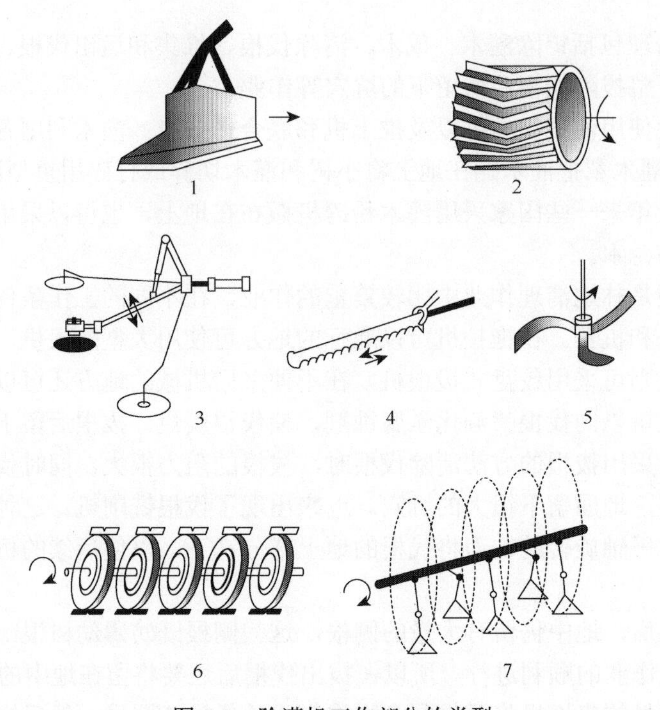

图 6-1　除灌机工作部分的类型

1. 铲刀；2. 圆辊；3. 圆锯；4. 住复式割刀；5、6. 旋转式割刀；7. 刀锤

图 6-1 中之 3 的工作部分为一圆锯，它除了用于锯除灌木，还可用于抚育采伐。这种工作部分可以装在拖拉机和手扶拖拉机上，也可以做成便携式，由小型发动机带动工作。

图 6-1 中之 4 的工作部分是割刀，由曲柄连杆机构带动作直线往复运动。由于割刀是由曲柄连杆机构驱动工作的，所以有较大的惯性力，因此其工作速度受到限制。图中的 5 和 6 工作部分也属于旋转式工作部分，5 是绕垂直轴旋转，6 是绕水平轴旋转。图中 5 所示的转刀在旋转时，由于外端和内端的转动半径不同，所以靠近刀轴处的切割速度很小，不足以切断灌木，而会产生缠草现象。为了防止这种现象可采用一种正方形割刀，将刀片装在正方形刀盘的四个角上。

图 6-1 中之 7 的工作部分是绕水平轴旋转的刀锤，水平轴旋转时，在离心力的作用下，刀锤甩开，将所碰到的灌木粉碎。这种甩锤式工作部分的特点是当刀锤碰到不易折断的粗大树木时，可以避开树木，防止机器损坏。

图 6-1 中的 1、2 为固定式工作部分，3～7 为活动式工作部分。

2. 铲式除灌机的受力分析和计算

铲式除灌机的铲刀工作部分须能将灌木完全铲断。铲刀工作时不许使树干发生折裂和弯曲，以免树木从铲刀下面滑过去，也不允许将灌木连根拔出，因为这样会使所拔下的树木挂在铲刀上，影响铲刀的正常工作。

铲刀对树木的推切力 P 视拖拉机的推力 P_{TP} 和铲刀的安装角 θ 而定(图6-2)。铲刀在拖拉机推力 P_{TP} 的作用下压向树干，由于铲刀与前进方向成一夹角 θ，所以铲刀与树干之间产生滑切。树干对铲刀刃部的反作用力由两部分组成，一为与铲刃互相垂直的正压力 N_1 和 N_2，二为沿铲刀刃线的摩擦力 F_1 和 F_2。其合力各为 R_1 和 R_2。

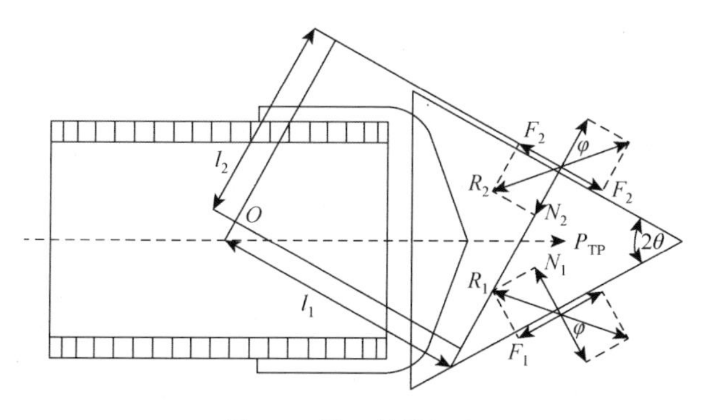

图6-2 铲刀的推切力

设树干对铲刀的反作用力对称地作用在左右两铲刀的中点，则 $R_1 + R_2 = P_{TP}$。由图6-2可见：

$$N_1 = R_1 \cos\varphi, \quad F_1 = R_1 \sin\varphi, \quad F_2 = N_1 \tan\varphi$$

式中，φ 为树干与铲刃间的摩擦角，一般 $\varphi = 14°$。

当左右两铲刀的受力互相对称时，即 $N_1 = N_2$，$F_1 = F_2$，$R_1 = R_2$ 时，则

$$P_{TP} = 2N_1(\sin\theta + \tan\varphi\cos\theta)$$

由此

$$N_1 = \frac{P_{TP}}{2(\sin\theta + \tan\varphi\cos\theta)} \tag{6-1}$$

铲刀对树干的作用力 P 与 N_1 大小相等，方向相反。当左右两个铲刀的受力不对称时，在极端的情况下，即只有一侧铲刀铲切灌木，这时树干对铲刀的反力将使机器向一方转动。推动机器转动时的转矩 M_1 为

$$M_1 = N_2' l_1 - F_2' l_2 \tag{6-2}$$

式中，$N_2' = \dfrac{P_{TP}}{\sin\theta + \tan\varphi\cos\theta}$，$F_2' = N_2' \tan\varphi$。

使机器向一边转动的转矩将由拖拉机履带与地面间的附着力所产生的转矩来平衡，每个履带与地面间的附着力 P_F 为

$$P_{\mathrm{F}}=\frac{1}{2}G\cdot f \tag{6-3}$$

式中，G 为拖拉机附工作部分的重力；f 为拖拉机履带与地面间的附着系数。

履带与地面的附着力所形成的转矩 M_2 为

$$M_2=\frac{1}{2}G\cdot f\cdot a \tag{6-4}$$

式中，a 为拖拉机履带中心线间距离。

若 $M_2>M_1$，拖拉机便能保持直线前进，若 $M_1>M_2$，拖拉机便被推向一侧。

实际工作中的 N 和 F 是由树木的生长密度和铲刀的实际工作长度决定的，即

$$N=L_D\cdot K_Q \tag{6-5}$$

式中，L_D 为铲刀的实际工作长度；K_Q 为铲刀的单位长度切割阻力，软质树木 $K_Q=1200\sim1500$N/cm，硬质树木 $K_Q=1800\sim2200$N/cm。

铲刀的实际工作长度 L_D 是经常改变的，它依铲刀同时接触的树干数目 n 和树干直径 d 而定。由于铲刀不是同时切入树干的直径处，所以 L_D 可用下式计算：

$$L_D=n\cdot d\cdot m \tag{6-6}$$

式中，m 为同时切割系数，$m<1$。

n 可按下述方法大致求出。根据标准地的调查资料，算出每棵树木平均占用面积和树木间的平均距离。然后用一定的比例尺将树木的配置情况画在纸上。将用同样比例尺画出的铲刀放在纸上，慢慢向前移动，找出几个不同位置所切割的树木数目，算出其平均数，此平均值即为 n。d 取树木的平均直径，m 一般为 0.7～0.9。

N_1、F 和 R 求出后便可计算灌木铲除机有关零件的强度。

灌木铲除机的工作幅 B 要与所用拖拉机的推力相适应，即灌木铲除机的最大工作阻力必须小于拖拉机的最大推力。铲刀的工作幅必须大于拖拉机的外形宽度，否则拖拉机的履带将把未铲下的灌木压弯，以后难以铲断。

根据试验资料，当铲刀的夹角 θ 由 60°逐渐减少到 20°时，由于有滑切存在，其工作阻力也逐渐减少。但在铲刀工作幅一定的条件下，θ 角小于 20°时会使铲刀的长度过大，切断一棵树木的时间也要增加，阻力反而会增大，故一般采取 $\theta=30°$。

铲刀长度 L 用下式计算：

$$L=\frac{B}{2\sin\theta} \tag{6-7}$$

为了减少铲刀的切割阻力，在保证必要强度的条件下，应尽量采取小的磨刀角。现在多采用两段角，即铲刀板的角度取 10°，铲刃角度取 30°。铲刀的宽度最好不小于灌木的直径。

铲刀下面的滑橇用于支持铲刀和调节切割高度。为了使滑橇不会被压入地中，

滑橇必须有足够的接地面积。接地面积用下式计算：

$$F = \frac{G_1}{q_T} \tag{6-8}$$

式中，G_1 为土壤的抗压强度，一般土壤为 $q_T = 4 \sim 5\text{N/cm}^2$（$0.4 \sim 0.5\text{kgf/cm}^2$），沼泽地 $q_T = 2\text{N/cm}^2$（0.2kgf/cm^2）。

6.2.2 除根机械

1. 清除伐根的方法

林业上所用的清除伐根的方法有以下几种。

(1) 机械拔根。利用简单的手工工具或动力拔根机械清除伐根。由于拔根的工作很繁重，所以手工拔根机只用于地形复杂、机器难以通过的地方。

(2) 机械铣削除根。利用水平或垂直铣刀将伐根的地上部分削平。

(3) 爆炸除根。利用炸药将伐根炸出。炸药的用量和装药位置必须选择适当。

(4) 化学腐蚀除根。向伐根喷洒化学药剂使伐根腐烂。这种方法的缺点是伐根的腐烂时间长以及地中的树根不易除去。

(5) 火烧除根。用火烧掉伐根，缺点是地下根部不易除去。

在上述方法中应用最多的是机械除根。机械除根的速度快，拔出的伐根可作为综合利用的原料。利用伐根铣削机削下的木屑多撒在林地上使之腐烂作肥料用。

机械拔根一般包括切断侧根、拔根、去掉伐根上的土壤、锯开伐根、运走伐根和填平伐根坑穴等工序。

2. 对拔根机械的要求和拔根机的类型

拔根机应满足如下要求。

(1) 对各种不同的工作条件具有较大的适应性。由于拔根阻力很大，所以要有足够的强度。

(2) 能迅速地抓住和放松伐根，最好能自动地完成。

(3) 工作时不需要特殊的锚定装置。

(4) 拔根时应尽量减少随伐根带出的土壤，以减少清除土壤和填平根穴的劳动。

(5) 由于拔根阻力很大，拔根机的主要受力件应有适当的保护装置。

拔根机根据动力的不同可以分为拖拉机动力式、畜力式和手动式。

根据拔根机工作部分的工作原理可分为绞盘式、杠杆式、齿杆式、推土机式和拖拉机牵引式等类型。许多拔根机是由上述某几种形式的工作部分组合而成的。

以拖拉机为动力的拔根机又分为牵引式和悬挂式两种。

3. 拔根阻力

伐根的拔根阻力根据树种和树木的生长年龄而不同。对伐根的拔根阻力影响最大的因素是树根的生长情况。根据树木根系的生长情况可将伐根分成以下几种：①主根和侧根都比较深；②主根深侧根浅；③一部分侧根深，一部分侧根浅；④主根和侧根都很浅；⑤侧根沿地表向四周延伸的伐根。

伐根①的拔根阻力最大，伐根⑤的拔根阻力最小，其他的伐根介于上述两者之间。

在拔根阻力中，土壤的破坏阻力占很大比重，因而土壤的类型和状态对拔根阻力有很大影响。黏土地的伐根阻力比壤土地的伐根阻力大，壤土地的伐根阻力比沙土地大。干燥土壤由于土壤与树根之间的附着力大，所以拔根阻力大。潮湿土和沙土中的伐根则容易拔出。如果拔根的时间选择合适，可以减少伐根的拔根阻力。

采用不同的拔根方法时，拔根阻力也不相同。在拔除整个树木时，由于树干本身起着杠杆的作用，所以比较容易拔出。力的作用点越高，所需要的力越小。

拔根机拔根时的作用力有四种不同情况(图 6-3)。其中 1 为水平力，2 为倾斜力，3 为垂直力，4 为扭力。采用垂直力拔根时所需拉力最大，利用水平力拔根时所需拉力为垂直拔根拉力的 50%～80%。一个原因是利用水平方向力拔根时，伐根的根系不是同时被拉断。另一个原因是水平力距离地面有一定的高度，形成一个力臂，起着杠杆的作用。利用扭力拔根从力学的角度来看是最好的方法，拔出的伐根带土最少，但机械的构造比较复杂，目前还很少采用。

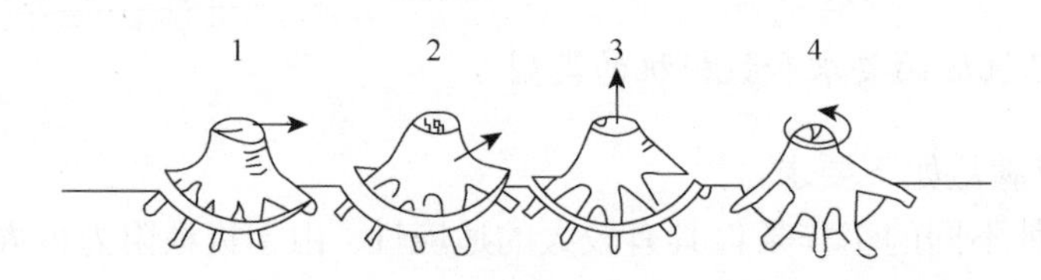

图 6-3 拔根力

1. 水平力；2. 倾斜力；3. 垂直力；4. 扭力

拔根前若能将侧根砍断，将会使拔根阻力减少很多，并可防止破坏土壤的结构，减少随根带出的土壤和减少地面肥沃土壤的损失。

利用垂直拉力拔除未切断侧根的伐根的拔根阻力 P' 可用下式计算：

$$P' = P_1 + P_2 + P_3 + P_4 \tag{6-9}$$

式中，P_1 为伐根带出的土壤重力；P_2 为伐根重力；P_3 为土壤的破坏阻力；P_4 为撕断树根的阻力。

利用水平方向力拔根的阻力 P，用下式计算：

$$P = K(P_1 + P_2 + P_3 + P_4) \tag{6-10}$$

式中，K 为考虑到侧根不同时被撕断等因数的系数，$K<1$。

利用水平力拔根时，除根机停在某一位置，可拔除以拔根钢索为半径的圆形面积内的全部伐根。用垂直力和扭力拔根时，每拔完一个伐根，拔根机就要移向另一个伐根。

计算水平力拔根的拔根阻力时，为了简便，可以不单独地计算伐根的重力 P_2，而将伐根与伐根所带出的土块一起考虑。系数 K 与很多因素有关，不易确定，在计算时可采取 $K=1$，这样算出的阻力比实际的值要大一些。

用 P_{GT} 表示伐根和伐根所带出土壤的阻力，根据经验公式计算：

$$P_{GT} = 1.78g\gamma \cdot a^3 \tag{6-11}$$

式中，γ 为土壤单位容积的重量，单位为 kg/cm^3，黏土和壤土下的 $\gamma = 1.6$，沙土 $\gamma = 1.8$；1.78 为经验系数；g 为重力加速度；a 为自伐根中心到撕断侧根处的距离，其值如表 6-1 所示。

表 6-1　伐根中心到撕断侧根处的距离

伐根直径/cm	30	40	50	60	70	80
a/cm	75	95	110	130	135	140

土壤的破坏阻力 P_3 用下式计算：

$$P_3 = P_{GT} \cdot f \tag{6-12}$$

式中，f 为土壤的内部摩擦系数，其值根据土壤的种类和湿度而定，计算时可参照表 6-2。

表 6-2　土壤的内部摩擦系数 f

土壤种类	f		
	干土	稍湿	湿土
黏土、壤土	0.8	0.7	0.4
沙土	0.5	0.6	0.4

树根的撕裂阻力用下式计算：

$$P_4 = F \cdot \sigma \tag{6-13}$$

式中，F 为被撕断树根的总断面，一般 F 可取与伐根断面积相等，即 $F = \frac{\pi d^2}{4}$，d 为伐根直径；σ 为树根的抗拉强度，$\sigma = 200N/cm^2$。

在拔根的过程中，拔根阻力并不是固定不变的。图 6-4 为直径 30cm 伐根的水平拔根阻力的变化情况。图中横轴表示拉力作用点的水平位移，纵轴表示拔根阻力，以 N 为单位。由图 6-4 可见，水平拔根阻力 P 在开始时迅速增大，达到最大值以后慢慢减少。图 6-4 中的 $K'(P_1+P_2)$ 表示伐根和土块的移动阻力。两者之差 $P-K'(P_1+P_2)$ 即为土壤破坏阻力 P_3 和树根撕断阻力 P_4 之和。用 $P=P_{GT}+P_3+P_4$ 所算得的 P 为最大阻力，它相当于曲线的最高点的阻力。

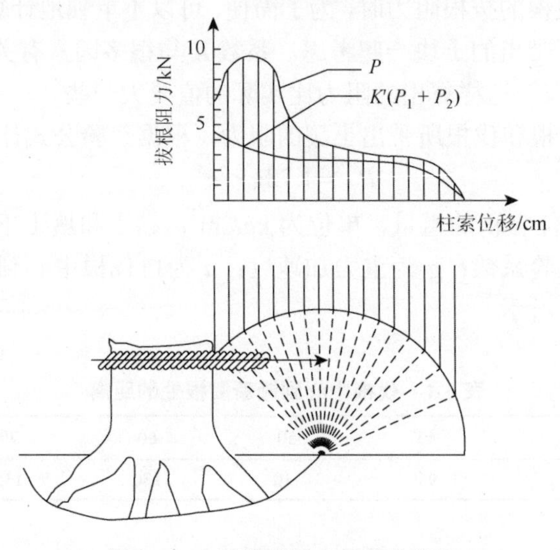

图 6-4　水平拔根阻力的变化情况

除了上述计算方法，也可以用下述经验公式计算水平拔根阻力：

$$P=K\cdot d^{\frac{3}{2}} \tag{6-14}$$

式中，d 为伐根直径，cm；K 为系数，$K=0.05\sim0.06$；P 为水平拔根阻力，kN。

6.2.3　伐根清理机

伐根清理机用于清理采伐迹地上已拨出的伐根、倒木、采伐剩余物和拔除 24cm 以下的伐根。机器悬挂在拖拉机前方(图 6-5)，主要由推铲、推齿、拔根装置油缸和支架等部分组成。

6.2.4　推土机

1. 推土机的类型和构造

推土机是悬挂在拖拉机前方的一种工作装置，除用于一般的土工作业外，还可用

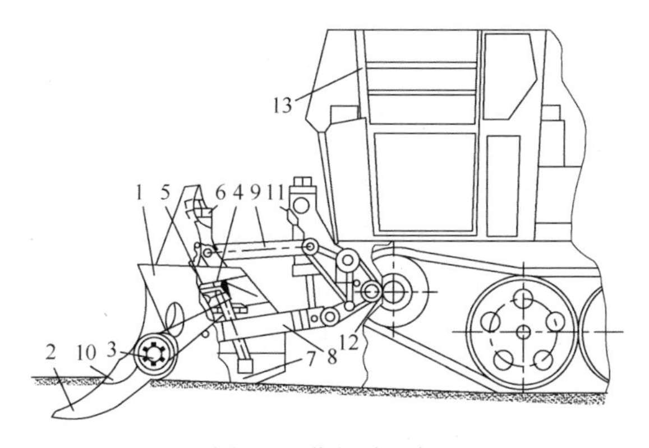

图 6-5　伐根清理机

1. 推铲；2. 推齿；3. 花键轴；4. 拔根装置油缸；5. 推齿杠杆；6. 钩环；7. 推铲支撑板；8. 推架；9. 上拉杆；10. 推铲活动部分；11. 支架；12. 拖拉机梁；13.护栅

于铲除灌木、拔除伐根、伐倒树木、推运伐根、填平根穴、开防火带和开梯田等作业。目前林业用拖拉机的前方都装有推土铲。根据拖拉机的功率可将推土机分为轻型、中型和重型三种。22～26kW 者为轻型、37～74kW 者为中型、75kW 以上者为重型。

根据推土铲的安装方法则可分为固定铲式推土机和活动铲式推土机两种。固定铲式推土机的推土铲刃线与拖拉机的前进方向互成直角，不能改变。活动铲式推土机的推土铲刃线与机器前进方向在水平面内的夹角和铲刀在垂直面内的位置都可以改变，这种推土机也称为万能推土机。

根据操纵推土铲升降的方法则可分为钢索滑轮式、液压式和手工操作式三种，手工操作式只用于小型推土机上。利用钢索滑轮操纵系统的推土铲完全靠推铲及有关部分的重力入土，当土壤过硬时，入土性能不好。液压式推土机的推土铲可用油缸加压。

图 6-6 为液压式推土机的构造简图。主要部分为下部装有铲刀的推土铲、推架、油泵、分配阀和推土铲升降油缸。推土铲由上下两部分焊接而成，上部分是曲面，

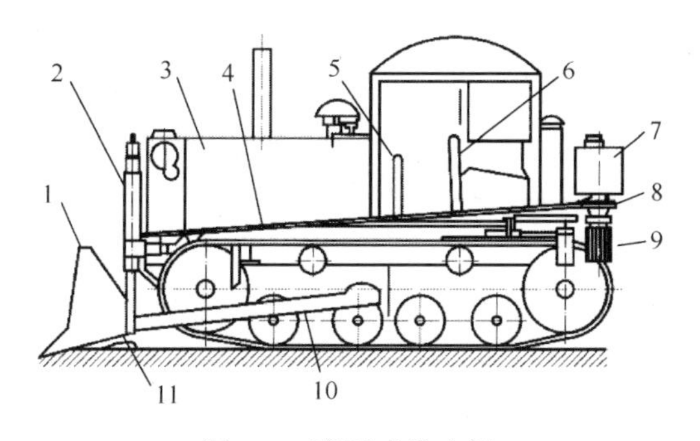

图 6-6　液压式推土机

1. 推土铲；2. 升降油缸；3. 发动机；4. 油管；5. 油泵操作杆；6. 分配阀操纵杆；7. 油箱；8. 分配阀；9. 油泵；10. 推架；11. 滑橇

下部分为平面。由于下部受力较大故采用较厚的钢板。为了加大推土铲的强度，在推土铲的下部后面焊有加强板。推土铲下面装有两个盘状滑橇，其高低位置可以调整，推土时将滑橇调整到与铲刀刃位于同一水平面上，切土时滑橇则高于刀刃。

推架由左右两个梁组成，前端焊在推土铲两侧，后端铰接在横梁的轴颈上。

活动铲式推土机的推铲位置可以调节，在水平面内推铲铲刃与横向的夹角可以调节成 50°～60°，在垂直面内可调成 5°～8°的倾斜角。

在山坡地开梯田时，必须将坡上土壤向坡下推移，并使梯田面有 3°～4°的倾斜倒角，以防止水土冲刷。由于固定铲式推土机的推铲与前进方向互成直角，不能将自坡上挖下的土壤推向坡下，而且铲刃在垂直面内呈水平状态，不能形成倒角，所以不能用于开梯田，只能利用活动铲式推土机开梯田。

2. 推土铲的主要数据

推土铲的长度应能保证推土铲的工作幅比拖拉机的外形宽度大 10～15cm。活动式推土铲推土机则按推土铲在最大倾斜角的情况下计算。

活动式推土铲与前进方向的夹角对于推土铲的工作有很大影响。为了减少推土铲的阻力应尽量提高土壤沿铲面向一侧移动的速度。根据对不同形状的推土铲的试验资料，图 6-7(a)所示的形状具有最好的推移土壤的性能，其切土角 $\delta=40°$。推土性能最不好的是图 6-7(c)所示的形状。要求土壤能迅速沿铲面移动的活动式推铲应采用图 6-7(a)所示的形状，即由一定半径所形成的圆筒形工作面，而以推运土壤为主要目的的固定铲式推土机的推铲则应采用图 6-7(c)的形状。

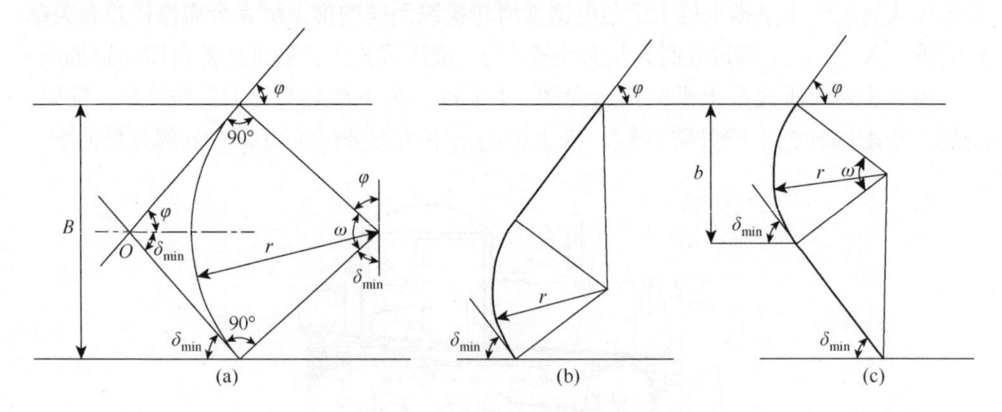

图 6-7　推土铲的主要数据

推土铲的各种角度可参照下列范围选择，切土角 $\delta=45°\sim60°$，推土铲在水平面内的倾斜角 $\varphi=60°\sim90°$，推土铲在垂直面内的倾斜角 $\gamma=5°\sim10°$，铲刀刃角 $\beta=30°$。

推土铲铲壁的曲率半径对推土铲的切土性能和土壤变形有很大的影响，曲率半径越小，阻力越大。当然采用曲率半径为无限大的平面是不行的，因为切下的土壤会沿平面滑落到推铲的后面。如采用前弯曲的铲壁，便可将土壤推向前方。但由于曲率半径不断变化，铲壁在制造上有一定困难，所以推土铲常常采用上部为圆弧、下部为直线的断面形状。

为了使推土铲所推运的土壤不从推土铲的上方落到铲的后面，须使推土铲在切土角最小的情况下，铲的最高点的切线向前倾斜，即

$$\varphi < 90°$$

由图 6-7(a)可见

$$\omega = 180° - \varphi - \delta_{\min},\ B = 2r\sin\frac{\omega}{2}$$

将 $\varphi = 90°$代入上式，便可求出圆筒形铲壁的最大曲率半径：

$$r = \frac{B}{2\sin\frac{90° - \delta_{\min}}{2}} \tag{6-15}$$

图 6-7(b)、(c)的曲率半径则为

$$r = \frac{b}{2\sin\frac{90° - \delta_{\min}}{2}} \tag{6-16}$$

推土铲的高度 H 可根据拖拉机的功率 N 进行大致的计算，固定式推土铲的高度为

$$H = (200 \sim 250)\sqrt[8]{N} \tag{6-17}$$

活动铲的高度为

$$H = (160 \sim 200)\sqrt[8]{N} \tag{6-18}$$

推土机的工作阻力由四部分组成，即

$$P = P_1 + P_2 + P_3 + P_4$$

式中，P 为推土机工作阻力；P_1 为推土铲切土阻力；P_2 为推土铲前面的土壤沿地面向前移动的阻力；P_3 为土壤沿推土铲铲面向上升和侧向滑移的阻力；P_4 为推土机自身移动阻力。

1) 切土阻力 P_1

$$P_1 = K \cdot F_0 \tag{6-19}$$

式中，K 为单位切土阻力，单位为 kN/cm^2；F_0 为切土层断面积，$F_0 = h \cdot l \cdot \sin\varphi$，$l$ 为铲刀切入土中的长度，单位为 cm，φ 为铲刀与前进方向的夹角，h 为铲刀切土平均深度，单位为 cm。

2) 土壤沿地面移动阻力 P_2

$$P_2 = G \cdot \mu_2 \tag{6-20}$$

式中，G 为推土铲前方堆积的土壤重力；μ_2 为土壤的内摩擦系数，$\mu_2 = 0.7 \sim 1.2$。

如将铲前推土断面看作三角形，则

$$G = \gamma_0 \frac{(B-h)^2 L}{2\tan\varphi_0}$$

式中，γ_0 为膨松土壤的容重；φ_0 为膨松土壤的自然堆角，$\varphi_0 = 30° \sim 40°$；L 为推土铲长度；B 为推土铲高度。

3) 土壤沿推土铲铲面的滑移阻力 P_3

$$P_3 = P_a + P_b \tag{6-21}$$

式中，P_a 为土壤沿铲面向上升的摩擦阻力，单位为 kN；P_b 为土壤沿铲面侧向移动的摩擦阻力，单位为 kN。

$$P_a = G \cdot \mu_1 \cdot \cos^2 \delta \cdot \sin\varphi, P_b = G \cdot \mu_1 \cdot \mu_2 \cdot \cos\varphi$$

式中，δ 为切土角；μ_1 为土壤对金属板的摩擦系数。

4) 推土机的移动阻力 P_4

$$P_4 = G'(f+i) \tag{6-22}$$

式中，G'为推土机整机重力，单位为 kN；f 为滚动阻力系数；i 为坡度系数。

拖拉机发动机的功率可用下式计算：

$$N = \frac{PV}{270\eta} \tag{6-23}$$

式中，V 为推土机的工作速度，单位为 km/h；η 为拖拉机的机械效率。

6.3　整 地 机 械

6.3.1　铧式犁

铧式犁是苗圃常用的一种耕地机械，它的工作部分是由犁体(犁铧、犁壁和地侧板)、犁刀、前小犁和深耕铲组成的。犁刀在垂直方向切开土壤，犁铧在水平方向切开土壤，切下的土垡沿着犁壁工作面上升，被犁壁推翻到侧方并使之松碎。犁铧、犁壁和地侧板固定在犁柱上，形成犁体，用螺丝和卡子固定在犁架上。前小犁装在主犁体前方，用于将地表草皮层切下，翻到沟中。深耕铲装在主犁体后方，用于耕松主犁体下面的土壤。根据铧式犁与拖拉机间的挂接方法分成牵引式(图 6-8)、悬挂式(图 6-9)与半悬挂式(图 6-10)三种。牵引式犁有自己的支持轮和提升机构，在运输时整个犁由支持轮支持，改变支持轮与机架间的相互位置可以调节耕地深度，犁的重量全部由自身承受。悬挂式犁的结构比牵引式犁简单，它直接悬挂在拖拉机的悬挂装置上，本身没有支持轮和提升机构，犁的重量全部由拖拉机悬挂装置来承受。半悬挂式犁的后面装有支持轮，前端悬挂在拖拉机的悬挂装置上，运输时由后支持轮和拖拉机悬挂装置负担全犁重量。悬挂式犁结构简单，重量轻，机动灵活，适于苗圃的整地作业。铧式犁设计方法和牵引阻力分析详见第2章。

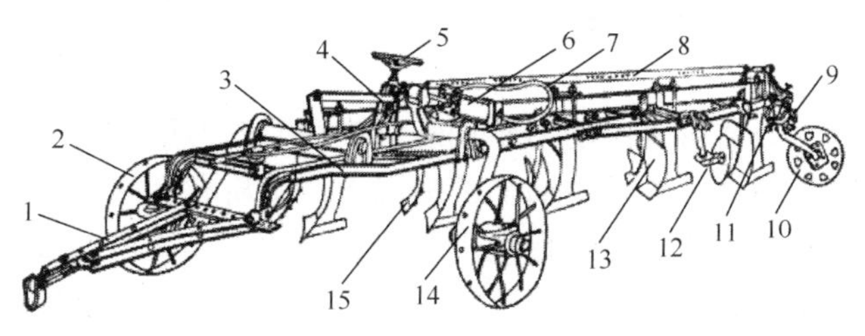

图6-8　牵引式铧式犁

1. 牵引装置；2. 沟轮；3. 犁架；4. 水平调节螺杆；5. 调节手轮；6. 油缸；7. 油管；8. 柔性拉杆；9. 尾轮水平调节螺栓；10. 尾轮；11. 尾轮垂直调节螺栓；12. 圆犁刀；13. 主犁体；14. 地轮；15. 小前犁

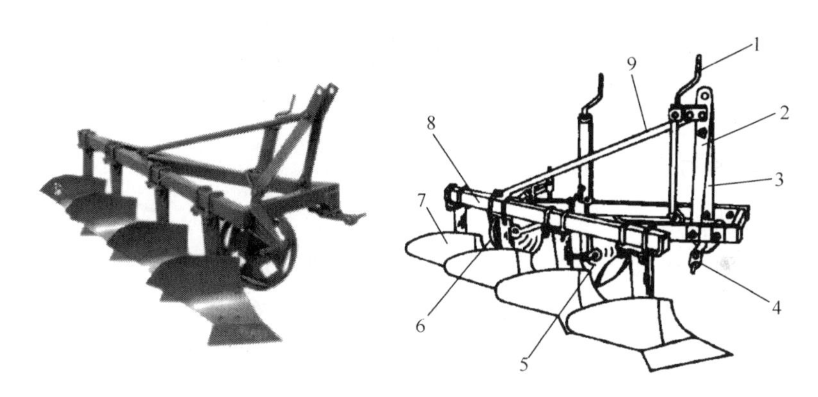

图6-9　悬挂式铧式犁

1. 调节手柄；2. 右支杆；3. 左支杆；4. 悬挂轴；5. 限深轮；6. 圆犁刀；7. 犁体；8. 犁架；9. 中央支杆

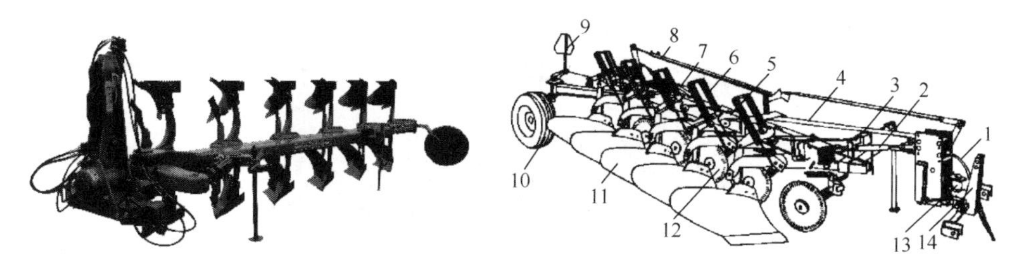

图6-10　半悬挂式铧式犁

1. 油管；2. 调节螺杆；3. 弧形板；4. 纵梁；5. 斜梁；6. 安全器；7. 限深轮；8. 尾轮操向杆；9. 公路运输标志；10. 尾轮；11. 犁体；12. 犁刀；13. 垂直转向轴；14. 悬挂头架

整地作业除了使用一般的犁、耙，近年出现了具有活动式工作部分的整地机械，如旋耕机、往复运动锹式耕地机、摆动钉齿耙和联合犁等。这些机械多为悬挂式，活动式工作部分由拖拉机或自走底盘的动力输出轴带动工作。这种具有活动式工作部分的整地机械的松土效果好，工作阻力小。

6.3.2 林用旋耕机

旋耕机是由动力驱动装有旋耕刀的刀滚旋转切削土壤的一种耕作机械。在土壤的质地、含水率适当的情况下，旋耕有良好的切土、碎土能力，也有一定的翻土和覆盖作用，耕后地表平整、松软，一次可完成耕耙作业。林用旋耕机可用于生荒地、沼泽地、清除伐根后的造林地及林业苗圃地的整地作业。

1. 旋耕机的类型

旋耕机按刀滚配置方式主要分卧式(横轴式)、立式(立轴式)两种，按与拖拉机挂接方式可分为牵引式、悬挂式和直连式。目前，林业生产中所使用的旋耕机是横轴三点悬挂式旋耕机，与小型拖拉机(如手扶拖拉机)一般采用直接连接式。

2. 旋耕机的构造和工作过程

1) 旋耕机的构造

旋耕机主要由机架、悬挂架、传动部分、旋耕刀轴、刀片、罩壳等部分组成。(马斯奇奥 B-C 系列旋耕机及主要参数见图 6-11 和表 6-3)。

机架是由前梁(左、右主梁)，左、右支臂及方轴(即后梁)组成的矩形框架，左、右主梁之间装着中间齿轮减速器。

图 6-11　马斯奇奥 B-C 系列旋耕机

表 6-3 马斯奇奥 B-C 系列旋耕机主要参数

参数	B 型	C 型
作业宽度/cm	250	300
机器宽度/cm	283	333
重量/kg	863	916
配套动力/hp①	100	130
最大耕深/cm	27	27
刀片数量	60	72

① 1hp = 745.7W

多数卧式旋耕机的传动部分由万向传动轴、中间齿轮减速器、侧边传动箱组成，动力由拖拉机动力输出轴经万向传动轴传给中间齿轮箱，再经侧边传动箱传给刀轴。中间齿轮箱内由一对圆柱齿轮及一对圆锥齿轮传动，一对圆柱齿轮可以变换安装或根据需要另换一对圆柱齿轮以改变转速。但这种变速方式不方便，目前有的旋耕机采用了变速器式的传动装置。旋耕刀轴的转速一般为 198～275r/min。侧边传动箱将中间齿轮箱的动力传给刀轴，有齿轮传动和链轮传动两种型式，链轮传动零件少、重量轻、结构简单，加工精度要求低，目前采用较多，但链传动链条容易磨损、断裂，使用寿命较短。齿轮传动较可靠，但结构复杂，加工精度要求高。

有的旋耕机，动力从中央传给刀轴，整机受力均匀、刚性好，但中央传动箱下面有漏耕现象，需采用特殊结构的刀轴。

刀轴和刀片是旋耕机的主要工作部件，刀片通过焊在刀轴上的刀座或刀盘与刀轴连接，刀片在刀轴上按螺旋线排列。

罩壳由挡泥罩和平土拖板组成，挡泥罩固定在刀滚上方，其作用是挡住刀滚抛起的土块，并将其进一步粉碎。平土拖板前端固定在挡泥罩上，后端用链条连在悬挂架上，拖板的离地高度可调节，起平整土地的作用。

耕深控制装置：在旋耕机的机架上装有限深轮，结构与悬挂铧式犁的限深轮相似，与装有半分置式液压系统的拖拉机配套使用的旋耕机可不设限深轮，此时耕作深度可由位调节装置来控制。

2) 工作过程

旋耕机工作时（图 6-12），装有刀片的刀滚一方面由拖拉机动力输出轴驱动旋转，另一方面随机组前进作直线运动，刀片切下的土垡向后上方抛出与罩壳及拖板撞击而进一步破碎，然后落回到地面上，使土壤松碎且平整。旋耕刀切土时，土壤的反推力和拖拉机的前进方向相同。

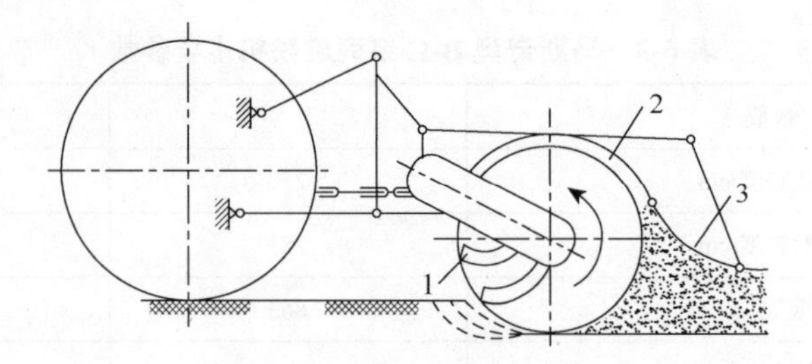

图 6-12　旋耕机的工作过程

1. 刀片；2. 罩壳；3. 拖板

3) 旋耕机的运动分析

旋耕机工作质量的好坏与机器的运动参数，如机器前进速度、刀轴转速等因素有关。因此，分析旋耕机的运动，研究各参数之间的关系，可以为合理选择旋耕机的设计参数提供依据。

(1) 旋耕刀片端点的运动轨迹。根据旋耕机工作过程可知，刀片端点的绝对运动是机器前进的直线运动与刀片旋转运动的合成运动，为使机组正常工作，必须使刀片在整个切土过程中不产生推土现象，因此要求其绝对运动的轨迹应为余摆线(图 6-13)。

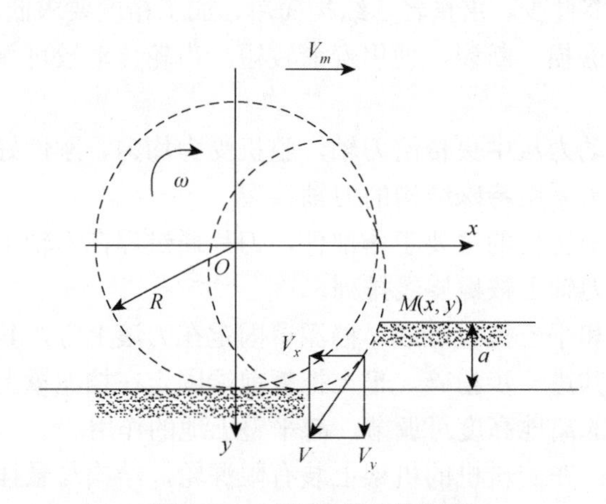

图 6-13　刀片端点运动轨迹

设刀轴中心 O 为坐标原点，机器前进方向为横坐标 x 轴的正向，纵坐标轴 y 以耕深方向(向下)为正，刀片的回转角速度为 ω，刀轴中心至刀片端点为刀轴回转半径 R，机器的前进速度为 V_m，设刀片端点的起始位置为 M_0。在 t_1 时间内，刀片转过 $\alpha_1 = \omega t_1$，刀片端点达到 M_1 位置，与此同时，机器前进的距离为 $S_1 = V_m t_1$。在 t_2 时间内，刀片转过 $\alpha_2 = \omega t_2$，刀片端点转至 M_2 位置，

机器前进距离为 $S_2 = V_m t_2$。如此继续运动，则刀片端点的运动轨迹即余摆线(图 6-14)。

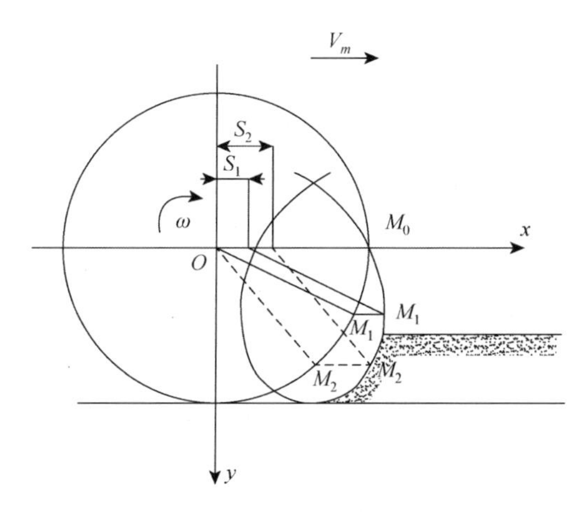

图 6-14 刀片端点运动轨迹的构成

刀片端点运动轨迹的参数方程为

$$\begin{cases} x = V_m t + R\cos\omega t \\ y = R\sin\omega t \end{cases} \tag{6-24}$$

将式(6-24)对时间 t 求导，即可得刀片端点 M 的运动速度在 X 轴方向和 Y 轴方向的分量。

$$\begin{cases} v_x = \dfrac{\mathrm{d}x}{\mathrm{d}t} = V_m - R\omega\sin\omega t \\ v_y = \dfrac{\mathrm{d}y}{\mathrm{d}t} = R\omega\cos\omega t \end{cases} \tag{6-25}$$

(2)刀片的切土条件。为使刀片在切削土壤的过程中，不产生刀片向前推土现象，必须使

$$\begin{cases} v_x < 0, V_m - R\omega\sin\omega t < 0 \\ R\omega\sin\omega t > 0 \end{cases} \tag{6-26}$$

因为当 ωt 由 0°增至 $\dfrac{\pi}{2}$ 时，v_x 是逐渐减小的，因此，只要刀片在刚入土时能满足式(6-26)的要求，就能使刀片正常切土。

设旋耕机的耕深为 a，则刀片端点开始入土时的纵坐标为

$$y = R - a$$

将其代入式(6-24)得

$$y = R\sin\omega t = R - a$$

$$\sin \omega t = \frac{R-a}{R} \tag{6-27}$$

将式(6-27)代入式(6-26)后得

$$R\omega \frac{R-a}{R} > V_m$$

$$V_m < \omega(R-a) \tag{6-28}$$

式(6-28)为刀片的切土条件。

目前常用的机器前进速度为0.5～1.5m/s，刀片端点的切线速度为3～8m/s。

(3)主要性能参数的确定。旋耕机的耕深 a 由式(6-28)可得

$$a < R - \frac{V_m}{\omega} \tag{6-29}$$

由式(6-29)可知，旋耕机的耕深 a 与旋耕机的结构参数 R 和运动参数 V_m、ω 有关。增加刀滚半径 R，有利于增大耕深的要求，但机器的结构及切削扭矩也将相应增大。减小 $\frac{V_m}{\omega}$ 的比值，也可增大耕深，但 V_m 过小会影响机器的生产率，而增大 ω 会使发动机功率消耗增大。因此，旋耕深度受到多种因素制约而不可能太大。目前，我国生产的旋耕机耕深一般为12～16m，国外与大功率拖拉机配套的旋耕机耕深一般可达到20～25cm。

刀片的进给量 S。刀片沿前进的方向在纵向垂直平面内所切下的土块厚度 S 称为刀片的进给量或切土节距。它是指安装在同一平面内的刀片，转过相应安装角时机器前进的距离(图6-15)。

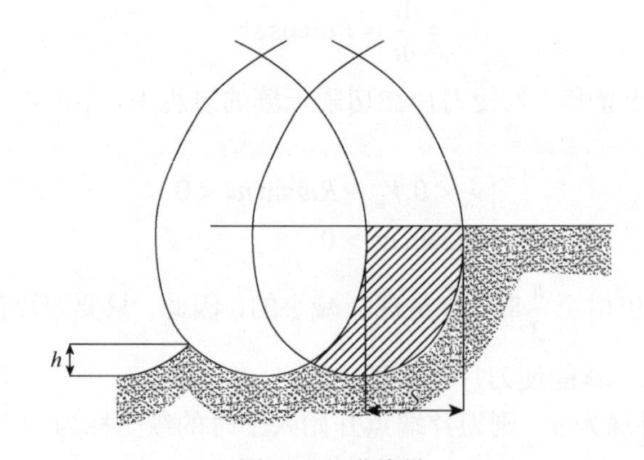

图6-15　进给量

进给量 S 可由下式求出：

$$S = V_m \frac{\theta}{\omega} = V_m \frac{\frac{2\pi}{z}}{\frac{2\pi n}{60}} = V_m \frac{60}{zn} \tag{6-30}$$

式中，θ 为刀轴同一旋转平面上相邻两刀片之间的安装角，单位为 rad；z 为同一旋转平面上的刀片数；n 为刀轴转速，单位为 r/min。

进给量的大小直接影响碎土质量和沟底平整度，由式(6-30)可知，降低 V_m，增加 z 或 n，可使 S 变小，切土、碎土及混土质量可提高，但机组前进速度过慢使生产率降低，而刀滚转速 n 增高，功率消耗亦显著增加，若刀片数增加，刀片间距变小，易产生堵塞现象。可见进给量 S 也不宜太小。因此，应根据土壤的种类和含水量采用适当的进给量。通常中等土壤含水率为 20%～30%时，进给量 S 一般取 10cm 为宜，黏重土壤应更小些。

沟底凸起高度 h。旋耕机耕作的缺点之一是耕后沟底不平，有波浪形凸起存在。凸起高度 h(图 6-15)的大小是由刀片运动轨迹曲线和刀片进给量 S 决定的，当进给量改变时，沟底凸起高度 h 也随着发生变化，沟底凸起应控制在允许范围内，一般应小于 $0.2a$。

6.3.3 挖坑机

1. 挖坑机的技术要求

如图 6-16 所示，挖坑机是一种典型的营林和园林机械，由于其体积小、操作简便、便于维修而被广泛使用。具体来说林业技术对挖坑机有以下要求。

图 6-16 挖坑机

(1) 挖坑机挖出的坑径、坑深应满足作物的生长要求。

(2) 挖出的坑应有较高的垂直度，坑壁应整齐。

(3) 在贫瘠的土壤挖坑时，要求出土率在 90%以上，以便取表土和肥料填坑改善作物生长条件。在肥土层较厚的地区，可以有 25%～40%松土留在坑内，抛出的土应堆放于坑旁，以便取原土回填，抛土半径不应太大，如果埋设桩柱，坑内尽量不留松土。

(4) 有些地区，要求挖坑时土壤不出坑，又称为穴状整地，要求钻头破碎草皮，切断灌根，排出石块，疏松土壤。

2. 挖坑机的类型和一般构造

挖坑机的种类很多，一般按与配套动力的挂接方式、挖坑机钻头配置的数量、传动方式等进行分类。

1) 按挂接方式分类

(1) 悬挂式挖坑机。钻头装置悬挂在拖拉机的前方、侧向或后方(图 6-17)，由拖拉机动力输出轴带动挖坑机钻头转动，由拖拉机的液压系统操纵挖坑机的升降。它可以挖较大的坑径和较深的坑，也可启动多钻头同时作业。此种形式的挖坑机多在地形平缓、拖拉机可以顺利通过的地区进行作业。

一般后悬挂式挖坑机(图 6-18)由机架、动力输出轴、离合器、联轴节、减速器、上拉杆、左右下拉杆和钻头等主要零部件组成。其工作原理是由拖拉机动力输出轴、联轴节和减速器来传递动力，驱动挖坑机的钻头作旋转运动；拖拉机液压分配器手柄放在浮动位置，钻头装置靠自重向下作进给运动，钻头完成切土、升运土壤并抛至坑的周围。作业时拖拉机停止行驶，待完成一次挖坑作业，拖拉机按造林株距行驶到下一个位置上作业(图 6-19)。

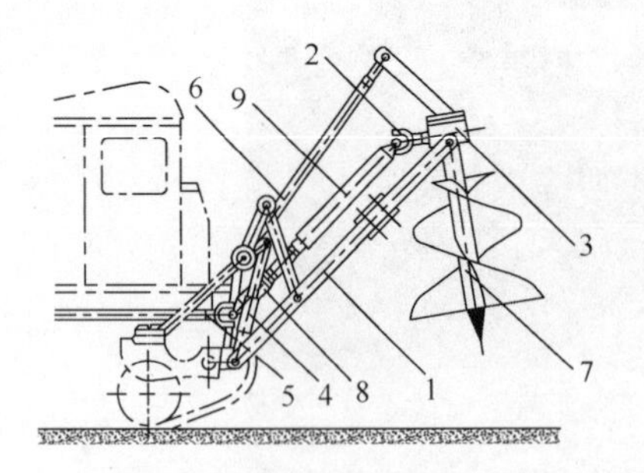

图 6-17　WD-80 型后悬挂挖坑机

1. 下拉杆；2. 联轴节；3. 减速器；4. 油缸；5. 动力输出轴；6. 上拉杆；7. 钻头；8. 离合器；9. 传动轴

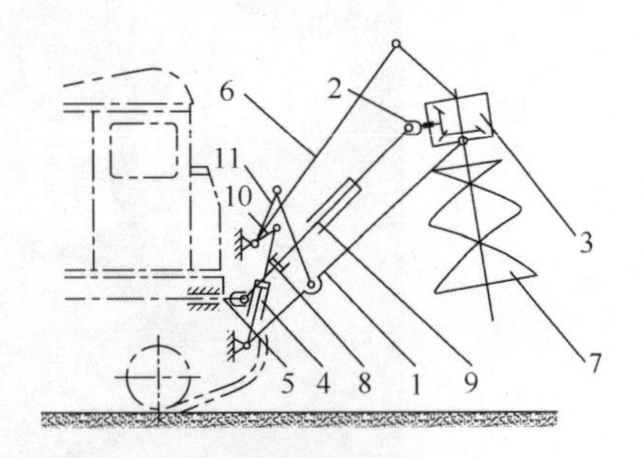

图 6-18　悬挂式挖坑机

1. 左右下拉杆；2. 联轴节；3. 减速器；4. 油缸；5. 动力输出轴；6. 上拉杆；7. 钻头；8. 离合器；9. 伸缩方轴；10. 转臂；11. 提升臂

(2) 手提式挖坑机。钻头装置与小型二冲程汽油机配成整体(图 6-20)，由单人或双人操作。该机主要应用于地形复杂的山区、丘陵区和沟壑区，在坡度为 35°以下的地区进行穴状整地或挖坑，同时也可以用于果园、桑园、苗圃和城镇小树移植、追肥及埋设桩柱时挖坑，坑径一般在 0.3m 以内。

手提式挖坑机由小型二冲程汽油发动机、离合器、减速器、钻杆及套、保护罩和钻头装置等组成。其工作原理是由发动机带动离心式离合器，当发动机转速达到啮合转速时，离合器结合，动力经减速器减速而驱动钻头作旋转运动(图 6-20)。该型钻头为带螺旋齿整地型钻头，又带有安全保护罩，它可以防止缠草，土壤抛散和保证操作者安全。

(3) 牵引式挖坑机。机具安装在小车上，由拖拉机牵引，工作头旋转由拖拉机动力输出轴带动。这种型式的挖坑机挂接方便，不受配套拖拉机的限制，但结构复杂，机动性差。

图 6-19 挖坑机的工作现场

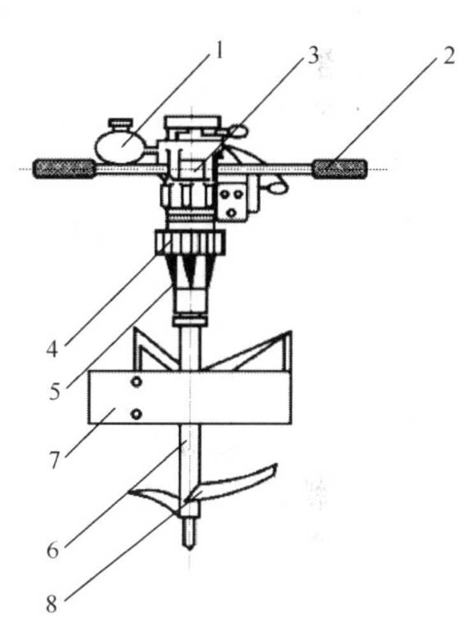

图 6-20 手提式挖坑机结构示意图

1. 油箱；2. 手柄；3. 发动机；4. 离合器；5. 减速器；6. 钻杆及套；7. 安全保护罩；8. 钻头装置

(4) 自走式挖坑机。这种挖坑机与手扶拖拉机配套，设计成整体自走式，即挖坑机本身自带动力。该型挖坑机通过性能好，但需要人力操纵其钻头入土。适于在水平带上作业或用于茶园施肥、茶苗移植和果园施肥等挖坑作业。

此外，还有与汽车底盘配套的挖坑机，此种型式一般属于起重地钻装置。

2) 按挖坑机上配置的钻头数量分类

(1) 单钻头挖坑机。挖坑机上配置一个钻头，操作一次，只能挖一个坑，使用较广。

(2) 双钻头挖坑机。挖坑机上配置两个钻头，转向相反，一次挖两个坑。主要用于挖施肥坑如橡胶、果树施肥压青，也可以挖植树造林坑，钻头间距可按作业要求设计成可以调整的形式。

(3) 多钻头挖坑机。主要用于松软的土壤，或栽植行距小，或坑径较小时挖坑，为充分利用拖拉机的动力，可设计成多钻头挖坑机，它可以大大提高生产率，但传动系统较为复杂。

3. 挖坑机的钻头

挖坑机的钻头是挖坑机的主要工作部件，根据各地区条件和作业的技术要求分为整地用、挖坑用两大类。

用于挖坑的钻头主要为螺旋形，工作时钻头旋转同时向下作进给运动。钻尖切去中心部分土壤，继而刀片切土，刀片切下的土壤沿螺旋翼片上升，并抛至坑穴的四周。其工作面的形成为垂直于钻头轴线的直线段，沿着圆柱体上划出的导向螺旋线移动而成。利用同心圆柱体来截钻头的表面，则得到数条螺旋线，这些螺旋线的升角随着圆柱体半径减小而增大。螺旋形钻头工作面不能展开成平面。

螺旋形钻头又分为单头螺旋(图 6-21)和多头螺旋(图 6-22)。单头螺旋工作时消耗能量较少，但工作稳定性较差，为了使切土负荷对称，单头螺旋可以安装两个刀片，径向对称布置，一般手提式挖坑机多用单头螺旋。多头螺旋工作稳定性较好，但消耗的能量较大，一般悬挂式挖坑机多用多头螺旋钻头。螺旋形钻头能挖 $H/D_0 = 0.5 \sim 15$ 范围的坑(H 为坑的深度，D_0 为坑的直径)。

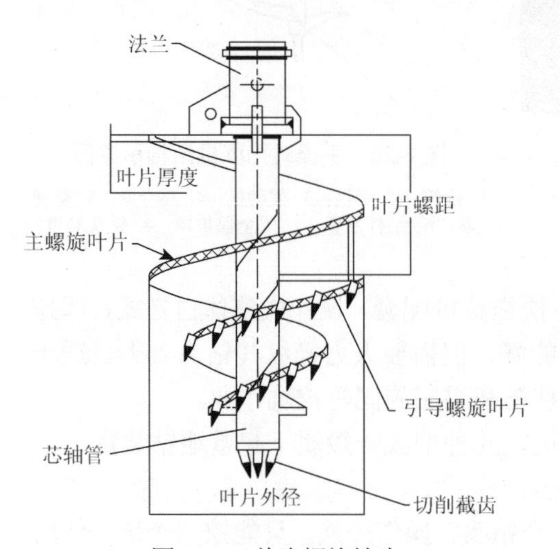

图 6-21　单头螺旋钻头

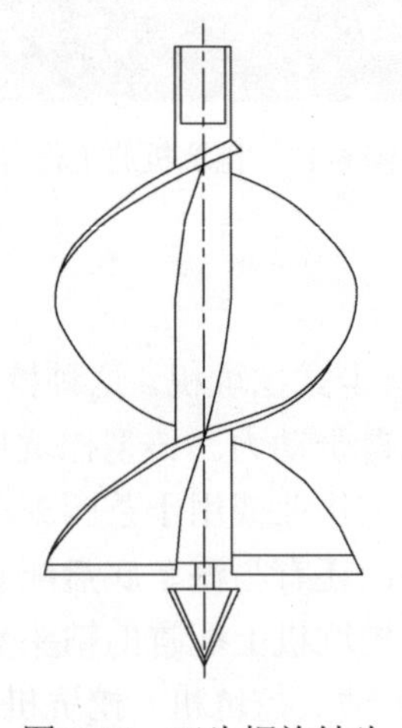
图 6-22　双头螺旋钻头

另一种挖坑钻头称为叶片型钻头。叶片型钻头的工作面是圆锥表面，其工作面的形成如下：成形线的上端沿圆柱体上划出的导向螺旋线移动，而形成线的下端则在钻头轴线上成为锥顶，利用同心圆柱体来截钻头表面，则得到升角相同的螺旋线，其工作面可以展成平面，因此在制造上比较简单。

叶片型钻头(图 6-23)挖坑的坑深 H 和坑径 D_0 之比应小于或等于 0.75，即 $H/D_0 \leqslant 0.75$。叶片型钻头能很好地将坑内土壤升运到地面上来，但消耗的功率较螺旋形为大，随着 H/D_0 的减小，叶片型钻头消耗的功率比较接近于螺旋形钻头。

用于穴状整地的钻头为螺旋齿式，图 6-24 为双头螺旋齿式钻头。作业时钻头破碎草皮，切断草根，排出石块，疏松土壤，土壤留在坑内形成小丘。它的下刃短，上刃长，分段切削土壤，下钻快、阻力小。刀齿呈径向后掠，切削阻力小，有利于切断草皮，树根和排出石块，在草地工作时，后掠的刀齿可防缠草。刀齿的螺旋升角和齿宽随直径增大而逐渐变小。由于钻头转速较低(200～230r/min)，作业时土壤不致飞到坑外。刀齿由弹簧铜板锻成，亦可用 16Mn 钢板，经单面渗碳处理，以达到刃口自动磨刀。

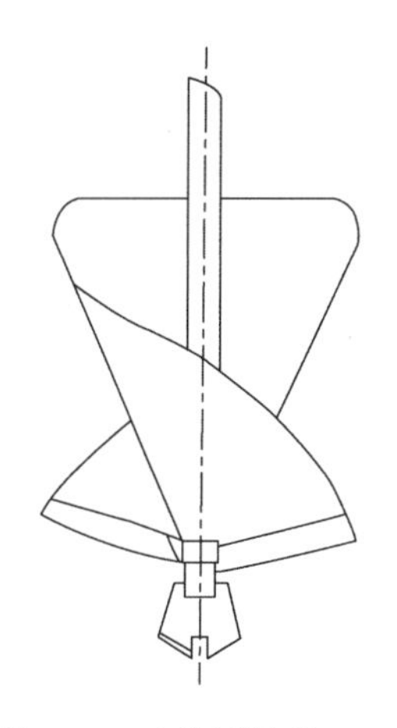

图 6-23　叶片型钻头

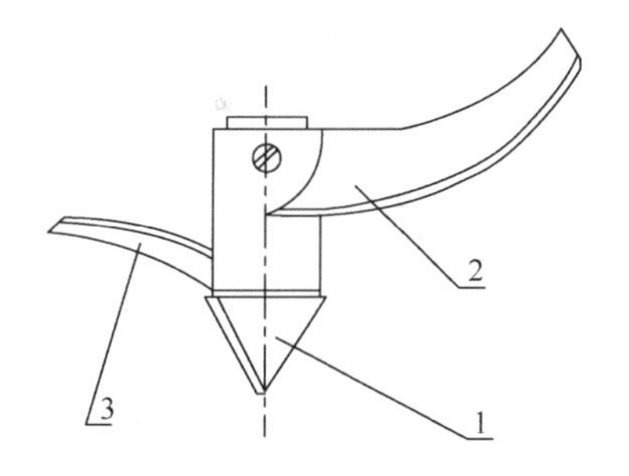

图 6-24　螺旋齿式钻头

1. 钻尖；2. 上螺旋齿；3. 下螺旋齿

4. 两种常用挖坑机的简介

1)手提式挖坑机

手提式挖坑机主要用于速生杨柳扦插造林，草坪树木施肥，地质探矿勘察，篱笆围栏建设。具体外观、型号和技术参数如图 6-25、图 6-26 和表 6-4 所示。

图 6-25　WL-40A 型地钻

图 6-26　GR4900 挖坑机

表 6-4　两种手提式挖坑机的技术参数

型号	参数类型	具体参数
WL-40A	成孔直径	30cm、40cm、50cm、60cm
	成孔深度	500～700cm(可根据用户具体要求配置不同长度的钻杆)
	成孔时间	10～40s(因土质、干湿程度、使用经验及钻杆规格而不同，在冻土或冰层上打孔成孔速度将减慢 1～2 倍)
	机重	11～12kg
	操作方式	单人
	启动方式	手拉启动
GR4900	发动机型号	GR430/GR4900A
	发动机排量	43～49mL
	发动机功率	1.25～1.8kW
	油箱容积	1.2L
	燃油配比	1∶25
	膜片式钻头直径	100mm/150mm/200mm

2) 拖拉机悬挂式挖坑机

拖拉机悬挂式挖坑机的主要特点为：设计合理，结构紧凑，使用灵活，操作方便。与不同型号拖拉机配套，其对植树造林以及种植香蕉、柑橘、荔枝、花木等作物是挖坑施肥的理想设备。使用该机挖树坑，可节约大量的人力和时间，同时增加了社会效益和经济效益。主要技术参数见表 6-5。

表 6-5　拖拉机悬挂式挖坑机主要技术参数

机型项目	SM-WXJ60	SM-WXJ80
配套转速/(r/min)	540	540～750
螺旋刀工作速度/(r/min)	≤375	≤375
挖坑直径/mm	350～700	600～1000
挖坑深度/mm	900	900
挖坑数量/(穴/h)	80～130	100～160

6.3.4　圆盘整地机械

圆盘整地机械在营林作业中应用得比较广泛，可以用于耕地、耙地、幼林抚育作业中的松土除草、采伐迹地的整地，乃至低产林改造作业的带状清林等。

1. 圆盘整地机械的工作原理

所有圆盘机械的工作圆盘均为球面圆盘，而盘面或盘面水平直径与前进方向成一偏角 α。机器前进时，圆盘作前进与旋转两种运动。圆盘切入土中，切下的土壤沿着圆盘凹面上升，破碎后被推向一侧。同时，也有部分土壤被旋转的圆盘带动转动，在离心力的作用下被抛开。所以圆盘的工作特点为滚动切削，有较强的切断、碎土能力，切削刃长，刃口和刃面在工作时所受压力小，磨损较慢，阻力较小，且工作部件不易黏土，不易堵塞，具有较强的通过性能，在遇到障碍物时，可强行滚过，因此它特别适合在多树根采伐迹地整地和灌木地的清林作业，但由于圆盘刃薄强度小，不适于在有石砾的地区作业。

2. 圆盘整地机械的一般构造

圆盘机械按其功用可分为圆盘耙、圆盘犁和圆盘松土除草机等。

1) 圆盘耙

用铧式犁或圆盘犁耕地作业后，土壤的破碎程度、紧密度和地面的平整状态，还不能满足播种和植树的要求，还需要进行补充整地。

圆盘耙(图 6-27)是目前广泛使用的一种补充整地机械，它具有较强的碎土能力，适于在较黏重的土壤上进行整地作业，同时可以进行松土除草及飞播、喷播造林后的复土作业。

圆盘耙的圆盘工作时，只具有偏角 α，而其刃口平面是垂直于地面的。

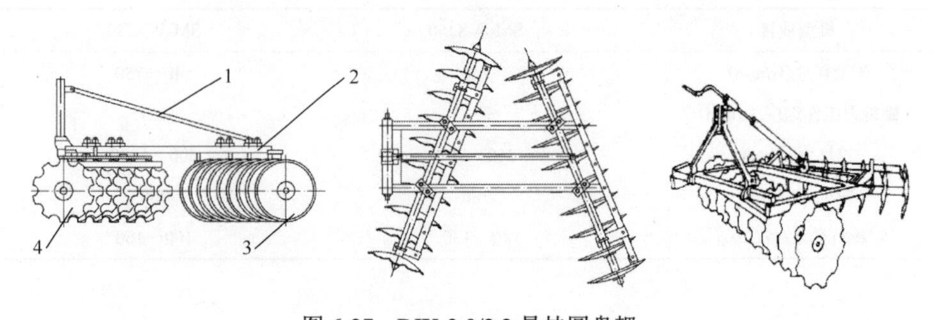

图 6-27　BJX-2.0/2.2 悬挂圆盘耙

1. 悬挂架；2. 耙架；3. 后耙组；4. 前耙组

圆盘耙按耙的重量除以耙片数所得平均机重可分为重型、中型和轻型三种。重型耙适用于沼泽地、生荒地及其他黏重土壤的补充整地，中型耙用于较黏重的土壤或壤土地以耙代耕，轻型耙多用于轻质土壤。

圆盘耙主要由耙组、耙架、偏角调整装置、牵引或悬挂装置等组成。牵引圆盘耙上还装有运输轮及其起落机构等。

耙的调整主要分为耙深调整和偏置量调整，耙深调整是通过调整偏角实现的。有时为了不同作业要求，需要调整偏置量(耙组中心偏离拖拉机中心的横向距离)，此时可将前后耙组同时相对耙的机架，向左或向右移动相等距离，但为了达到新的平衡，需要重新调整耙组的偏角。

按圆盘耙耙组的排列(图 6-28)，圆盘耙又可分为单列耙、双列耙、对置耙和偏置耙。单列耙目前很少使用。对置式圆盘耙的侧向力由左右耙组互相平衡，耙组调整方便，工作平稳，便于左右转弯。但由于后列耙组都向内翻土，耙后中间有埂，两侧有沟。偏置圆盘耙，耙后地面平整，无沟埂，目前广泛应用。但由于耙组非对称排列，侧向力不宜平衡，调整比较困难，作业时只宜单向转弯。左偏置耙，宜右转弯；右偏置耙，宜左转弯。

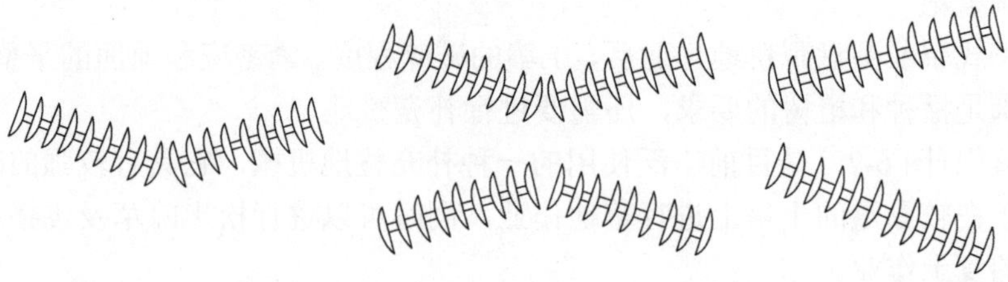

(a) 单列对置耙　　(b) 双列对置耙　　(c) 双列偏置耙

图 6-28　圆盘耙耙组的排列

2) 圆盘犁

圆盘犁(图 6-29)与铧式犁一样是属于土壤耕作机械的一个类型，因此，它具有切土、碎土和翻土性能。圆盘犁与铧式犁相比，不易被杂草、灌木和其他纤维物质堵塞。此外，圆盘犁耕干燥板结的土地不会像铧式犁那样产生大的土块。由于圆盘犁的滚动切削，在遇到大的障碍物时可以从其上边滚过，所以很适合在采伐迹地和灌木林地进行作业。但在耕潮湿、多草地时一部分垡片杂乱地放在上一犁的垡片上，另一部分回垡落到犁沟中，所以耕后的地必须进行耙地。

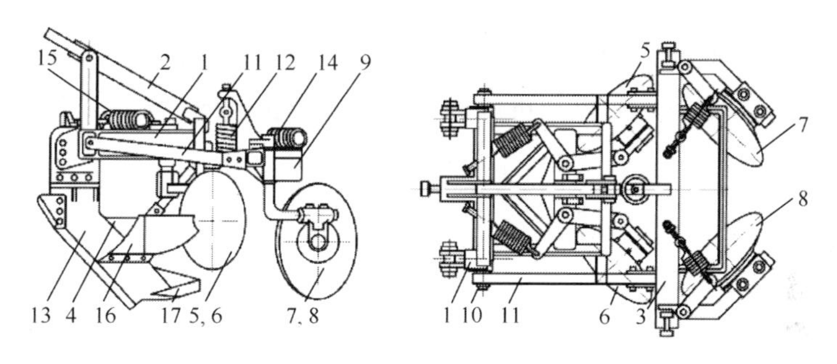

图 6-29 林业悬挂式圆盘犁

1. 前机架；2. 挂接装置；3. 后机架；4. 地皮剥除器；5、6. 前列球面圆盘；7、8. 后列球面圆盘；9. 加重箱；10. 轴颈；11. 纵拉板；12. 弹簧；13. 直犁刀；14. 后缓冲弹簧；15. 前缓冲弹簧；16. 草皮翻除器；17. 松土铲

由于圆盘刃口入土阻力比较大，往往在机器上要加大的配重。

为了使圆盘犁具有较好的切土和翻土性能，故其工作圆盘工作时，除了具有偏角 α 而且盘面向后成一倾角 β。β 定义为圆盘平面与平行于该水平直径的铅垂面之间的夹角(图 6-30)。一般 $\alpha = 15° \sim 20°$, $\beta = 40° \sim 45°$。因此，一般圆盘犁上有倾角和偏角调整装置。

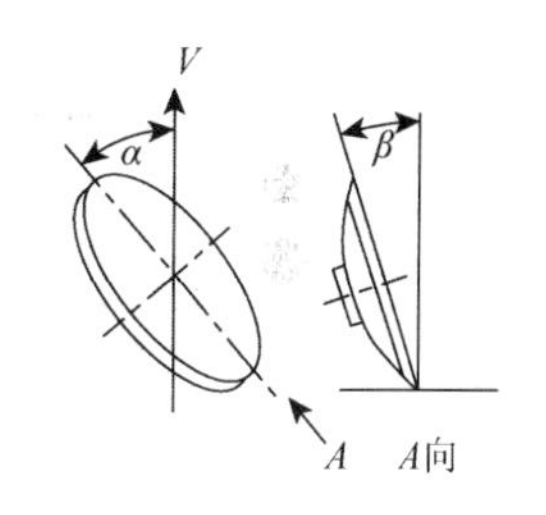

图 6-30 圆盘面的偏角和倾角

圆盘犁按其工作时圆盘旋转的动力可分为动力驱动型圆盘犁和随动型圆盘犁。前者一般由拖拉机动力输出轴驱动；后者靠工作时拖拉机的拉力和土壤阻力转动。

圆盘犁是由一系列倾斜圆盘组成的，它们分别安装在机架上，所以它们的调整是单独完成的。由于圆盘犁的入土比较困难，除了增加配重还可以用减小倾角的办法来增加入土能力，如果入土并不困难则采用较大的倾角，这将有利于翻转上垫，尤其在黏重土壤条件下工作，更需要大的倾角。

图6-29为林业悬挂圆盘犁，可用于杂草较少的新的采伐迹地上进行台状整地。如果伐根较多，则需带状清林。林业圆盘犁由前、后机架，地皮剥除器，前、后

列对置球面圆盘和加重箱等组成。地皮剥除器和前列球面圆盘安装在前机架上，后列球面圆盘和加重箱安装在后机架上，后机架利用纵拉板铰接在前机架上的轴颈上。

前、后列球面圆盘利用拐轴铰接在机架上，拐轴利用缓冲弹簧拉紧，使球面圆盘处于工作位置。圆盘碰到伐根等障碍物时，缓冲弹簧被拉伸，圆盘在水平面内转动，减小偏角，保护圆盘不受破坏。圆盘的偏角可用调节螺丝改变拐轴的位置进行调节。

作业时，草皮剥除器和前列球面圆盘将草皮与枯枝落叶剥下并推向两侧，松土铲将剥除地皮的生土带中间的部分耕耘，再由后列两个球面圆盘，将土壤推向中间、形成高台，两侧形成排水沟。在中间形成的高台上可以播种和栽植苗木。在排水后的轻质土壤上，后机架可以拆下，进行带状整地。

6.4 育苗机械

6.4.1 作床机

1. 作床机的一般构造

作床是一项繁重和季节性很强的作业。林业技术对作床的要求是苗床整齐、床面土壤松散、土壤颗粒均匀、肥料和土壤搅拌均匀、床面平整适于机械化播种。

作床机分为牵引式和悬挂式两种。根据机器的作业内容可分为只完成作床一种作业的作床机和同时完成数种作业的多种工序联合作业机，如同时完成整地、作床的整地作床联合机和同时进行施肥、旋耕和作床的联合机等。

作床机的主要部分为步道犁和床面控形器。图 6-31 为牵引式作床机的构造简图。作床机由机架、步道犁、平床板、升降机构、深度指示器、平床板转动机构、划印器、前轮、后轮、牵引板和座位等组成。步道犁有左右两个，是作床机的主要工作部分，用于挖出苗床中间的步道，并将土壤翻到床面上。步道犁由犁铧、左翻土犁、右翻土犁和支柱组成。犁壁的下边缘与地面所成角度和苗床边坡的倾角一致。平床板用于平整床面，由钢板和两个支柱组成。

为了不使土壤自平床板上边落到平床板后方，平床板的工作面做成圆筒形。平床板用螺丝固定在两个支柱上，支柱固定在机架的夹套中，支柱在夹套中的上下位置可以调节。中间右侧平床板上装有转动翼板，利用手杆可以改变翼板的倾斜角度。当中间两个平床板堆积的土壤过多时，可以利用手杆转动翼板，将堆积土壤放成小土堆。机架上的深度指示器可以自动地指示出作床的高度。两个步道犁和四个平床板过去后便开出两个步道、中间形成一个完整的苗床，两侧形成两个半苗床。

图 6-32 为悬挂式作床机。它由传动轴、悬挂架、步道犁、变速器侧边链轮箱、

卧式旋耕器及其罩壳、成形器和划印器等组成。由于该机有变速器，因此它能悬挂在不同动力输出轴转速的拖拉机上。

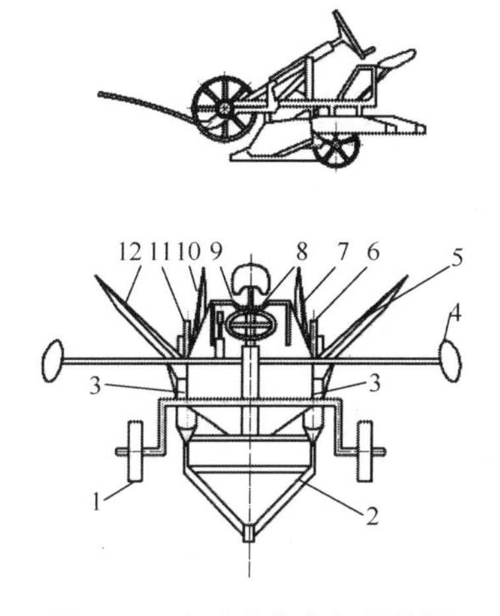

图6-31　牵引式作床机结构图

1. 行走轮；2. 牵引板；3. 步道犁；4. 划印器；5、7、10、12. 平床板；6、11. 支持轮；8. 升降轮盘；9. 平床板转动手杆

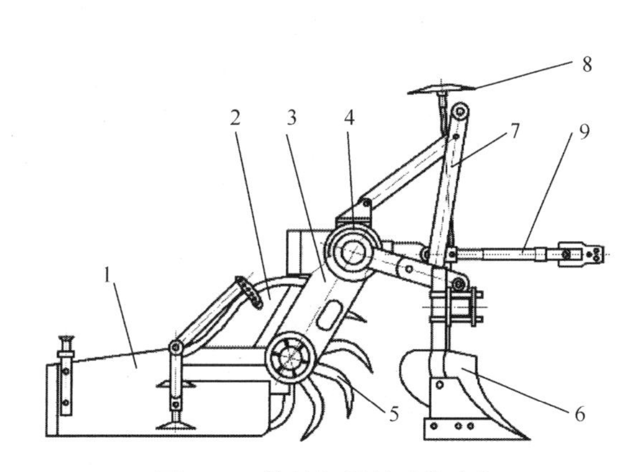

图6-32　拖拉机悬挂式作床机

1. 成形器；2. 机罩；3. 侧边传动箱；4. 变速器；5. 旋耕器；6. 步道犁；7. 悬挂架；8. 划印器；9. 万向轴

左、右向步道犁用 *U* 形螺栓固定在机架横梁上，拧松螺帽后，便可调节步道犁的位置，以适应各种苗床高度及宽度的要求。步道犁把两侧的土壤翻到中间，犁沟形成步道，中间堆起部分便是苗床。旋耕器将苗床的土壤进行粉碎。旋耕器由拖拉机动力输出轴驱动，转速与一般旋耕机相同。被松碎的床面土由苗床成形器筑出规定的尺寸。划印器的长度要根据床宽和拖拉机轮距尺寸进行计算，以指示拖拉机的行驶方向，保证苗床有准确的间隔距离。

作床机每个行程形成一个完整的苗床，在未作床的一侧地面，形成半个步道。

2. 步道犁的设计

步道犁的设计方法与犁体工作面的设计方法基本相同。

步道犁在作床时要将地面下的一部分土壤翻起，形成步道，并将土壤翻到床面上，形成床面。为了保持床面平整，自地面下方翻出土壤的体积应与堆放在床面上的土壤体积相等，因此步道犁的入土深度必须适当。如果步道犁的入土深度不足，翻出的土壤便不能填满床面，使床面不能保持平整，或达不到苗床规定高度。深度过大，由于挖出的土壤过多，成形器前方将堆积过多的土壤，使苗床形成不规则，并增加了工作阻力。为了使苗床侧坡保持稳定，苗床侧坡与水平面间的夹角必须不大于土壤的自然休止角，土壤的自然休止角一般为45°～50°。

1) 步道犁的高度

设苗床侧坡的坡度系数为 φ，苗床高度为 h，由图 6-33 的△ACK 可知：

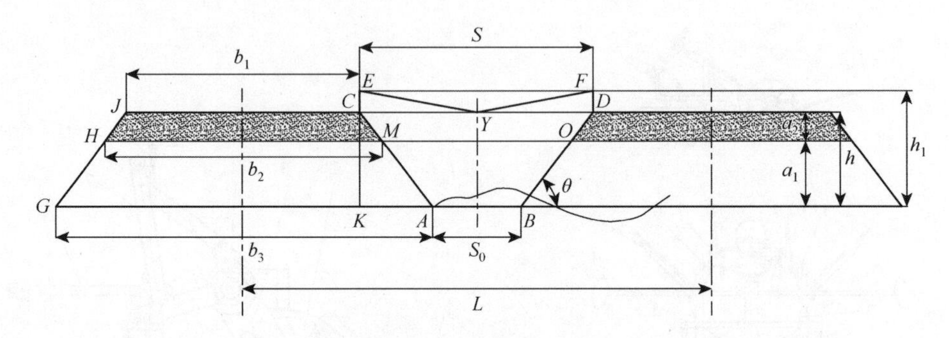

图 6-33　步道犁的正视图

b_1. 苗床床面宽度；b_2. 苗床在地面处的宽度；b_3. 底床宽度；S_0. 步道宽度；h. 床高；a_1. 步道犁入土深度；a_2. 床面堆土厚度；h_1. 步道犁侧边高度；θ. 侧边倾斜角；L. 苗床中线间距离；S. 步道犁两侧最高点之间的宽度

$$\varphi = \frac{KA}{CK} = \frac{KA}{h} = \tan\theta, KA = \varphi h$$

床底宽度 $GA = b_3$，可用下式算出：

$$GA = CJ + 2KA$$

$$b_3 = b_1 + 2\varphi h \tag{6-31}$$

式中，b_1 为床面宽度，设步道宽度为 S_0，则苗床中线间距离 L 为

$$L = b_3 + S_0, L = b_1 + S_0 + 2\varphi h$$

由上式可求得床高 h 为

$$h = \frac{L - b_1 - S_0}{2\varphi} \tag{6-32}$$

在工作速度较低的作床机上，步道犁的高度可以和苗床的高度相等。但由于步道犁工作面贴土和土壤膨松等，如果步道犁上边缘高度与苗床高度相等，土壤可能从步道犁的上边缘落在步道中。为了防止上述现象，步道犁工作面两侧的高度要比中间处的高度大一些，中间处的高度一般采取与苗床等高，两侧高度 h_1 用下式计算：

$$h_1 = (1 + \mu)h \tag{6-33}$$

式中，μ 取 0.1～0.3。

2) 步道犁的宽度

由图 6-33 可见，步道犁在距步道底 Y 处的宽度 S 为

$$S = S_0 + 2\varphi Y$$

步道犁两侧最高点之间的宽度，即 $Y = h_1$ 处的宽度 S 为

$$S = L - b_1$$

$$S = S_0 + 2\varphi h \tag{6-34}$$

3) 步道犁的入土深度

根据步道犁所挖出的土壤容积应与堆集在地面上的土壤容积相等的要求确定步道犁的入土深度。在图6-33中以水平线 HMO 为地面线，则梯形面积 $JCMH$ 内的土壤应与梯形面积 $MOBA$ 中的土壤相等。但由于梯形面积 $MOBA$ 中的土壤在挖出和翻转过程中要发生松散，所以容积要有所增大。设苗床堆土厚度为 a_2，则步道犁的入土深度为 $h-a_2$，土壤的膨松系数为 ε，根据面积相等的关系：

$$\frac{JC + HM}{2} a_2 = \frac{MO + AB}{2} (h - a_2)\varepsilon$$

将 $JC = b_1$; $HM = b_2$; $MO = L - b_2$; $AB = L - b_3$ 代入则得

$$(b_1 + b_2)a_2 = (L - b_2 + L - b_3)(h - a_2)\varepsilon \tag{6-35}$$

由于 $$b_3 = b_1 + 2\varphi h \quad b_2 = b_1 + 2\varphi a_2$$

故 $$b_1 + b_2 = 2(b_1 + \varphi a_2),\ b_2 + b_3 = 2(b_1 + \varphi a_2 + \varphi h)$$

代入式(6-34)： $$2(b_1 + \varphi a_2)a_2 = [2L - 2(b_1 + \varphi a_2 + \varphi h)](h - a_2)\varepsilon$$

按 a_2 排列： $$\left(1 - \frac{1}{\varepsilon}\right)\varphi a_2^2 - \left(L + \frac{b_1}{\varepsilon} - b_1\right)a_2 + (L - b_1 - \varphi h)h = 0$$

由此方程度可求得

$$a_2 = \frac{\left(L + \frac{b_1}{\varepsilon} - b_1\right) + \sqrt{\left(L + \frac{b_1}{\varepsilon} - b_1\right)^2 - 4\left(1 - \frac{1}{\varepsilon}\right)(L - b_1 - \varphi h)\varphi h}}{2\varphi\left(1 - \frac{1}{\varepsilon}\right)} \tag{6-36}$$

6.4.2 林业播种机

1. 林木种子的特点和林业技术对播种机的要求

不同林木种子的几何尺寸、绝对重量、容重和流动性等均有很大差别。在确定播种机各工作部分的结构形式和结构尺寸时必须考虑到这些特点。

排种装置的一些尺寸参数，如排种槽轮和穴轮的几何尺寸，排种口的大小，采用上排还是下排等都要根据种子的尺寸来决定。种子的绝对重量和容重则是决定种子箱容积和排种装置与调节装置的依据。同一树种的种子的几何尺寸和重量等力学性质，由于树木生长地点、采种时间和气候条件的不同也有所不同。当然不同树种种子的几何尺寸和重量的差别就更大了。例如，柞树和拌树种子的尺寸为桑树种子相应尺寸的 15～25 倍，柞树种子的重量与桦树种子的重量相差更为悬殊。种子的含水量不同和播种前的处理方法不同，其重量和容重的变化也很大。经过沙藏、水浸的种子都要膨胀，重量也增大，翅果的重量增大 1.7～2.6 倍，核果则增加 1.2～1.4 倍。

对排种装置影响最大的因素是种子的流动性。排种装置的型式、种子箱底部排种口的形状和大小、种子箱是否需要搅动器等，都要根据种子的流动性来决定。流动性好的种子可以靠自身重量自种子箱流向排种装置，流动性差的种子就必须采用不同形式的种子搅动器。种子由高处落到水平面上时会形成一个圆锥，锥面与水平面间的角度 ψ 称为种子的自然堆角。

种子的流动性可以用自然堆角表示。根据种子自然堆角 ψ 的大小，可将种子分成四类：$\psi \leqslant 26°$的种子为高流动性种子；$\psi = 28°$～$40°$的种子为流动性种子；$\psi = 42°$～$50°$的种子为低流动性种子；$\psi = 70°$～$90°$的种子为非流动性种子。例如，槭、桦、榆和云杉等带翅种子的自然堆角为 80°～90°，属于非流动性种子。大多数不带翅的种子的自然堆角为 30°～36°，属于流动性种子。有些流动性种子经过处理后变成非流动性种子，有些种子则相反。例如，流动性种子经过沙藏处理后，流动性变差，成为非流动性种子，而非流动性的带翅种子经过除翅处理后，自然堆角减为 32°，成为流动性种子。阔叶树种子的除翅要比针叶树种子的除翅困难得多。例如，槭树种子经过除翅处理后，只能成为低流动性的种子。由此可见，阔叶树种子经过除翅处理后，其流动性仍得不到很大的改进。经过沙藏和水浸等处理的除翅种子大都变成非流动性种子。所以阔叶树种子除翅与否对改善流动性方面影响不大。因此，林业用播种机必须既能播流动性的种子，也能播非流动性种子。

林业技术对播种机的播种方法、播种量、种子的分布和极土深度等方面的要求如下。林业苗圃中所采用的主要播种方法为带内外行距不相等的带状播种。一般带内的行间距离是相等的，相邻两个带的两侧行的行距比带内行距大。每行的苗行宽为 2～4cm。近来开始采用苗行宽度达 20cm 的宽行播种。宽行播种与窄行播种相比具有许多优点：种子在较宽的沟底上的分布较在窄小的沟底的分布更为均匀，有效利用的面积大，生长后的苗木可以防止地面水分的损失，也可防止杂草的生长，因而可以减少人工除草的工作量。采用宽行播种可使每公顷的出苗量比窄行播种的增加 1～2 倍。确定播种方法时必须考虑下列各项。

有效地利用土地面积，能够采用机械进行播种、中耕和起苗。

种子的播种量根据种子的几何尺寸、质量和发芽率等确定。

播下的种子由于各种原因会有一部分不能发芽，长出的幼苗也有一部分死亡，所以种子的播种粒数要比出苗数大。例如，柞树的播种量为出苗数的 3～4 倍，松树为5倍，桦树则为350倍。经过沙藏和除翅处理的种子由于重量发生变化，所以其播种量也要适当地改变。

在种子和沙或肥料混拌播种时，必须根据实际种子量来计算播种量。

为了给种子创造良好的发芽环境，播下的种子必须进行覆土。在无结构的黏质土和城土上由于土壤表层容易形成板结层，种子幼芽难以生长，在这种情况下就不能用土壤来埋覆种子，而采用腐殖土、泥炭土和沙等进行覆种。种子的覆土深度要根据树种、土壤气候条件和播种时间来决定。在轻质土上的覆种深度要比重质土的覆土深度大一些，湿度大的土壤的种子覆土深度要比湿度小的浅一些。埋土过深，种子不容易出土，过浅则种子上面土壤的水分损失过快，不利于种子发芽生长。一般小粒种子的覆土深度为0.5～1cm，中粒种子为2～4cm，大粒种子为6～8cm。

综上所述，播种机的林业技术要求可归纳为下列几项。

(1) 播种机应能播种大、中、小粒的、流动性和非流动性的以及带翅的种子。排种装置必须能适应未经处理的干燥种子和经过沙藏、水浸等处理的种子。在播小粒种子时还必须考虑到混沙和混肥的问题。

(2) 播种机必须能按条播和穴播等不同方法进行播种。苗行必须保持直线状，在以后的中耕除草和起苗的作业中能够使用机械。

(3) 种子在苗行内的分布必须均匀，播种量保持不变。

(4) 排种装置不许损伤种子，能够根据要求调节播种量。

(5) 种子的覆土深度能够根据林业技术要求进行调节，而且保持均一。

(6) 应有覆沙部分。

林业常用的播种方法有条播、点播和撒播。可根据树种及林业技术要求采用不同的播种方法。

(1) 条播。将种子成行播入土中的方法称为条播。适用于中、小种子。条播的优点是苗木有一定的行间距，便于机械化抚育管理，起苗操作比较方便，所以是应用最广泛的播种方法。适用于条播的播种机称为条播机。

(2) 点播。在播种行内数粒种子按一定株距集中在一个穴内的播种方法称为点播。一般用于大粒种子的播种，具有条播的优点，但产量较低。

(3) 撒播。将种子均匀地撒于圃地，用于撒播极小粒种子，如杨、柳、桉树等。主要优点是苗木产量较高，但不便于田间管理。

2. 播种机的类型和一般构造

根据播种机与拖拉机间的连接方式的不同可以将播种机分为拖拉机牵引式、拖拉机悬挂式和自走式三种。拖拉机悬挂式与自走式、牵引式相比有许多优点。同样工作幅的悬挂式播种机的重量为牵引式播种机的1/2左右，它结构紧凑，尺寸小，机动灵活性大，不需要很大的回转地带。根据播种方法则可分为条播机、撒播机和精密播种机等。

种子箱用于容纳种子，种子由种子箱中的排种装置均匀地排向导种管。开沟器在地上开出一定深度和宽度的下种沟。由导种管流下的种子落在下种沟中以后，由装在开沟器后方的覆土装置覆土埋种。如果播种后需要覆沙，播种机上还要装上沙箱，如需要施化肥则可以装上化肥箱和排肥装置。

随着精密播种技术的发展，近年来出现了推式精密少量播种机，其结构简单，操作方便，性能可靠。具有节约良种、提高生产率和苗木质量，降低育苗生产成本等特点。播种均匀，可节约良种 20%～40%，当年就可收回成本，是理想的中小型苗圃播种机具。

3. 播种机的关键部件

1) 种子箱

播种机在工作时要在苗圃中不断地移动，所以播种机的种子箱要能容纳足够数量的种子，一般播种机的种子箱所容纳的种子应能供 1.5～2 小时的播种用。

种子箱底出种孔的大小、形状和位置对于种子的流出有很大影响，种子由孔流出时，在孔的上方便形成一个种子柱形移动区，随着种子的流出，移动柱形区中的种子逐渐减少，减少后所形成的空间将由柱形区外侧和上方，而主要是上方的种子来补充。在种子移动区内，种子按不同的运动轨迹运动，运动轨迹上各点的切线与水平线间所成角度也是不相同的。位于柱形移动区纵轴上的种子，当种子开始流动后其长轴便转到与水平方向成直角的位置。移动区中其他地方的种子的长轴在移动中逐渐与运动轨迹的切线方向一致。根据种子相对于种子柱形移动区的不同位置，可以分成三个区域。位于排种孔外侧，在以种子自然堆角为倾斜角的倒圆锥面下面的种子为一个区域。这个区域内的种子在种子自排种孔流出时保持不动，这个区域称为不动区域。位于排种孔外侧、高于上述倒圆锥面的种子，在种子流出时，不停地流向种子柱形移动区，补充其中的空隙。位于柱形移动区上方的种子，当种子柱形移动区内的种子自排种孔流出时不停地下降而成为移动区，这个种子区域的高度依种子箱内的种子量而定。

当种子箱中的种子面降到低于排种孔上方种子柱形移动区高度以下时，种子面便出现一个以排种孔四周的垂直线为纵轴的漏斗。漏斗的上直径随种子的流出而增大，当漏斗的表面与不动区域的表面互相重合时，种子便停止流动。

排种孔面积 F 与流量 q 之间有一定的关系。一般情况下，F 在某一定限度内增加时，q 也逐渐增加。种子的内部摩擦越小，即种子的流动性越大，q 越大。种子开始停止流动时的最小孔面积 F 依种子的物理力学性质而定。根据试验资料，在出口面积相等时，圆形孔的种子通过性最大。

知道种子通过圆形孔的单位流量时，便可根据等价直径算出流量 q 相同的其他形状孔的尺寸，设 D、F_k、S_k 分别为圆形孔的直径、面积和圆周长度；a、b 分别为矩形孔的边长，单位为 mm；F 为矩形孔的面积，单位为 mm；S 为矩形孔的周长，单位为 mm。

则
$$\frac{F_k}{S_k}=\frac{F}{S},\frac{D}{4}=\frac{F}{S}$$

故
$$D=\frac{4F}{S}=\frac{4\cdot a\cdot b}{2(a+b)}=\frac{2ab}{a+b} \tag{6-37}$$

根据试验资料，种子箱中的种子面高度 H 对 q 值没有影响，孔壁厚度 h 增加时，q 值则减少。

如果排种孔开在种子箱的前壁或后壁上，则种子的流出要困难些。当排种孔平面与水平面间的倾角大于 30°时，种子几乎不能流出。当种子箱底板用木板制造时，排种孔要有 45°的斜棱。

排种口的尺寸可用下式计算：

$$F=\frac{V_c}{\omega\cdot f} \tag{6-38}$$

式中，V_c 为每秒通过排种口的种子流量，单位为 cm^3；ω 为种子通过排种口的流速，单位为 cm/s；F 为排种孔面积，单位为 cm^2；f 为种子流分布的系数。

计算时，V_c 要根据最大粒种子的最大播种量计算，在播播种量较小的种子时可以将排种孔关闭一部分。种子的流出速度要根据排种孔的形状和种子的种类来确定，流动性种子的 ω 可取 3～6cm/s。

种子箱的容积按下列步骤计算。设 L 为装种一次所要走的距离，单位为 m；B 为播种机的工作幅，单位为 m；Q 为每公顷的播种量，单位为 kg/hm^2；γ_0 为种子的容重，单位为 kg/m^3；种子箱的容积为 V，则

$$V\gamma_0=\frac{Q}{10000}LB$$

故
$$V=\frac{QLB}{10000\gamma_0} \tag{6-39}$$

为了使播种量保持均匀，种子箱中要留下 10%～15%的种子，所以：

$$V=\frac{(1.1\sim1.5)LBQ}{10000\gamma_0} \tag{6-40}$$

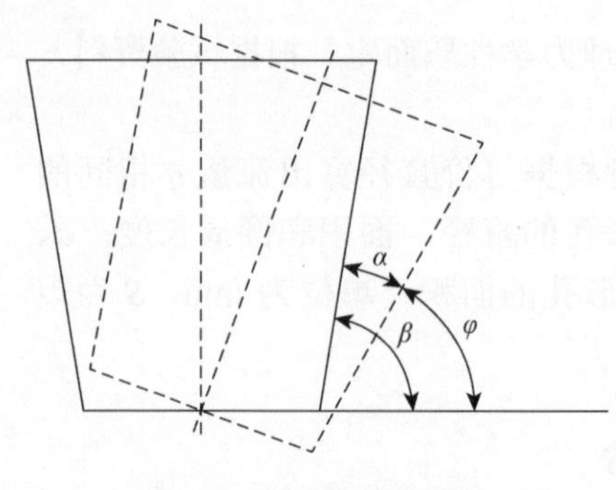

图 6-34　箱壁的倾斜角

种子箱前后壁的上部一般都是垂直的，下部则向内倾斜，减少箱底的宽度，以减少残留在箱中的种子。箱壁的倾斜角必须满足下列条件(图 6-34)。

种子箱壁的倾斜角度

$$\beta > \varphi + \alpha \tag{6-41}$$

式中，α 为播种机的倾斜角；β 为种子箱壁与箱底间的倾斜角；φ 为种子对箱壁的摩擦角。

2) 排种装置

排种装置的功能是将种子按规定的播种量均匀地排出。根据排种装置的工作原理可以将排种装置分成机械式、气力式和气力机械式三类。

(1) 机械式排种装置。该装置种类很多，与农业机械的排种装置有很多相同之处，图 6-35 为各种机械式排种装置的结构示意图。

外槽轮式排种装置使用得最多，它结构简单，排种量容易调节。种子箱中种子面高度、工作速度和播种机的振动对排种量的影响不大，地面起伏稍有影响。外槽轮排种装置的最大缺点是种子流不均匀。

内凸轮式排种装置的工作过程是：种子箱中的种子靠重力流进排种杯中，内凸轮转动时利用内凸轮的内圆将种子带出，当带到一定高度后，种子落下进入导种管中。

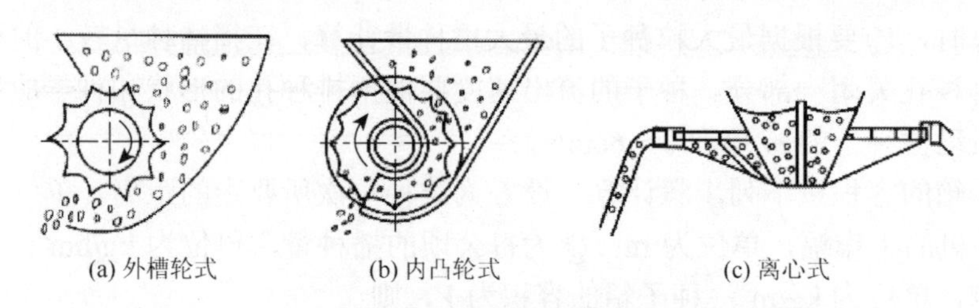

(a) 外槽轮式　(b) 内凸轮式　(c) 离心式

图 6-35　机械式排种装置

离心式排种装置由旋转的种子分配圆锥和各种排种量调节部分组成。排种量调节部分分别是螺旋片式、槽轮式、输送带式和量孔式。旋转圆锥的大端向上，落入其中的种子，在离心力的作用下沿内锥面上升，然后甩落到圆锥大端周围的接种斗中。种子箱中的种子由螺旋推进器推出，经漏斗落到旋转的锥形筒中。锥形筒的外锥面上装有叶片。在离心力的作用下锥形筒的种子沿锥筒的内锥面上升。锥形筒旋转时外锥面叶片便产生气流，此气流则将由锥筒上端甩出的种子带走，并输送到开沟器。

⑵振动式排种装置。该装置是最近出现的，是一种很有发展前途的排种装置。流动性种子和非流动性种子在振动的作用下都可以像具有一定黏度的液体一样，具有一定的流动性。利用这种原理便可使种子自排种口均匀地流出。可以采用电磁力、机械力、油压和气力产生振动。图6-36为各种不同结构的振动式排种装置。

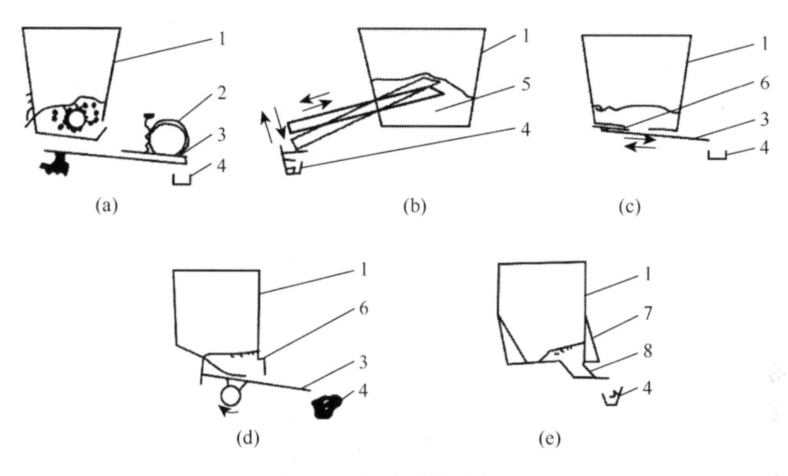

图6-36 振动式排种装置

1. 种子箱；2. 棘轮；3. 排种槽；4. 漏斗；5. 管；6. 闸门；7. 吊架；8. 排种量调节器；

图6-36(a)的振动式均种装置是与刷式排种装置配合使用的，刷式排种装置排出的种子流经过振动装置可以改进均匀性。振动式均种装置由三角形的导种槽、弹簧和棘轮组成。导种槽一端铰连在机架上，另一端由弹簧拉紧，使之靠在棘轮上。棘轮旋转时便使导种槽作上下振动。由刷式排种轮排出的脉波状种子流，通过导种槽时便成为连续均匀的种子流。导种槽的每秒振动数可取0.5～1.1。

图6-36(b)为梭式振动装置，主要工作部分为一倾斜圆管，一端插入种子箱中，另一端伸在箱外。行走轮通过带孔圆盘、滚轮和杠杆机构带动圆管作上下摆动与轴向往复运动。为了使种子容易进入圆管，圆管内端削成45°斜面。种子经摆动的圆管流出时便形成均匀不断的种子流。

图6-36(c)所示振动式排种装置由种子箱和振动导种槽组成，利用闸门改变种子排出孔的大小来调节排种量，导种槽的倾角为8°，每秒的振动次数为27次。倾角也可以改变。

图6-36(d)的振动部分是弹性悬臂杆，杆的一端固定有三角形的导种槽和振动器。排种口用闸门调节。导种槽的下倾角比种子对导种槽的摩擦角小，种子沿槽面不能自行滑下。当振动子带动悬臂杆作高频振动时，槽面上的种子经常处于悬

浮位置。导种管的倾角变化时，排种量也随之改变，这是导种槽式振动排种装置的一个缺点。

图 6-36(e)的振动式排种装置使整个种子箱振动，排种量利用改变排种间隙的方法调节。振动式排种装置排种均匀，可以适应各种不同物理力学性质的种子，伤种率小，某些装置还不受地面倾斜的影响。

气力式排种装置一般用于单粒播种。工作部分是一个具有许多孔的圆筒。利用吸气机使圆筒中产生低压，当圆筒在种子箱中转动时，种子被吸到圆筒内，并随筒内负压的消失，种子借自重从导种管落入沟内。图 6-37 为气力式排种装置的简图。气力机械式排种装置是利用机械式排种装置排种再利用气力将排出的种子送向开沟器。

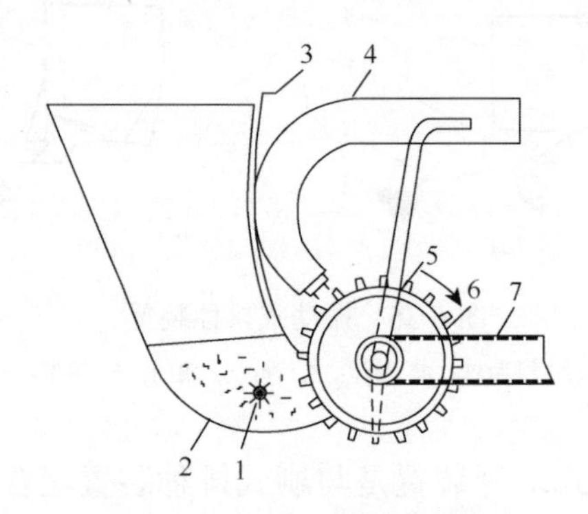

图 6-37　气力式排种装置

1. 搅动器；2. 种子箱；3. 闸门；4. 联接管；5. 吸种孔；6. 圆筒；7. 传动装置

3) 导种管

导种管用于将排种装置所排出的种子导向开沟器，它对播种机的播种质量有很大的影响。排种装置排出的种子流多为脉流式，当脉流式种子流通过导种管时，由于种子与导种管内壁发生多次碰撞，使脉流式种子流的均匀性得到改善。在工作时由于开沟器要常常升到运输位置，开沟器与排种装置之间的距离是常常改变的。选择导种管的制造材料和结构形式时必须考虑这一点。另外，当播种行距改变时，开沟器的位置要相应地改变。因此，导种管与排种装置之间采用活铰联接，导种管能够前后左右摆动。导种管必须有足够的断面积，使种子能自由通过。在结构上导种管应有伸缩性和可挠性。

卷片式导种管用弹性钢片制成，伸缩性和挠性大，重量轻，但修理困难(图 6-38)。漏斗式由许多漏斗用链条连接而成，弹性和挠性均不大，一般多用在联合播种机上。橡胶管式重量轻，构造简单，成本低，弹性也好，但挠性有一定限度，且怕热怕冻，易于硬化和变形。套管式由数个粗细不等的圆管套接而成，可以摆动，有伸缩性，种子易于通过，但当泥土进入套管联结处时容易塞住而失去摆动性。橡胶波纹管式和塑料软管式的挠性大，重量轻。

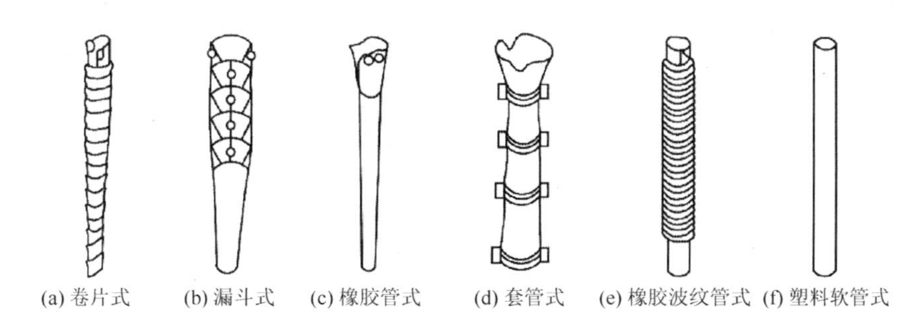

图6-38　导种管

播种机采用哪一种结构的导种管要根据种子的物理力学性质，种子的流动性和排种装置与开沟器连接线的倾斜角度等确定。漏斗式导种管适于播流动性差的种子和化学肥料。由于漏斗在工作中不停地摆动，可以防止种子和肥料附着在导种管的内壁上。排种装置与开沟器的连线倾斜角 $\beta=10°\sim15°$时，采用卷片式导种管可以保证播种质量。为了不破坏排种均匀度，导种管自垂直方向的斜角不应大于30°。根据试验资料，中、小粒种子用导种管的最小断面直径为30～40mm。导种管一般上端大，下端小。

6.4.3　起苗机

起苗作业包括将生长有苗木的土壤切开，使土壤松碎，将苗木拔出，抖掉根上的土壤，将苗木捆成束，装入箱中等工序，也可以不捆束，将苗木直接装入箱中或袋中。根据起苗机完成上述工序的多少，可以分成简单起苗机和复式起苗机两类。简单起苗机只完成挖土和松土两种工序，拔苗、抖土、捆苗和装箱等工序由人工进行。复式起苗机除挖土和松土以外还完成其他后续工序。不同的复式起苗机所完成的后继工序有多有少。根据对苗木成活率的研究，缩短由起苗到植树之间的苗木根系的暴露时间和减少操作程序可以提高苗木的成活率。在这个研究的基础上出现了装袋式或装箱式复式起苗机。这种起苗机的拔苗输送装置将苗木自土中拔出并抖下土壤后，立即直接装入袋中或箱中。也有的起苗机在装箱前进行选苗。这种起苗机在机架上设一选苗台，选苗台位于苗木输送器后方，为一宽幅水平输送带。当苗木由选苗输送带向后输送时，站在选苗台两侧的选苗员便将苗木分类，然后装箱。

起苗刀的挖土和松土情况对起苗质量有很大影响，如果挖土和松土的效果不好将会增加拔苗阻力，甚至出现苗木根部被拉断的现象。为了提高挖苗刀的松土效果和减少阻力，一些起苗机上采用了振动式挖苗刀。挖苗刀由拖拉机动力输出轴带动作小振幅振动。装有拔苗输送带的起苗机上多采用敲打式抖土装置。效果较好的一种是长板式。长板式敲打板装在苗木输送带下方，苗木根部的侧方，由拖拉机动力输出轴或液压马达经传动机构带动作横向振动，将苗木根系的土壤敲下。在起苗机上还可以装上喷水装置，在装箱时向苗木根部喷水，保持根部湿润。

1. 起苗机的分类

(1)根据起苗机完成上述工序的多少，可以分成简单起苗机和复式起苗机。简单起苗机只完成挖土和松土两种工序，拔苗、抖土、捆苗和装箱等工序由人工进行。复式起苗机除挖土和松土以外还完成其他后续工序。不同的复式起苗机所完成的后续工序有多有少。

(2)根据作业方式分为床作式起苗机和垄作式起苗机。

(3)根据与拖拉机挂接方式分为悬挂式起苗机和牵引式起苗机。

2. 林业技术对起苗机的要求

(1)挖苗深度和宽度应满足根系长度与数量的要求(一般播种苗起苗深度18～25cm，插条苗更深一些)。

(2)挖苗深度要稳定一致。

(3)起苗后根部土壤要松碎，以便拔苗。

(4)不得损伤苗木，根部无撕裂现象。

3. 起苗机的一般组成

(1)简单起苗机主要由挖苗铲、机架、悬挂架等组成。

(2)复式起苗机除了上述结构外还有碎土装置，采用高度调节的应设限深轮。

现介绍几种典型的起苗机。如图 6-39 所示，此起苗机是由苏联研制出来的起苗机具，型号为 BBM-1 型联合起苗机。该机器主要由机架、行走轮(两个)、牵引轮、操纵机构、传动机构、挖掘拣收机构等组成。挖掘拣收机构包括挖掘铲、拣收传送机和条帘式振动机构等。BBM-1 型联合起苗机工作效率高，机械化程度高。适合于高度为 15～50cm，3～5 行，行距为 25～45cm 的实生苗和松树移植苗。

国家林业局哈尔滨林业机械研究所的科研人员经过探索和研究，发明了横格式苗木移植新方法，研制出了符合我国国情的新型苗木移植机，解决了移植密度高时无法满足林区育苗技术规程要求的难题。提高了生产率和作业质量，大大降低苗木生产成本，减轻劳动强度。主要技术性能参数：发动机功率为 9.6kW；生产率为 16～18 千株/h；开沟深度为 15～18cm；移植密度为 160～200 株/m^2；窝根率为≤3%，外形尺寸为 3265mm×1950mm×1580mm。

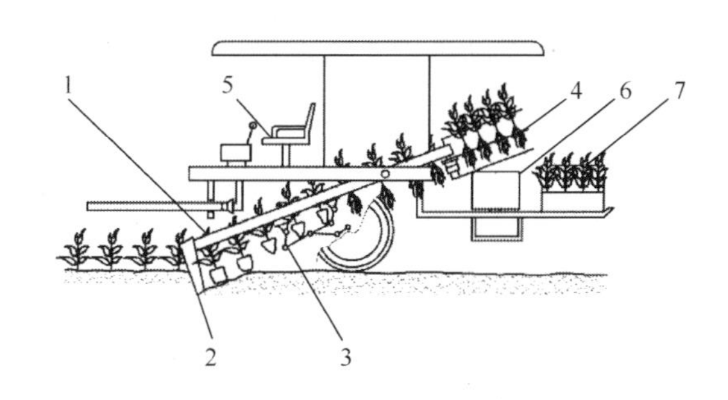

图 6-39 BBM-1 型联合起苗机

1. 投苗输送器；2. 挖苗刀；3. 抖土装置；4. 存苗箱；5、6. 座位；7. 苗箱

如图 6-40 所示是由丹麦 Egedal Maskinfabrik A/S 公司研制的 Type B.O.T 联合起苗机。该起苗机由起苗刀、限深轮、链式输送机、分选台、液压振动器、液压升降机构、工作平台和露天工作室等组成。该起苗机适合起幼苗和小植株，工作效率高，功耗低。

图 6-40 B.O.T 联合起苗机

4. 挖苗装置

挖苗装置是起苗机的主要工作部分。图 6-41 为起苗机的各种挖苗装置。挖苗

装置可以分成固定式和活动式两类。根据挖苗刀的组成可以分为单体式和复合式。图 6-41(a)、(b)、(c)均为固定单体式。在较干的土壤中这种挖苗装置切不断草根，刃部容易缠草，图 6-41(d)型挖苗刀由于采用斜刀刃，草根对刀刃有滑切现象，所以很少产生缠刀现象。复合式的挖苗刀由几部分组成，它的工作面不容易黏土，有较好的碎土性能。固定式挖苗刀的共同缺点是工作阻力较大，工作速度加大时容易拥土。

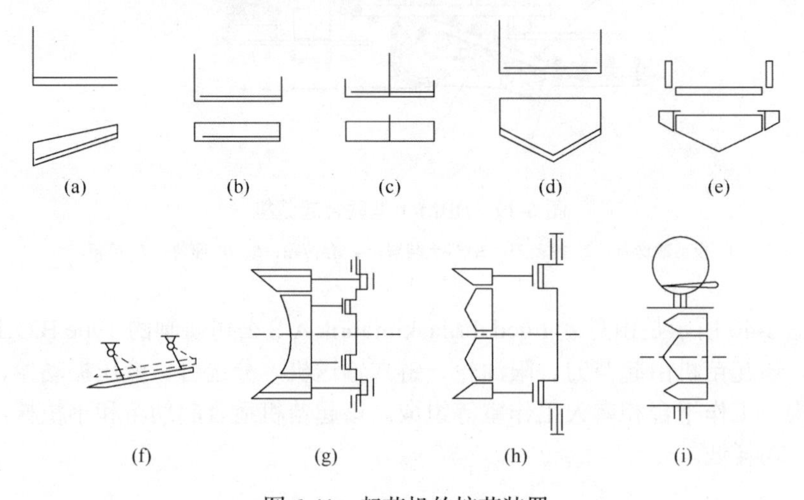

图 6-41　起苗机的挖苗装置

活动式挖苗装置的挖苗刀与机架间有相对运动。挖苗刀上各点的运动由随机架一起前进的牵连运动与相对于机架的相对运动组成。图 6-41(f)的挖苗刀对于机架作平行往复运动，使刀面上的土堡产生强制运动，有自身清除性能。因此这种挖苗装置不易黏土和缠草。这种挖苗装置的缺点是动力学上不平衡。为了消除这种缺点，采用图 6-41(g)所示的结构。图 6-41(h)和(i)是由固定式挖苗刀和活动式侧刀组成的挖土装置。图 6-41(i)的侧刀为转动圆盘。

挖苗刀与水平面间成一定的倾角，为了加强它的碎土作用，刀面应有一定长度。有的刀面采用全面加长，有的采用局部加长，即在挖土刀的后端安装 2～3 个宽度为 2～4cm 的松土板。

挖苗刀刃与前进方向所成角度是影响切土性能的一个重要因素。在工作时为了使一草根对刀刃有滑切现象，刀刃与前进方向所成角度 γ 在理论上应小于 50°～55°。但考虑到挖苗刀强度和减少土壤沿刀面的移动距离，γ 应比 55°大些。

平面固定挖苗刀与水平面的倾角 α 与刀长 L 的关系可用下式计算(图 6-42)：

$$L=\frac{H}{\sin\alpha} \tag{6-42}$$

式中，H 为挖苗刀后端距支持面高度。

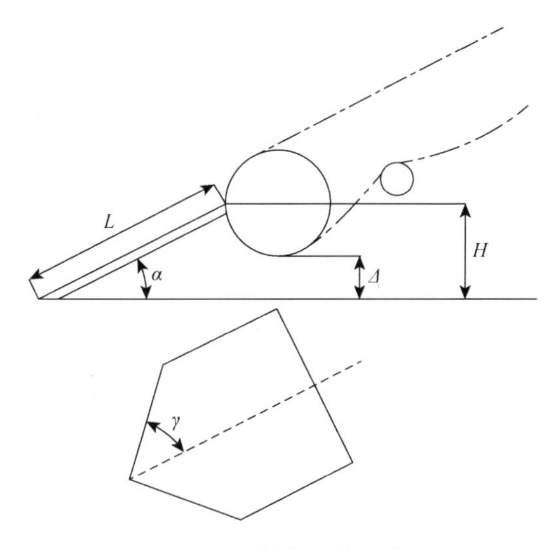

图 6-42 挖苗刀的尺寸

H 值要能使土壤自刀面平滑地过渡到后面的输送部分，并使后面的工作部分能合理地安装。一般 Δ 值不应小于 40mm。

倾角 α 的大小直接影响工作阻力和松土性能。α 太小松土性能降低，根据实验，试验 α 角的最适值为 $\alpha = 15° \sim 20°$。

复习思考题

6-1 营林机械的特点包括哪些？

6-2 营林机械是如何分类的？设计制造要求有哪些？

6-3 林地清理的主要目的是什么？都有哪些主要的林地清理机械？各自的结构特点是什么？

6-4 林业整地机械的作用是什么？主要包括哪几种整地机械？各自的结构特点是什么？

6-5 简述林用旋耕机的工作过程和切土条件。

6-6 简述育苗机械主要类型和各自特点。

6-7 简述拖拉机悬挂式作床机的结构特点。

6-8 简述步道犁的设计方法。

6-9 简述林业起苗机的技术要求。

第7章　起重输送机械

7.1　概　　述

起重输送机械(或物料搬运设备)是指在企业内部进行起重、装卸、搬运、输送、堆码、存储等作业的机械设备总称，是国民经济各部门提高劳动生产率、生产过程机械化不可缺少的大型机械设备，是现代工业生产不可缺少的设备，被广泛地应用于各种物料的起重、输送、装卸、安装和人员输送等作业中，起重运输机械对于提高工程机械各生产部门的机械化，缩短生产周期和降低生产成本，起着非常重要的作用。过去起重输送机械仅分为两类：一是起重机械，包括滑车、千斤顶、起重葫芦等轻小起重设备，各类起重机，电梯等升降机，升船机及闸门启闭机等；二是输送机械，包括各类输送机提升机(含自动扶梯)、给料机，各类装卸机械及叉车，小机车矿车等，其范围与国外基本类似。为了与国际接轨，目前起重运输设备制造业细分为：轻小型起重设备、起重机、生产工业车辆、连续搬运设备、电梯自动扶梯及升降机、其他物料搬运设备等六个行业小类[13]。

7.1.1　起重机械概述

起重机械是通过起重吊钩或其他取物装置起升和移动重物。起重机械的工作过程一般包括起升、运行、下降及返回原位等步骤。起升机构通过取物装置从取物地点把重物提起，经运行、回转或变幅机构把重物移位，在指定地点下放重物后再返回到原位。

起重机械是一种间歇动作的机械，它的工作特征是以周期性重复的、短暂的工作循环来升降和运移物品；每一个工作循环中，它的主要机构作一次正向和反向的运动。完成物品升降运动的机构是起重机械的主要机构，也是基本机构。凡是有间歇性升降运动机构的机械都属于起重机械。

起重机械是现代工业企业中实现生产过程机械化、自动化、减轻繁重体力劳动、提高劳动生产率的重要工具和设备。例如，在港口码头和铁路车站，没有起重机械，装卸工作就不能进行；在冶金生产中，起重机械已用于金属生产的全部过程；现代建筑工程，不能离开起重机械；在农业和林业中，最困难、最费力的工作也由起重机械来完成；在核发电站中，采用特殊的起重机，用以代替人的操作去担当对人体健康有严重危害的作业。

起重机械的工作特点如下。

(1) 吊物一般具有很大的质量和很高的势能。被搬运的物料笨重(一般物料均为几吨以上)、种类繁多、形态各异(包括成件、散料、液体、固液混合等物料)，起重搬运过程是重物在高空中的悬吊运动过程。

(2) 起重作业是多种运动的组合。起重机的金属机构、传动机构和控制装置等机构组成多维运动，大量结构复杂、运动各异的金属机构给作业安全带来了潜在的危险。速度多变的可动零部件，使起重机械具有危险点多且分散的特点，给安全防护带来难度。

(3) 作业范围大。金属结构横跨车间或作业场地，高居其他设备、设施和施工人群之上，起重机带载可以部分或整体在较大范围内移动运行，使危险的影响范围加大。

(4) 多人配合的群体作业。起重作业的程序是地面司索工捆绑吊物、挂钩；起重机驾驶员操纵起重机将物料吊起，按地面指挥，通过空间运行将吊物放到指定位置摘钩、卸料。每一次吊运循环，都必须由多人合作完成，无论哪个环节出现问题，都可能发生意外。

(5) 作业条件复杂多变。在车间内，地面设备多，人员集中；在室外，受气候、气象条件和场地限制的影响，特别是流动式起重机还涉及地形和周围环境等多因素的影响。

(6) 暴露的、活动的零部件较多。在起重作业现场，大量机构与作业人员直接接触(如吊钩、钢丝绳等)，容易造成伤害。

7.1.2　输送机械概述

输送机械是以连续、均匀、稳定的输送方式，沿着一定的线路搬运或输送散状物料和成件物品的机械装置。

由于输送机械具有在一个区间内能连续搬运大量货物的优势，所以搬运成本非常低廉，搬运时间比较准确，货流稳定，因此被广泛用于现代物流系统中。国内外大量自动化立体仓库、物流配送中心、大型货场的设备，除起重机械以外，大部分都是由连续输送机组成的搬运系统，如进出库输送机系统、自动分拣输送机系统、自动装卸输送机系统等。整个搬运系统均由中央计算机控制，形成了一整套复杂完整的货物运输搬运系统，大量货物或物料的进出库、装卸、分类、分拣、识别、计量等工作均由输送机械系统来完成。在现代化货物搬运系统中，输送机械担当着重要的作用，在林业生产中也有很广泛的运用。

与起重机械相比，输送机械的特点是可以沿一定的线路不停地输送货物；其货物的装载和卸载都是在运动过程中进行的，无须停车；被输送的散货以连续形式分布于承载构件上，输送的成件货物也同样按一定的次序以连续的方式移动。具体来说有以下特点。

(1)可采用较高的运动速度，且速度稳定。

(2)具有较高的生产率。

(3)在同样生产率下，自重轻、外形尺寸小、成本低、驱动功率小。

(4)传动机械的零部件负荷较低、冲击小。

(5)结构紧凑，制造和维修容易。

(6)运输货物线路固定，动作单一，便于实现自动控制。

(7)工作过程中负载均匀，功率几乎不变。

(8)只能按照一定的路线运输，每种机型只能用于一定类型的货物，一般不适于输送重量很大的单件物品，通用性差。

(9)大多数连续输送机不能自行取货，因而需要采用一定的供料和卸料设备。

7.2 起 重 机 械

起重机械按其功能和构造特点，可分为四类：第一类是轻小型起重设备(包括千斤顶、葫芦、绞盘机等)，其特点是重量轻，构造紧凑，动作简单，作业范围投影以点、线为主。第二类是升降机(包括电梯、垂直升降机)，其特点是重物或取物装置只能沿导轨升降。第三类是起重机(包括桥式类型起重机和旋转类型起重机)，其特点是可以使挂在起重吊钩或其他取物装置上的重物在空间实现垂直升降和水平运移。第四类是木材装载机和叉车，在林业上被广泛用于木材的搬运和归楞等。

7.2.1 起重机械的分类

1. 轻小型起重设备

1)千斤顶

千斤顶(图 7-1)用来起升单件物品，是起升高度通常不超过 1m 的简单起重机构，工作时置于物品之下，无须使用其他辅助装置。千斤顶能够准确地将被起升的物品停止在给定的水平面上，而且在起升过程中没有冲击和震动。它构造简单、紧凑轻巧、携带方便，广泛用于安装和检修工作中。千斤顶还允许以几次重复递升的方法来达到大的起升高度。

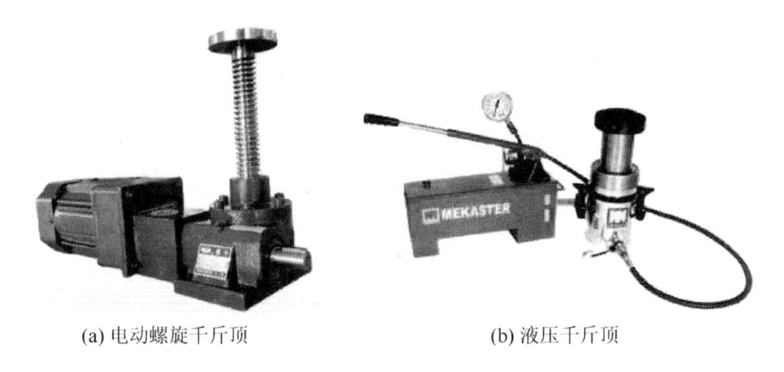

(a) 电动螺旋千斤顶　(b) 液压千斤顶

图 7-1　千斤顶

千斤顶按照作用原理及结构特点，分为机械式(包括齿条式和螺旋式)和液压式两种。机械式千斤顶起重量小、操作费力，一般只是用于机械维修工作。液压式千斤顶结构紧凑、体积小、工作平稳、承载力大、有自锁功能，因此广泛应用于轿车、货车及各类车辆的维修或拆换轮胎。

2) 葫芦

葫芦(图 7-2)按其起动方式分为手动葫芦和电动葫芦两种类型。手动葫芦一般用在缺乏电源的临时性及流动性场所，用来吊运小件物品和小型设备，进行安装和修理工作。手动葫芦经传动装置减速后提升物品，主要由链轮、传动齿轮、吊具及制动器等部分组成。较细的链条是手拉的，比较粗的链条是承载的。它适用于小型设备和货物的短距离吊运，起重量一般不超过 100t。手拉葫芦的外壳材质是优质合金钢，坚固耐磨，安全性能高。手拉葫芦是通过拽动手动链条、手链轮转动，将摩擦片棘轮、制动器座压成一体共同旋转，齿长轴便转动片齿轮、齿

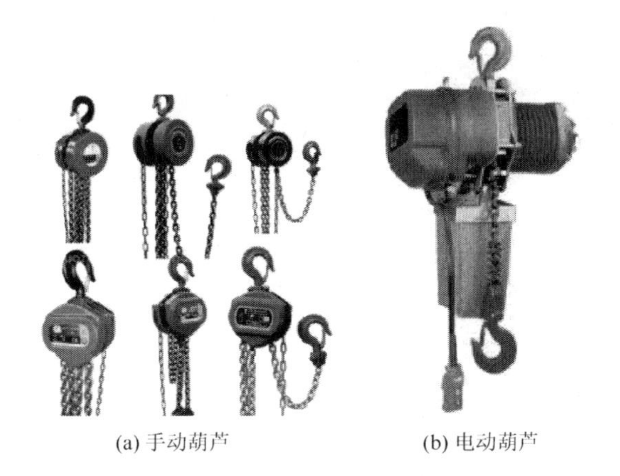
(a) 手动葫芦　(b) 电动葫芦

图 7-2　葫芦

短轴和花键孔齿轮。这样，装置在花键孔齿轮上的起重链轮就带动起重链条，从而平稳提升重物。采用棘轮摩擦片式单向制动器，在载荷下能自行制动，棘爪在弹簧作用下与棘轮啮合，制动器安全工作。它具有安全可靠、维护简便、机械效率高、手链拉力小、自重较轻、便于携带、外形美观、尺寸较小、经久耐用的特点，在工厂、矿山、建筑工地、码头、船坞、仓库等用作安装机器、起吊货物，尤其对于露天和无电源作业，更具有优越性。

电动葫芦是一种轻小型起重设备，具有体积小、自重轻、操作简单、使用方便等特点，用于工矿企业、仓储码头等场所。起重量一般为 0.1～80t，起升高度为 3～30m。它由电动机、传动机构和卷筒或链轮组成，分为钢丝绳电动葫芦和环链电动葫芦两种。钢丝绳电动葫芦可以沿工字型轨道行走，与梁式、桥式起重机配套使用。

3) 绞盘机

绞盘机(图 7-3)是由人力绞车以及起重机械中驱动钢丝绳的卷筒机构演变发展而来的。绞车往往只有一个卷筒，而绞盘机有单卷筒、双卷筒和多卷筒等，它由电动机或内燃机通过传动系统驱动卷筒，与其他辅助装置(滑车、架杆等)配套使用。双筒绞盘机与滑车、金属架杆组成的移动型架杆机，在贮木场用来归楞和装车，是一种简易的起重设备。绞盘机作为一个独立的机械，能适应林区的生产条件，操作简单，维修容易，所以在林区被广泛用作起重输送设备的动力。国内各林业机械厂都生产了各种类型的林用绞盘机。

图 7-3　绞盘机

2. 升降机

常见的升降机有垂直升降机、电梯等。它虽然也只有一个升降机构，但由于配备完善的安全装置和其他附属装置，其复杂程度是轻小起重设备不能比拟的。但是在林业生产中很少应用，故在此不做详细介绍。

3. 起重机

起重机主要包括起升机构、运行机构、变幅机构、回转机构和金属结构等。起升机构是起重机的基本工作机构，大多是由吊挂系统和绞车组成的，也有通过液压系统升降重物的。运行机构用以纵向水平运移重物或调整起重机的工作位置，一般由电动机、减速器、制动器和车轮组成。变幅机构分小车变幅和动臂变幅两种。旋转机构用以使臂架回转，由驱动装置和回转支承装置组成。金属结构是起重机的骨架，主要承载件(如桥架、臂架和门架)可为箱形结构或桁架结构，也可为腹板结构，有的可用型钢作为支承梁。

4. 木材装载机和叉车

木材装载机是指在汽车、拖拉机或特种轮胎底盘上，安装有能够起升和转移木材以进行装卸与归楞等作业的机械设备。它们各自属于起重机械的一种类型，但是有下列共同特点。

(1)有机动车辆的底盘，运行灵活，服务场地范围大。

(2)没有钢丝绳等挠性牵引件，而完成起升、变幅和旋转等动作的机构都采用液压传动。

(3)工人只要操作机械本身，不用直接接触产品(如原木、板材等)；从这一点来说，木材装载机的应用已经使这一部分生产的机械化进入了第二发展阶段，即从单工序机械化阶段进入了全盘机械化阶段，在这个阶段所使用的机械能连续完成两个以上的工序，如林区的伐木-集材联合机、打枝-造材联合机等，工人只要操作机械，其双手不用触及木材，全部作业由各种机构完成。

现在出现的木材装载机有三种基本类型：一种是随车液压起重臂类型的，它属于运行式旋转起重机，能连续完成装车、运材和卸车作业；随车液压起重臂在国外林业生产中使用很广泛，瑞典的 HIAB 公司和 Jonsereds 公司生产的木材装载机都是随车液压起重臂类型的，其液压起重臂和工作装置已经系列化，在林区使用中显示了独有的优越性。另一种是工程装载机类型的，能在贮木场进行原条和原木等物品的装卸与归楞作业，在木材加工厂进行板材和货箱的装卸作业，在基建工地中推土、平地、铲挖和装卸散粒物料时，只要换上不同的工作装置就能进行不同的作业(图 7-4)。还有一种是叉车类型的木材装载机，有铲取木材的液压叉，适合于木材加工厂和贮木场制材车间作板材、方材和原木等的装、卸、短途运送和归楞作业等；它可以和仓库、车站的叉车通用。叉车分正面叉车和侧式叉车两种。叉车主要有两个机构：一是起升机构，能将物品作垂直升降；二是运行机构，能携带着物品在地面上行驶。它和工程装载机类型的木材装载机一样，能在起重工作中带载运行。近年来，世界各国叉车的生产量增长很快，随着集装箱运输的发展，叉车的应用范围也相应扩大，品种在不断增多。林业生产中主要应用侧式叉车，因为侧式叉车可以用搬运长料，如木材、钢材、集装箱等(图 7-5)。

图 7-4 颚爪式木材装载机

图 7-5 侧式叉车

7.2.2 起重机械的结构及参数

林业起重机械的基本参数包括：起重量、起升高度、跨度或幅度、工作速度、机器的重量、生产率及工作级别等。这些参数是表征林业起重机械特性的主要指标，也是设计的技术依据。

1. 起重量

起重量(Q)是指起重机允许起吊的物品的最大重量以及能从起重机上取下的取物装置(不包括吊钩装置)重量之和。对于配置抓斗、电磁吸盘的起重机，起重量包括抓斗、电磁吸盘本身的重量。起重量的单位是吨。起重量系列已有国家最新标准，即《起重机械基本型的最大起重量系列》(GB/T 783—2013)，替代了原《起重机械最大起重量系列》(GB/T 783—1987)，新设计的起重机械的起重量参数应在国家标准的系列范围内选取。起重量较大的起重机常有两套起升机构，大起重量的称为主钩，小起重量的称为副钩。主、副钩的起重量通常用斜线分开，例如，20t/5t 即表示主钩的最大起重量为 20t，副钩的最大起重量为 5t。

2. 起升高度

起重机的起升高度(h)是指起重机工作场地的地面或起重机运行轨道的顶面至吊钩中心的最高位置之间的距离。起升高度取决于装卸物品的品种和不同的抓具。对于经常装卸竹木和配置抓斗的起重机，起升高度就要求大一些，主要用于装卸钢材或比重较大的物品的起重机，起升高度可以小一些。对于某些装卸船只上和港口上的起重机，吊钩或抓斗需要下到工场地面或整机运行轨道顶面以下进入船舱装卸物品，此时起升高度应包括地面或轨面以下的部分。电动桥式起重机起升高度已制定有国家标准《电动桥式起重机跨度和起升高度系列》(GB/T 790—1995)。

3. 跨度或幅度

跨度是指桥式类型起重机两条运行轨道中心线之间的距离；而幅度是指旋转类型起重机吊钩垂直中心线至旋转中心线之间的水平距离，单位为米。它们都是说明起重机工作范围的参数。而装卸桥的悬臂长在跨度之外，一般是根据用户要求、物品长短和联运车辆种类、悬臂下面铺设线路条数及考虑悬臂和跨度的合理比例而定的。

4. 工作速度

起重机的工作速度包括起升、变幅、旋转和运行四个工作速度。

起升速度是指被起升物品在单位时间内垂直位移的距离，单位为 m/min。

变幅速度是指被吊物品自最大幅度到最小幅度之间的平均速度；对桥式类型起重机来说，变幅速度是指在单位时间内起重小车的运行距离，单位为 m/min。

旋转速度是指旋转类型起重机在单位时间内旋转的转数，单位为 r/min。

运行速度是指起重机在单位时间内运行的距离，单位为 m/min 或 km/h。

5. 机器的重量

机器的重量是不带附属工具、燃料、润滑材料、水和人员以及无载时的起重机本身重量。机器的重量是设计工作的重要经济技术指标之一。

6. 生产率

有时为了表明起重机械的工作能力，常综合起重量、工作行程及工作速度等基本参数，以生产率(Q_h)这个基本参数表示。

起重机械的小时生产率 Q_h 用下式计算：

$$Q_h = mQ_0 \tag{7-1}$$

式中，Q_0 为有效起重量，单位为 t；m 为起重机每小时工作循环数，单位为次/h：

$$m = \frac{3600}{\sum t + t_F} \tag{7-2}$$

$\sum t$ 为物品移动过程中机器的工作时间，单位为 s，它与工作行程、工作速度、加速度以及机构工作重叠程度有关；t_F为物品挂钩和脱钩等辅助工作时间，单位为 s。

当选择起重机数量时，一般以平均生产率计算。平均生产率是按平均起重量、平均工作行程和平均工作速度计算的。

7. 工作级别

工作级别是表明起重机繁忙程度和工作条件的参数，是表征起重机械工作特性的重要标志。

在设计起重机械时，首先应根据现行有关起重机械的国家标准的规定，选择并确定合理的基本参数。现行的有关起重机械的国标或部标有起重机械起重量系列、电动桥式起重机跨度系列、起升高度系列、汽车起重机和轮胎式起重机基本参数系列、通用起重滑车系列、建筑卷扬机型式与基本参数系列、建筑塔式起重机的基本参数系列等。然后，要对起重机械的金属结构件和各机构的零部件进行强度、稳定性、疲劳、磨损和刚度等计算；同样，在选用或设计动力装置和操纵设备时，也要考虑到机构的工作类型及其繁忙程度和发热情况以及其他方面的影响。为了使所设计的起重机械具有先进的技术经济指标、安全可靠，并具有一定的工作寿命，合理地考虑起重机械的工作类型、计算载荷以及许用应力和安全系数是设计计算时的一般原则。

7.3 林业起重机械基本机构

7.3.1 林业起重机械的特点

林业起重机械是应用在林业上的主要用于原木采伐、木材成品及半成品的转运等各个方面的起重机械，在林业生产中为减轻劳动强度、提高生产效率，实现自动化生产起到了重要的作用。

各种机械设备必须适应各种不同的生产特点，林业起重机械不但具备起重机械的一般特征，而且由于林业生产的自身特点，其技术参数和结构组成较其他起重机械也有一定的差异。林业生产一般都有下列几方面的特点。

(1) 由于树种、材种繁多，体积轻重不一，木材庞大笨重，造成生产品种的多样性和复杂性。

(2) 林业生产周期较长，造成了作业地区的临时性和分散性，同时又必须照顾林业生产的连续性。

(3) 因为多数情况下为露天作业，受复杂气候和地形的严重影响，造成生产条件的恶劣性。

(4)生产作业地点的偏僻性和偏远性等。

上述的这些特点给林业生产实现机械化带来了较大困难，若和其他生产部门相比较，林业生产中的机械化程度要低得多、落后得多，林业工人的劳动条件要艰苦得多、繁重得多；其中特别是木材和林产品的装卸以及在场内、厂内、车间内的短距离运输工作，既是不可缺少的，又是艰苦而繁重的。为了克服困难，把林业工人从笨重的体力劳动中解放出来，林业起重机械在林业生产机械化中起了先锋作用。

林业起重机械与工程用的一般起重机械的结构大体相同，只是由于林业起重机械的主要作业对象为木材，其长度直径比相对较大，在起重过程中不利于装夹，因此在设计林业起重机械的取物装置时应重点考虑以上特点。图 7-6 是一种装卸桥结构的林业起重机，用于木材的搬运和装车。

图 7-6　林业起重机装卸桥

7.3.2　起升机构

1. 起升机构的一般构造

起升机构是使物品产生升降运动的机构，是起升物品的机构，起重机也是由此得名的。因此，起升机构是起重机械各机构中最主要和最基本的机构。当起重量大于 15t 时，通常除了主起升机构，还设置副起升机构，在构造上两者是相同的，起升机构如图 7-7 所示。

通常一般的起升机构结构简图如图 7-8 所示，它是由电动机、联轴器、制动器、减速器、卷筒、钢丝绳、滑轮组、限位器等组成的。它的工作原理是：电动机经过减速器后带动卷筒转动，使钢丝绳卷进卷筒或由卷筒上放出，从而使吊钩产生升降运动。卷筒正、反向转动是通过改变电动机的转向来实现的；而机构的停止或使物品保持在悬吊状态是依靠制动器抱住制动轮来实现的。制动器通常是装在高速轴上，即电动机轴。这样所需要的制动力矩小，因而制动器的尺寸小，重量轻。滑轮和钢丝绳等组成了省力滑轮组。

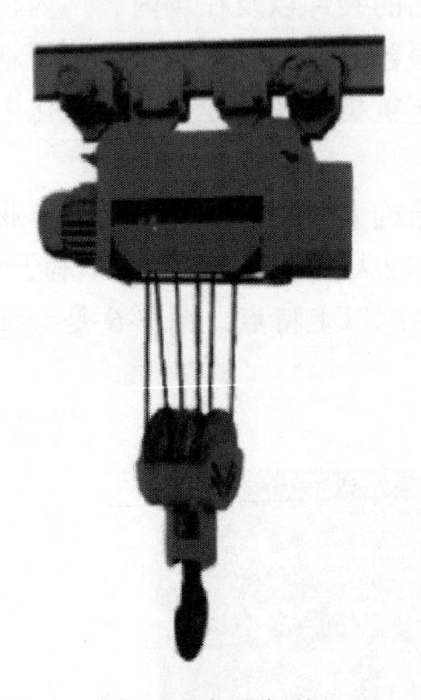

图 7-7　起升机构

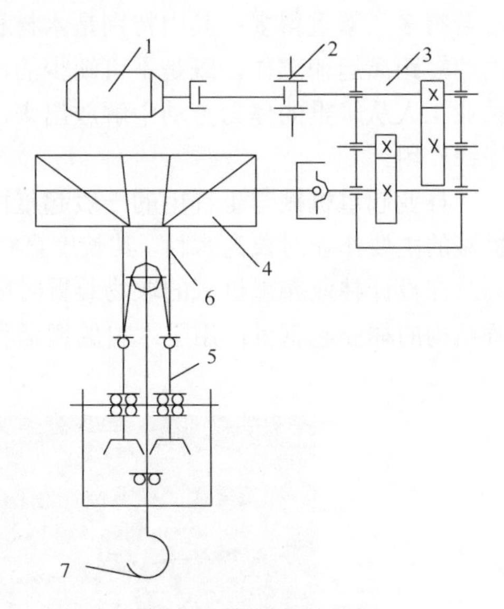

图 7-8　起升机构简图

1. 电动机；2. 联轴器；3. 减速器；4. 卷筒；5. 滑轮组；6. 钢丝绳；7. 吊钩

2. 起升机构的设计计算

在进行起升机构设计计算时须先给出设计参数：额定起重量(Q_e)、起升速度(v_q)、起升高度(H)和工作类型等。给定这些设计参数后就可以对起升机构的电动机、减速器、制动器和联轴器等的型号进行设计计算和型号选择。

1)按静功率初选电动机

若起重机的起重量为Q(额定起重量与吊钩装置重量之和)，单位为kg；起升速度为v_q，单位为m/s；则起升机构的静功率为

$$N = \frac{Qv_q}{1000\eta_q} \tag{7-3}$$

式中，η_q为起升机构总的传动效率，对于采用齿轮减速器一般可取 $\eta_q = 0.85$。吊钩装置的重量一般占额定起重量的2%～3%。

2)减速器的选择

为了选择减速器首先需要确定机构的传动比i，它等于电动机的转速与卷筒的转速之比。在电动机选出之后电动机的转速n是已知的；而卷筒的转速n_T可由起升速度v_q、滑轮组的倍率i_q以及卷筒的直径D按下式求得

$$n_T = \frac{60 i_q v_q}{\pi D} \tag{7-4}$$

于是，起升机构的传动比为

$$i = \frac{n}{n_T} = \frac{\pi D n}{60 i_q v_q} \tag{7-5}$$

3) 制动器的选择

起升机构的制动器必须保证物品维持在悬吊状态并具有一定的制动安全余量，制动器一般都是安装在电动机轴上的，其制动力矩按下式计算：

$$M_Z = K_b \frac{QD}{2 i_q i} \eta_q \tag{7-6}$$

式中，K_b 为起升机构的制动安全系数，由规范规定见表 7-1。

特别注意的是，对用来搬运熔化或赤热的金属、毒品以及易燃、易爆等危险品的起升机构应装设两个制动器，这时每个制动器的制动安全系数应取为 $K_b = 1.25$。

表 7-1　K_b 的规定值

工作类型	轻级	中级	重级	重级及特重级
K_b	1.5	1.75	2.0	2.0

η_q 是传动效率，用来考虑摩擦损失的，在制动时期其摩擦是起帮助制动作用的，会使制动力矩减小，因此传动效率 η_q(其值小于 1)应乘在分子上，这与起动时期的刚好相反。

根据所需要的制动力矩由产品目录中选取制动器的类型与规格。制动器目录中所列的制动力矩是最大值，使用时应根据实际需要进行调整。

4) 联轴器的选择

当电动机与减速器选定之后，选择联轴器时，除了应满足与电动机、减速器的轴孔装配尺寸，还必须具有足够的强度，其计算式如下。

电动机与制动轮间的联轴器

$$M_{\max} \geqslant n K_1 M_e \tag{7-7}$$

制动轮以后的联轴器

$$M_{\max} \geqslant n K_1 M_j \tag{7-8}$$

式中，n 为安全系数，对起升机构取 $n = 1.3$；K_1 为工作条件系数，轻级 $K_1 = 1.0$，中级 $K_1 = 1.1$，重级 $K_1 = 1.2$；M_e 为与机构 $JC\%$值相应的电机额定力矩；M_j 为折算到联轴器所在轴上的静力矩。

7.3.3　运行机构

在起重机械中，运行机构主要是用来水平移动载荷，以及用来调整起重机或者小车的工作位置。它是通用起重机械的四大机构之一。运行机构一般分为有轨运行机构和无轨运行机构两大类，以下主要介绍有轨运行机构。

按照运行机构布置位置的不同，有轨运行机构可以分为两种：一种是运行机构直接安装在运行部分(小车或起重机)上的称为自身驱动的运行机构(图 7-9 和图 7-10)；另一种是运行机构和运行部分互相分开而用牵引件联系起来的称为外部驱动的运行机构。

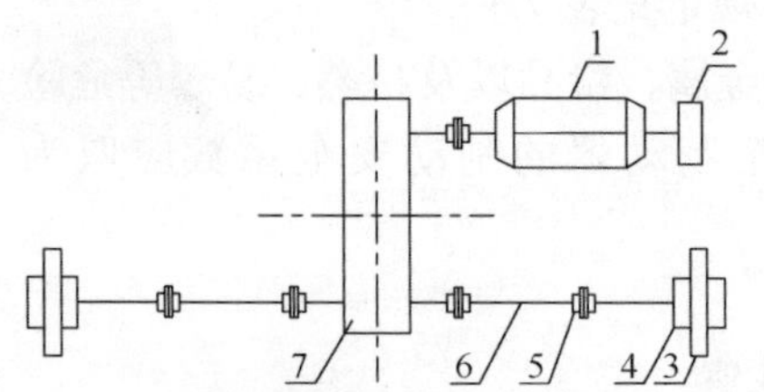

图 7-9　集中驱动的运行机构

1. 电动机；2. 制动器；3. 减速器；4. 传动轴；5. 联轴器；6. 角轴承架；7. 车轮

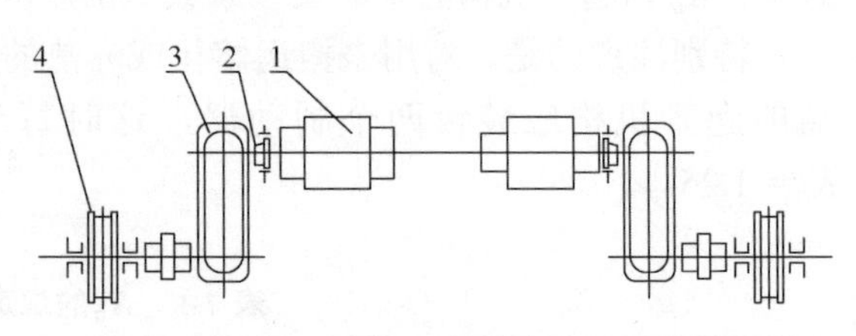

图 7-10　分别驱动的运行机构

1. 电动机；2. 制动器；3. 减速器；4. 车轮装置

1. 运行机构的组成和传动方案

运行机构具有两个方面的作用：一是用来驱动车轮转动，使起重机沿着轨道在水平方向运行，这个任务是由运行机构的驱动装置来完成的，它主要由电动机、制动器、减速器和车轮等组成；二是起支承整台起重机的作用，将起重机上所承受的外载荷及使起重机的自重载荷传递给轨道，该任务是由运行机构的支承装置来实现的，它包括横梁、均衡梁、销轴和车轮组件等。两个方面的作用最后都是通过车轮来实现的，因此车轮起运行和支承两方面的作用。

起重机的运行机构大都是采用交流电为动力的，因此本书只叙述交流电动机驱动的运行机构，运行机构的电动机是通过联轴器、传动轴和减速器来驱动车轮的，使起重机沿轨道运行。起重机的运行方向是通过改变电动机转动方向来达到的；而起重机的停止是靠切断电源、电动机不转动、制动器抱住制动轮，使起重机停止运行。

在起重机中具有使整台起重机沿着轨道运行的机构，通常称为大车运行机构；还有使起重小车沿着铺设在主梁上的轨道运行的机构，通常称为小车运行机构。

2. 运行机构的设计计算

1）按静功率初选电动机

静功率为

$$N=\frac{W_j v_y}{1000m_d\eta_y} \tag{7-9}$$

式中，W_j为运行机构的静阻力，单位为kg；具体计算可参照起重机械设计手册；v_y为起重机（或小车）的运行速度，单位为m/s；m_d为电动机的数目；η_y为运行机构的传动效率；对于三级齿轮减速器$\eta_y=0.91$；对于二级齿轮减速器$\eta_y=0.94$。

2）选择减速器

电动机选出之后，根据电动机的转速和运行速度可决定减速器的传动比：

$$i=\frac{n}{n_x}=\frac{\pi Dn}{60v_y}$$

式中，n为电机转速，单位为r/min；n_x为车轮转速，单位为r/min；D为车轮直径，单位为m。

$$n=\frac{60v_y}{\pi D}$$

对于运行机构，在工作过程中经常处于高载荷的起动和制动状况，而处于低载荷的稳定运动状况相对较少。又因为运行机构的惯性质量主要是低速部分，而高速部分的惯性质量相对较小，因此起动和制动时的动力矩几乎全部传递到传动部件。所以，对于运行机构、减速器的输入功率：

$$N=\frac{(W_j+W_g)v_y}{1000\eta_y m_j}\leqslant[N] \tag{7-10}$$

式中，W_g为起重机（或小车）起动时的惯性力：

$$W_g=1.5\frac{Q+G}{g}a_p \tag{7-11}$$

式中，Q为额定起重量，单位为kg；G为起重机（或小车）的自重，单位为kg；m_j为减速器的个数；$[N]$为减速器功率表中在相应工作类型的允许功率，单位为kW；a_p为起动时的平均加速度，单位为m/s^2，对于龙门起重机可取$a_p=0.1\sim0.3m/s^2$。

3）制动器的选择

对于露天工作的起重机，其运行机构制动器的制动力矩应根据满载顺风下坡的工况，能否制动起重机来确定，制动器通常是装在电机轴上。其制动力矩按下式计算：

$$M_Z = \left(\frac{(P_{f\mathrm{II}} + W_p - W_{m \cdot \min})D}{2i} \eta_y + \frac{n}{9.55 t_Z} [1.15 m_z I_1 + \frac{(Q+G)}{4gi^2} \eta_y] \right) \frac{1}{m_z} \tag{7-12}$$

式中，$P_{f\,\mathrm{II}}$为在Ⅱ类风压作用下引起的风力；W_p为坡度阻力；$W_{m\cdot\min}$为当附加阻力系数 $K_f = 1$ 时的摩擦阻力；m_z为制动器的个数；I_1为电机轴上的转动惯量；t_Z为制动时间；对于大车运行机构 $t_Z \leqslant 6 \sim 8$s；对于小车运行机构 $t_Z \leqslant 3 \sim 4$s。

摩擦力在制动时期是帮助制动的，起减小制动力矩的作用。因此，上述各式中的效率 η_y(其值小于 1)应乘在分子上，才能起到减小制动力矩的作用。

4)联轴器的选择

(1)电动机轴上联轴器的选择。选择联轴器的计算载荷应按工作状态的最大载荷确定联轴器的扭矩。

$$M_L = nK_g M_E \leqslant [M_L] \tag{7-13}$$

式中，n 为安全系数，对于运行机构取 $n = 1.3$；K_g为工作条件系数，小车 $K_g = 1.1$，大车 $K_g = 1.2$；M_E为电动机的额定力矩(与机构的 JC 值相应)；$[M_L]$为联轴器的许用力矩，由产品目录表中查取。

(2)车轮轴上的联轴器的选择。

$$M_L = nK_g M_E i\eta \leqslant [M_L]$$

式中，i 和 η 分别为运行机构的传动比及其效率。

3. 外部驱动的运行机构

利用起重机械的绳索牵引小车运行的机构，其驱动装置装设在起重小车的外部，靠钢丝绳牵引实现小车运行。小车运行时为了使绳索保持一定的张紧力，不致因绳索松弛引起小车的冲击或绳索脱槽，可采用弹簧或液压张紧装置。牵引小车一般采用普通卷筒驱动，也可采用双摩擦卷筒或驱绳轮驱动。

外部驱动的运行机构是运行机构的驱功装置安装在运行部分之外的，运行部分是通过牵引件和驱动装置连接起来并运动的(图 7-11)。

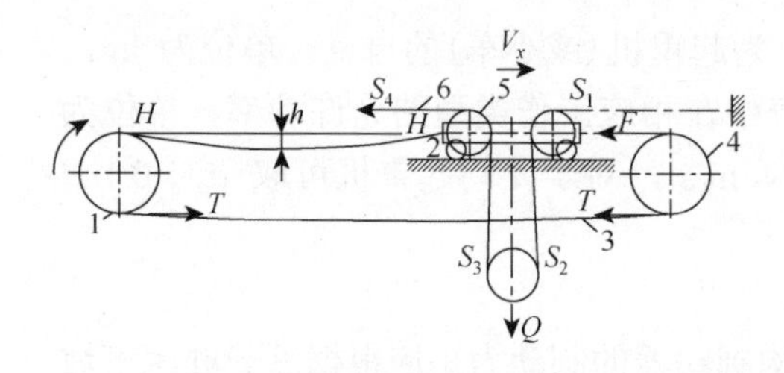

图 7-11　外部驱动的运行机构

1. 牵引卷筒；2. 运行小车；3. 牵引索；4、5. 导向滑轮；6. 起升索

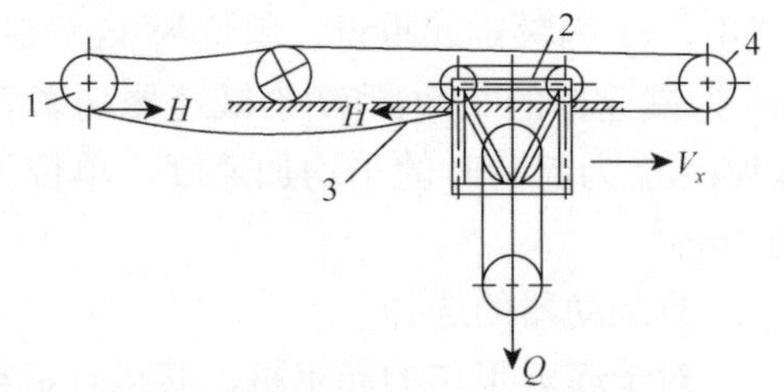

图 7-12　起升机构安装在小车上的外部驱动的运行机构

1. 牵引卷筒；2. 运行小车；3. 牵引索；4. 导向滑轮

外部驱动的运行机构又分为起升机构安装在运行部分之外的和安装在运行部分之上的(图 7-11 和图 7-12)两种。这两种方案在林业用的龙门起重机和装卸桥中应用得都较多。

图 7-11 为起升机构和运行机构的驱动装置均安装在运行部分之外的结构。牵引索 3 先后绕过牵引卷筒 1 和导向滑轮 4 与运行小车 2 固接。在小车上，装有起升机构的导向滑轮 5，起升索通过这些滑轮和取物装置联系。

这种方案的特点是减小运行小车的自重，使承受小车的金属结构的承载能力提高，金属结构重量可以减轻。同时，供电容易，并且在冬季运行时不易打滑，因此对东北地区的林业部门是特别适宜的。缺点是绳索容易磨损，机构效率较低。

在计算这种运行机构的运行阻力时，除了上面已经讨论过的各种阻力，还作用着起升索的阻力 ΔS 和牵引索的附加阻力 H。

起升索的张力所引起的阻力 ΔS 与起升索所绕过的动滑轮和定滑轮数目及起重量 Q 的关系为

$$\Delta S = S_4 - S_1,\ S_2 + S_3 = Q,\ S_2 = S_3\eta_Z,\ S_3 = \frac{Q}{1+\eta_Z},\ S_1 = S_2\eta_Z$$

$$\Delta S = S_4 - S_1 = \frac{S_3}{\eta_Z} - S_3\eta_Z^2 = S_3\left(\frac{1-\eta_Z^3}{\eta_Z}\right)$$

所以

$$\Delta S = Q\frac{1-\eta_Z^3}{(1+\eta_Z)\eta_Z} \tag{7-14}$$

式中，Q 为起重量(包括取物装置的重量)，单位为 kg；η_Z 为滑轮的效率。

若起升滑轮组的倍率和上面的不同，即绳索分支数不是两根，而是 n 根(在这些机构中，n 总是偶数)，则 ΔS 按下式计算：

$$\Delta S = Q\frac{(1-\eta_Z)(1-{\eta_Z}^{n+1})}{\eta_Z(1-{\eta_Z}^{n})} \tag{7-15}$$

牵引索所引起的阻力 H 按下式计算：

$$H = \frac{ql^2}{8h} \tag{7-16}$$

式中，q 为绳索单位长度的重量，单位为 kg/m；l 为绳索自由悬垂的长度，单位为 m；h 为绳索的垂度，单位为 m，一般 $h = \left(\frac{1}{30} - \frac{1}{50}\right)l_0$。

图 7-12 中，作用在小车左部的牵引索的张力 H，使运行阻力 F 又增加了一个 H 值，但是这个力 H 同样经过卷筒 1，牵引索下分支 3 和导向滑轮 4 又固定到小车上，又使力 F 减小 $H\cdot\eta_1\cdot\eta_4$。由于在卷筒 1 和导向轮 4 之间的牵引索 3 的重量产生的张力，作用到小车上互相平衡，因此在计算阻力可不考虑。

因此，在稳定运动时，作用在小车上的运行阻力：

$$F = W_m + W_p + P_f + \Delta S + H(1 - \eta_1\eta_4) \tag{7-17}$$

当牵引卷筒输入边的张力$T = \frac{F}{\eta_1\eta_4}$，则作用在卷筒轴上的力矩 M_l 为

$$M_l = \frac{FD'_T}{\eta_1\eta_4 2} = \frac{W_m + W_p + P_f + \Delta S + H(1 - \eta_1\eta_4)}{\eta_1\eta_4}\frac{D'_T}{2}$$

式中，η_1 为考虑卷筒的效率；η_4 为导向轮 4 的效率；D'_T 为牵引卷筒名义直径。换算到电动机轴上时：

$$M_d = \frac{M_l}{a_y\eta_y}$$

运行机构的功率，按稳定运动状态确定：

$$N = \frac{Fv_x}{102\eta_y} \tag{7-18}$$

式中，v_x 为运行速度，单位为 m/s；F 为稳定运动时的运行阻力，单位为 kg；η_y 为运行机构的效率。

初步选定电动机后，仍按起动条件验算。

由于采用牵引索运行，故不须进行打滑验算。

通常，由于起升索的拉力差 ΔS 和摩擦阻力 W_m 较惯性阻力为大，所以不必安装制动器。但是，对于在小车上起升和下降物品要求准确时，应当安装制动器，因为这时 $\Delta S + H - W_m^{\min}$ 会使小车位移，$W_m^{\min}$ 为当 $K_f = 1$ 时摩擦阻力。当小车的速度大于 2.5～3m/s，电动机停电时，惯性力仍能使小车运行，所以必须安装制动器。

对于起升机构安装在小车上的外部驱动运行机构，由于没有起升索产生的 ΔS，所以稳定运行时的运动阻力 F 为

$$F = W_m + W_p + P_f + H(1 - \eta_1\eta_4) \tag{7-19}$$

这种运行机构的小车运行速度 v＜60m/min 时，可以不必安装制动。

7.3.4 旋转机构

1. 概述

旋转机构是使起重机的旋转部分相对非旋转部分实现旋转运动的装置，是起重机械四大机构之一。旋转机构的作用是使被起升在空间的物品绕起重机的垂直轴线作圆弧运动，以达到在水平面内运移物品的目的。它与其他机构(起升、运行和变幅)相配合，可以把物品运移到起重机工作范围内的任意一点。

旋转机构是由支承旋转装置(支持和对中旋转部分)和促使旋转部分转动的驱动装置两大部分组成的(图 7-13)。

根据采用支承旋转装置的构造型式，旋转机构可以分成定柱式、转柱式和转盘式三大类。起重机臂架装在转盘上，转盘中装有动力驱动设备，各种工作机构、驾驶室和对重等，连同机棚一起组成起重机的旋转部分。旋转部分通过支承旋转装置与非旋转部分相连。支承旋转装置由装在非旋转部分上的中心轴枢和支承滚轮组成。转盘就是通过支承滚轮支承在圆形轨道上的。旋转运动是由装设在转盘上的旋转机构驱动与固定大齿轮相啮合的小齿轮，使起重机绕中心轴枢旋转，这种起重机称转盘式起重机。

转盘式旋转机构的特点是：高度小、机构布置方便，不存在承受很大弯矩的构件；不仅要满足起重机的整体稳定性，还要保证旋转部分的局部稳定性，因而要加相当大的对重，增加了起重机的自重、功率和一些零部件的尺寸。

转盘式旋转机构主要应用于汽车起重机、履带起重机、铁路起重机和门座起重机等。

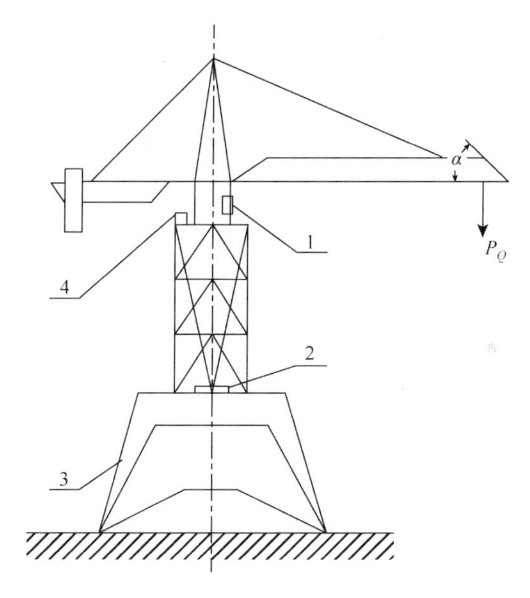

图 7-13　旋转机构

1. 旋转部分；2. 非旋转部分；3. 支承旋转装置；4. 驱动装置

2. 旋转机构的计算

1) 旋转阻力矩的确定

起重机对其旋转轴线旋转时的总的阻力矩 M 为

$$M = M_m + M_p + M_g + M_f \tag{7-20}$$

式中，M_m 为由摩擦引起的旋转阻力矩；M_p 为由坡度引起的旋转阻力矩；M_g 为由惯性引起的旋转阻力矩；M_f为由风载荷引起的旋转阻力矩，具体计算参照起重机械设计手册。

2) 驱动功率的确定

起动时，旋转机构总的旋转阻力矩为

$$M = M_m + M_p + M_f + M_g$$

折算到原动机轴上的力矩为

$$M' = \frac{M}{i\eta_x}$$

所需要的功率为

$$N = \frac{M'n}{9550} = \frac{Mn}{9550 i\eta_x} \tag{7-21}$$

式中，i 为旋转机构的总传动比；η_x 为旋转机构的总效率；n 为原动机的转速，单位为 r/min。

当稳定运动时，折算到原动机轴上的静力矩为

$$M_j = \frac{1}{i\eta_x}(M_m + M_p + M_f) \tag{7-22}$$

所需的静功率为

$$N_j = \frac{M_j n}{9550}$$

所选择的原动机载荷系数必须满足下述条件

$$\psi = \frac{M'}{M_E} \leqslant [\psi]$$

式中，M_E 为原动机的额定转矩，单位为 N·m。

如果所求得的载荷系数 ψ 值小于原动机起动时的允许平均载荷系数$[\psi]$，则原动机的额定功率应按 N_j 来选择。如果大于$[\psi]$值，则应按 $\frac{N}{[\psi]}$ 来选择原动机。

3) 制动力矩的确定

起重机在旋转制动时，存在两类不同性质的力矩：一类是促使起重机继续旋转的力矩，包括惯性力矩、倾斜(坡度)力矩、风力矩；另一类是阻止起重机继续旋转的力矩，包括摩擦力矩和制动力矩。旋转机构的制动力矩根据安装位置的不同分别进行计算。

(1) 制动器安装在第一轴(原动机轴)，不采用极限力矩联轴器。制动力矩为

$$M_Z = K_Z(M_g + M_p + M_f - M_m)\frac{\eta_x}{i} \quad (7\text{-}23)$$

式中，$K_Z = 1.1$ 为考虑电动机转子、起重机旋转机构、起升绳等的惯性影响系数。

(2) 制动器安装在第一轴上，采用极限力矩联轴器。力矩为

$$M_Z = K_Z M_L \frac{\eta_x}{i_1} \quad (7\text{-}24)$$

式中，M_L 为极限力矩联轴器所能传递的力矩；i_1 为制动轴与极限力矩联轴器之间的传动比。

(3) 制动器安装在极限力矩联轴器和旋转轴枢之间。力矩为

$$M_Z = (M_g + M_p + M_f - M_m)\frac{\eta_2}{i_2} \quad (7\text{-}25)$$

式中，η_2 为制动轴与旋转轴枢之间的效率；i_2 为制动轴与旋转轴枢之间的传动比。

旋转机构的制动器通常采用常闭式的；也有用可操纵的常开式的，由脚踏和液压操纵，因此就可以按需要控制制动时间和行程，使制动平稳和准确。

臂架型旋转起重机要求低速和正、反向回转。当采用电力驱动和液压驱动时，可直接实现正、反向回转；当采用内燃机集中驱动时，需要采用换向装置。起重机械卧式电动机与圆柱、圆锥齿轮传动优点是采用标准减速器，传动效率较高；缺点是为获得足够的传动比和实现传动轴由水平轴传动转换为垂直轴传动的改变，需配置开式齿轮传动，平面布置尺寸大，安装要求高。

立式电动机与立式圆柱齿轮减速器传动优点是平面尺寸紧凑，传动效率高，在门座起重机中运用很普遍。立式电动机与行星齿轮减速器传动常采用立式行星齿轮减速器、摆线针轮减速器、少齿差减速器或谐波传动减速器等，其传动比大，结构紧凑，传动效率高，在起重机旋转机构中广泛应用。

起重机械绳索牵引的传动方式由卷扬机、牵引绳和特种转盘三个部分组成。这种传动方式优点是结构简单，制造和装拆都较方便；缺点是回转角受到限制，适用于不要求连续运转的起重机，如桅杆式起重机。

7.3.5 变幅机构

在悬臂起重机和动臂起重机中，从取物装置中心线到起重机旋转中心线或臂架铰轴之间的水平距离称为起重机的幅度。幅度通常都需要改变，以满足工作要求。因而，起重机上必须装有用来改变幅度的专用机构，这种机构称为起重机的变幅机构(图 7-14)。

变幅机构的主要作用是：①扩大起重机的工作范围；②由载荷引起的倾覆力矩 $M = QR$ 近似为常数的情况下，调整起重机的有效起重量 Q 的大小。

1. 变幅机构的基本类型

根据变幅机构的变幅方法，变幅机构可以分为两种基本类型：载重小车变幅和动臂变幅(图 7-15)。

图 7-14　起重机的变幅机构

(a) 动臂变幅

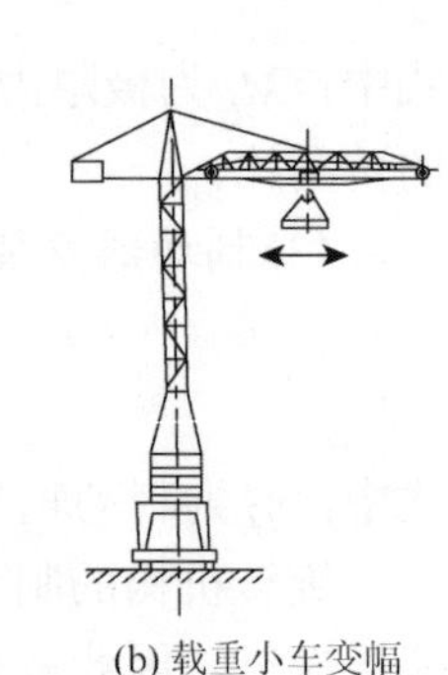

(b) 载重小车变幅

图 7-15　起重机变幅机构的基本类型

1) 载重小车变幅机构

在载重小车变幅机构中，幅度的改变是依靠载重小车沿着水平臂架弦杆上运行来实现的。这时，变幅机构一般由外伸臂架、载重小车和驱动装置三个基本部分组成。

载重小车变幅机构的主要优点是：在变幅过程中臂架不需要在垂直平面内作摆动运动；而载重小车只作水平移动，因此驱动功率最小；变幅速度不变，物品摇摆现象减小；能够有效地利用工作空间。它的主要缺点是：臂架受力情况不好，自重增大；起重机的工作机动性不好。这种变幅机构主要用于定柱和转柱式起重机、各种壁装的悬臂起重机和塔式起重机中。载重小车变幅机构和外部驱动运行机构完全相同。因此，有关这类变幅机构的构造选型和设计计算等问题，完全可以按照外部驱动运行机构进行。

2) 动臂变幅机构

在动臂变幅机构中，幅度的改变是依靠动臂在垂直平面内绕其铰轴摆动来实现的。这时，变幅机构由可以绕其铰轴摆动的动臂以及驱动动臂摆动的驱动装置两个基本部分组成。

动臂变幅机构的主要优点是：动臂受力情况好，因而可以减轻自重；起重机的机动性较好。它的主要缺点是：驱动功率显著增加；难以获得恒定的变幅速度，物品的摆动现象增加；难以获得最小的幅度。

2. 变幅机构中动臂变幅拉力的确定

在一般情况下，根据起重机工作条件和工作性质的不同，动臂变幅可以在起重机不旋转的条件下进行，也可以在起重机旋转的条件下进行，对于非工作性变幅，大都属于前一种；而对于工作性变幅，两种情况都可能存在。因此，动臂变幅的拉力计算可以根据这两种情况来进行，但是非工作性变幅比较简单，所以我们以工作性变幅来计算动臂变幅的拉力 P(图 7-16)。

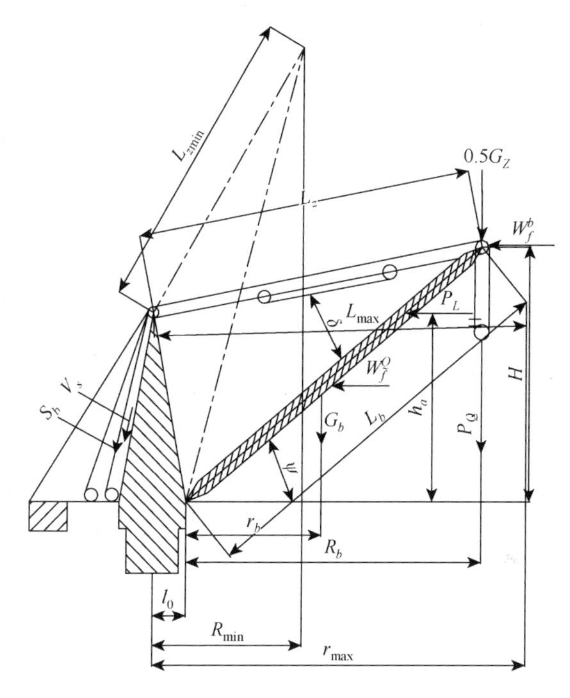

图 7-16　动臂变幅机构的计算简图

工作性变幅就是起升、运行、旋转和变幅同时进行。在这种情况下，为了使动臂绕其铰轴摆动，所必须克服的总的阻力矩 M_0 为

$$M_0 = M_1 + M_2 + M_3 + M_4 + M_5 + M_6 - M_7 \tag{7-26}$$

式中，M_1 为由物品和取物装置引起的阻力矩；M_2 为由动臂和动臂滑轮组的自重引起的阻力矩；M_3 为由作用在动臂和物品上的风力引起的阻力矩；M_4 为由物品起升和制动时的惯性力引起的阻力矩，M_5 为由物品和动臂的径向惯性力引起的阻力矩；M_6 为由动臂铰轴中摩擦力引起的阻力矩；M_7 为由起升绳索拉力引起的力矩。

因此，有

$$M_1 = QR_b \tag{7-27}$$

式中，Q 为物品和取物装置的重量；R_b 为动臂在水平位置平面内的投影长度。

$$M_2 = \frac{1}{2}(G_b + G_Z)R_b \tag{7-28}$$

式中，G_b 为动臂的自重；G_Z 为动臂滑轮组的自重。

$$M_3 = W_f^b h + W_f^Q H = \left(\frac{1}{2}W_f^b + W_f^Q\right)H \tag{7-29}$$

式中，W_f^b 为作用在物品上的风力；W_f^Q 为作用在动臂上的风力；h、H 分别为作用在臂架和物品上风力的中心到动臂铰轴的距离。

$$M_4 = P_g R_b = \frac{Q}{g}\frac{V_Q}{t_Q}R_b \tag{7-30}$$

式中，P_g 为物品和取物装置的起动(制动)惯性力；g 为重力加速度，$g = 9.81\text{m/s}^2$；V_Q 为物品的起升速度；t_Q 为起动(制动)时间。

$$M_5 = P_L^Q H + P_L^b h_b = \frac{Qn^2}{900}(R_b + f)H + \frac{G_b n^2}{900}(R_b + f)h_b \tag{7-31}$$

式中，P_L^Q 为起重机旋转时物品的离心力，单位为 N，即

$$P_L^Q = \frac{Qn^2}{900}(R_b + f) = \frac{Qn^2}{900} \times (f + L_b \cos\varphi) \tag{7-32}$$

式中，Q 为物品的重量；n 为起重量旋转的每分钟转数，单位为 r/min；L_b 为起重机动臂的长度；f 为动臂铰轴到起重机旋转中心的距离；φ 为起重动臂与水平面的夹角；P_L^b 为起重机旋转时动臂自重的离心力；即

$$P_L^b = \frac{G_b n^2}{900}\left(f + \frac{1}{2}L_b \cos\varphi\right) \tag{7-33}$$

h_b 为 P_L^b 的纵坐标，可取 $L_b = \frac{2}{3}H$ 。

对旋转、运行和变幅速度不大的起重机，可以忽略旋转、运行、变幅时物品的惯性力。当起重机动臂幅度小于 25m，起重机旋转速度小于 1r/min 时，载荷、动臂自重的离心力也可以不考虑。

由动臂铰轴中摩擦力引起的阻力矩 M_6，在一般情况下，它的数值与其他各项相比很小可以略去不计。

$$M_7 = \frac{Q}{i_b \eta_Z^Q} L_b \sin\delta \tag{7-34}$$

式中，i_b 为起升滑轮组的倍率；η_Z^Q 为起升滑轮组的效率；δ 为起升索与动臂的夹角。

因此，动臂滑轮组中的拉力 P 为

$$P=\frac{M_0}{L_b\sin\delta}$$

$$=\frac{(Q+P_g+0.5G_b+0.5G_Z)R_b-\dfrac{QL_b\sin\delta}{i_b\eta_Z^Q}+\left(W_f^Q+\dfrac{1}{2}W_f^b+P_L^Q+P_L^b\dfrac{h_b}{H}\right)H}{L_b\sin\delta} \tag{7-35}$$

7.4　输送机械

输送机械又称连续运输机械或传送机，利用输送机械可沿着一定路线运输微粒物或整件物品。输送机械工作不受时间限制，不停地在同一方向上运输货物，装卸时无须停车，它具有较大的生产效率。向输送机械供料均匀时，输送机的速度稳定，在工作过程中所消耗的功率几乎不变，基于同样的原因，它的最大负荷与其平均负荷差别一般比较小，因而输送机的承受力、需用功率、传动装置的重量和成本一般低于周期性动作的起重机。

输送机械必须布置在整个货物的运输线上，这在线路复杂、运输距离又很长时会使设备庞大，成本提高。每一种类型的输送机只适用于运输一定种类的货物，它不能直接从输送机上取货，需要使用辅助的供料装置。

7.4.1　输送机械的分类

输送机械种类繁多，现仅讨论林业生产用的输送机械，它可以根据牵引构件类型和输送木材(或原木)的轴线方向进行分类。

1. 按其牵引构件类型进行分类

牵引构件的功用是把动力从传动装置传递到货物上去，用作牵引构件的有钢丝绳、链条、带和刮板等。根据牵引构件的类型，输送机可分为：有牵引构件的输送机，如钢索输送机、链条输送机、皮带输送机和刮板输送机等；无牵引构件的输送机，如滚柱输送机和气力输送装置，气力输送装置多数应用在木材综合利用企业。

林业部门利用输送机是运送原条、原木、板方材、木片、锯末以及树皮等物。根据运送对象不同，所选用输送机械的类型有所不同，如原木选材、向固定造材机供、出料以及向制材厂进料，常选用链条输送机和钢索输送机；在制材厂和木片厂车间内的成材运输大都采用横向链条输送机、皮带输送机和滚柱输送机；废料和工业木片运输一般采用皮带输送机、刮板输送机和气力输送装置等。

2. 按其输送树木(或原木)的轴线方向进行分类

当运行原木的轴线方向与输送机中心线平行时称为纵向输送机。

当运行原木的轴线方向与输送机中心线垂直时称为横向输送机。横向输送机用于连接两个纵向输送机进行原木选材和固定造材机的供料。但需要解决配套设备，目前利用横向输送机进行选材和供出料还不普遍。

输送机一般包括下列部分。

(1)牵引构件，如链条、钢丝绳、皮带等，将运动传给承载装置。

(2)承载装置或工作装置(如钩子、横梁、刮板等)，抓取或承载运移的物料。

(3)滑动的和滚动的支座，以支承牵引构件。

(4)张紧装置，包括张紧轮、张紧小车和张紧重锤。

(5)装、卸料装置，卸原木利用抛木机。

(6)驱动装置，包括原动机、传动装置。

(7)基座和构件。

7.4.2　输送机械的主要技术性能参数

(1)生产率。生产率是指输送机在单位时间内输送货物的质量，用 Q 表示，单位为t/h。它是反映输送机工作性能的主要指标，它的大小取决于输送机承载构件上每米长度所载物料的质量 q 和工作速度 v。所有的输送机生产率均可用下式计算：

$$Q = 3.6qv \tag{7-36}$$

式中，q 为单位长度承载构件上货物或物料的质量，单位为kg/m；v 为输送速度，单位为m/s。

生产率指连续输送机在考虑到物料性能、最大充填系数、最有利的输送布局、最有利的工艺路线及在特定条件下短时间内所能达到的最大生产率。

(2)输送速度。输送速度是指被运货物或物料沿输送方向的运行速度。其中，带速是指输送带或牵引带在被输送货物前进方向的运行速度；链速是指牵引链在被输送货物前进方向的运行速度；主轴转速是指传动滚筒转轴或传动链轮轴的转速。

(3)充填系数。充填系数是输送机承载件被物料或货物填满程度的系数。

(4)输送长度。输送长度是指输送机装载点与卸载点之间的展开距离。

(5)提升高度。提升高度是指货物或物料在垂直方向上的输送距离。此外，还有安全系数、制动时间、起动时间、电动机功率、轴功率、单位长度牵引构件的质量、传入点张力、最大动张力、最大静张力、预张力、拉紧行程等技术性能参数等。

7.4.3 几种常用输送机简介

1. 带式输送机

带式输送机是以输送带作承载和牵引件或只作承载件的输送机。带式输送机是使用最普遍的一种输送机，其基本结构是在水平或倾斜的窄长机架两端装有输送带滚筒，在滚筒上的无接缝环形输送带连续地朝一个方向移动，货物放在带上输送。带式输送机适用于输送 0.5～2.5t/m^3 的各种块状、粉状等散体物料，也可输送成件物品。带式输送机与其他类型的输送机相比，具有优良的性能。在连续装载的情况下，具有生产率高、运行平稳可靠、输送连续均匀、工作过程中噪声小、结构简单、能量消耗小、运行维护费用低、维修方便、易于实现自动控制和远程操作等优点。输送线路可以呈水平、倾斜布置或在水平方向、垂直方向弯曲布置，受地形条件限制较小；其应用场合遍及仓库、港口、车站、工厂、煤矿、矿山、建筑工地。但带式输送机不能自动取货，当货流变化时，需要重新布置输送线路。

1) 带式输送机的类型

(1) 按照带的种类区别分类。带式输送机常用的带有橡胶带、钢带、钢纤维带、塑料带、化纤带等，其中以橡胶带、钢带为主。

(2) 按照牵引方式分类。钢丝绳牵引带式输送机，是用钢丝绳作牵引件，输送带作承载件的带式输送机；链牵引带式输送机，是用链条作牵引件、输送带作承载件的带式输送机；摩擦驱动带式输送机，是靠布置在主带式输送机上、下分支间的短带式输送机输送带与主输送带之间的摩擦力驱动主输送机的带式输送机；电动驱动带式输送机，是以输送带作为电动机次级驱动的带式输送机。

(3) 按照输送机移动性质分类。固定带式输送机，按指定线路固定安装的带式输送机；移动带式输送机，具有行走机构可以移动的带式输送机；携带带式输送机，人力可移动的带式输送机；移置带式输送机，可随工作场地的变化靠自身行走机构或借助其他机械进行横向移置的带式输送机。

(4) 按驱动方式分类。有辊式带式输送机，输送带全由托辊支撑运转；无辊式带式输送机，输送带靠气垫、磁垫、水垫支撑运转；直线驱动方式，将电动机驱动变为直线电动机驱动方式，转子线圈放在带内，定子线圈放在带外，当转子运转时输送带随之运动。

(5) 按照布置形式分类。带式运输机可以水平布置，也可以倾斜运输，并可在同一台运输机中既有水平运输的区段也有倾斜运输的区段。

2) 国外新型的带式输送机

(1) 索道式长距离带式输送机。如图 7-17 所示，国外开发的一种索道式长距离带式输送机，结合了索道技术和带式输送机的优点。特别适合于需要长距离输送物料，并且需要跨越不同的地貌(如河流、公路和山坡等)，或受环保要求限制的场合。该系统由塔架、承载钢丝绳、驱动和改向滚筒、平面波状挡边输送带等主要部件组成。分布在输送带两侧的 4 根支撑在塔架上的钢丝绳作为承载件和导轨。这种输送系统的主要技术参数为：输送距离 300～20000m，输送量为 100～3000t/h，带速为 1.3～6.0m/s，塔架最大间距为 500m。

图 7-17 索道式长距离带式输送机

(2) 吊挂管状带式输送机。如图 7-18 所示，荷兰公司成功研制的吊挂管状带式输送机，采用滚轮将输送带卷起后吊挂在支架上，滚轮与吊架一起固定在运行线路的轨道上，与普通的吊挂管状带式输送机相比，没有复杂的夹具及夹具开闭系统，并且吊具不随输送带一起运行。这种输送机输送带的带宽为 1000mm，可以根据不同的应用场合提供防腐、耐油脂性能，承受温度最高可达 80℃，最大速度可达 3m/s。这种输送机除具有普通吊挂管状带式输送机封闭输送无污染、输送倾角比通用带式输送机大、输送线路灵活、不需转载点等优点外，还具有结构简单、输送带张力小且不受运量和带速的影响等优点。

图 7-18　吊挂管状带式输送机

2. 链式输送机

链式输送机(图 7-19)是以链条作为索引构件的连续运输机，木材工业中常用的链式运输机有刮板输送机、埋刮板输送机、斗式提升机和板式输送机等。

图 7-19　链式输送机

1)链式输送机的特点

(1)输送能力大，高效的链式输送机允许在较小空间内输送大量物料。

(2)输送能耗低，借助物料的内摩擦力，变推动物料为拉动，使其与螺旋输送机相比节电 50%。

(3)密封和安全，全密封的机壳使粉尘无缝可钻，操作安全，运行可靠。

(4) 使用寿命长，用合金钢材经先进的热处理手段加工而成的输送链，其正常寿命＞5 年，链上的滚子寿命(根据不同物料)≥2～3 年。

(5) 工艺布置灵活，可高架、地面或地坑布置，可水平或爬坡(≤15°)安装，也可同机水平加爬坡安装，可多点进出料。

(6) 使用费用低，节电且耐用，维修少，费用约为螺旋输送机的 1/10，能确保主机的正常运转，以增加产出、降低消耗、提高效益。

2) 链式输送机的主要组成部分

(1) 原动机。原动机是输送机的动力来源，一般都采用交流电动机。根据需要可以采用普通的交流异步电动机，或采用交流调速电动机。

(2) 驱动装置。通过驱动装置将电动机与输送机头轴连接起来，驱动装置的组成取决于其要实现的功能，通常要实现的功能有降低速度、机械调速、安全保护。

(3) 线体。链式输送机的线体是直接实现输送功能的关键部件。它主要由输送链条、附件、链轮、头轴、尾轴、轨道、支架等部分组成。

(4) 张紧装置。张紧装置用来拉紧尾轴，其作用在于：保持输送链条在一定的张紧状态下运行，当输送链条伸长时，通过张紧装置补偿，保持链条的预紧度。

(5) 电控装置。电控装置对单台链式输送机来说，其主要功能是控制驱动装置，使链条按要求规律的运行。但对由输送机组成的自动生产线，它的功能就要广泛得多。除了一般的控制输送机速度，还需完成多机驱动的同步、信号采集、信号传递、故障诊断等使链条自动生产线满足生产工艺要求的各种功能。

3) 链条和链轮

如图 7-20 所示，链条由内链节、套筒、滚子、内链板、外链节、轴销、外链板和中链板等部分构成。

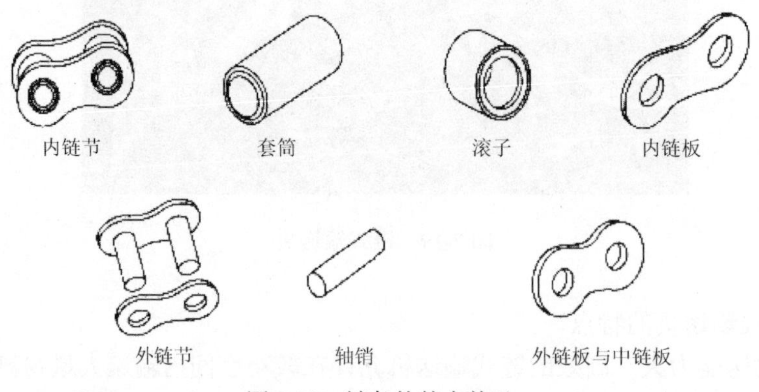

图 7-20　链条的基本单元

链条根据结构可以划分为滚子链条、套筒链条、多板链条和其他结构链条；

根据用途分为传动链条、输送链条和其他用途链条，其中链条的功能在一定程度上取决于链板的形状，链板的形状如图 7-21 所示。

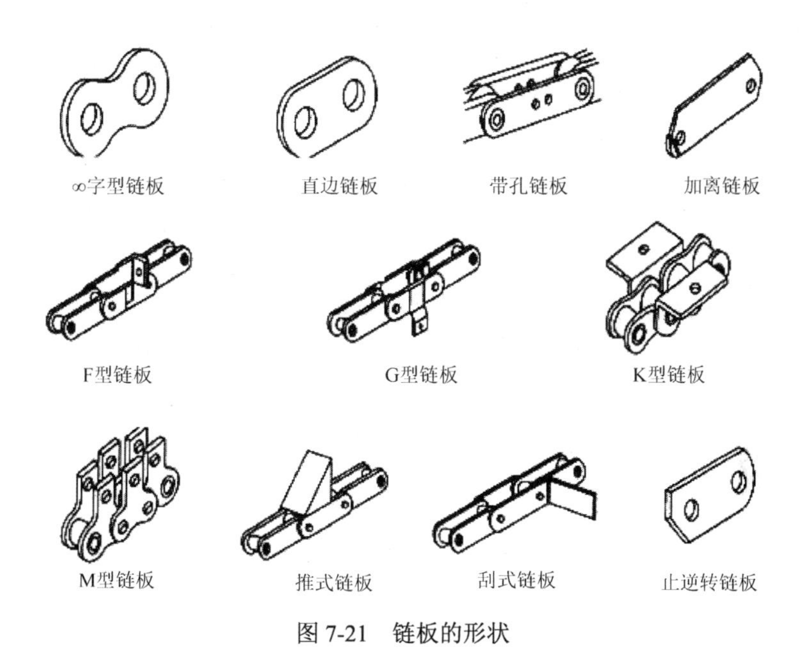

图 7-21　链板的形状

如图 7-22 所示，链轮形式有三种，即平板链轮(A 型)、单侧凸缘链轮(B 型)和双侧凸缘链轮(C 型)。

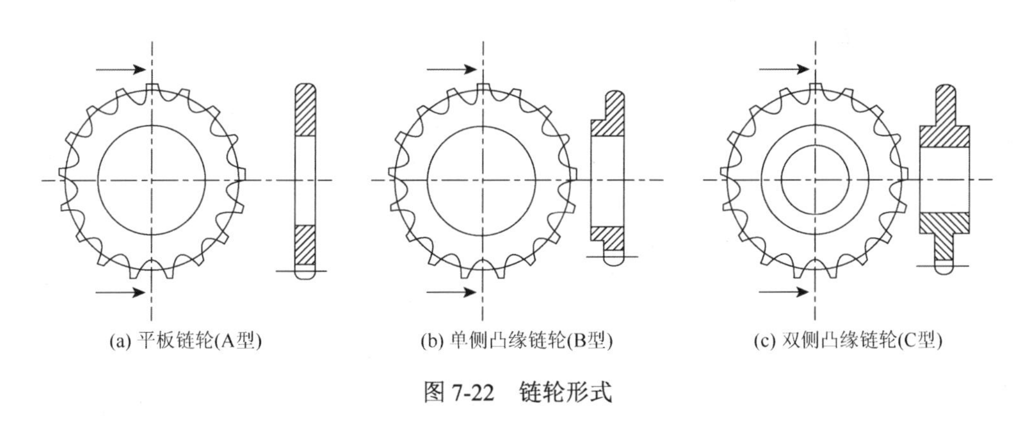

图 7-22　链轮形式

7.4.4　输送机械牵引构件的运行阻力分析

为了正确地选择牵引构件和输送机上其他部分尺寸，以及确定输送机上驱动装置的需用功率，就必须知道牵引构件的最大张力及其传出的牵引力。传动装置传到牵引构件上的牵引力则要消耗在克服被运输货物的运行阻力及牵引构件在线路直线段上的运动阻力，以及牵引构件在线路曲线区段上的运行阻力。

1. 牵引构件在线路直线段上的运动阻力

牵引构件在线路直线区段上分为安在滑动支座上的牵引构件、横梁安在滚轮上的牵引构件、沿着支持滚轮上移动的牵引构件、装有滑动式刮板的牵引构件等。现主要计算在林业上用得较多的沿着支持滚轮上移动的牵引构件在线路直线区段上的运行阻力。

图 7-23 为仰角为 α 的倾斜式输送机。链轮 2 是驱动链轮，链轮 1 是被动链轮。在链轮 1 附近设置有张紧装置，它将安装张力传到牵引构件。G_m 是单位物品(一根原条或原木)的重力，它可分解为两个分力，G_{m1} 是与 AB 平行的分力，G_{m2} 是与 AB 垂直的分力。牵引构件的每单位长度重力 G 也可分解为两个分力，G_1 是平行于 AB 的分力，G_2 是垂直于 AB 的分力。

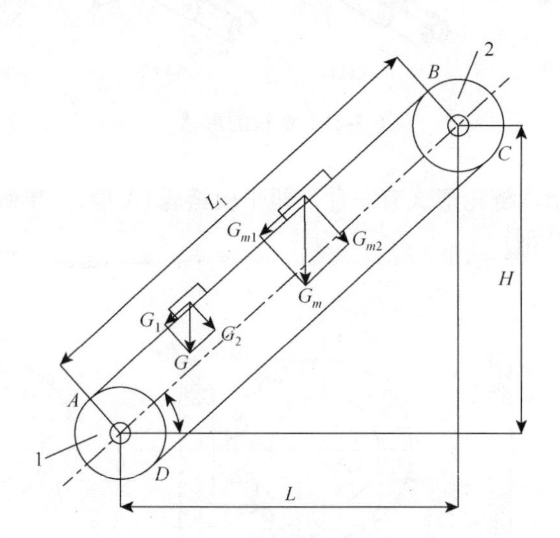

图 7-23 倾斜式输送机的阻力计算图

1、2. 链轮

1) 牵引构件在 AB 段上的运行阻力

牵引构件在 AB 段上的运行阻力包括以下几种。

(1) 物品上升的阻力，即等于 nG_{m1}，则 $nG_{m1} = nG_m \sin\alpha = qL_1 \sin\alpha = qH$ 。

(2) 牵引构件向上运行的阻力，$G_1L_1 = GL_1 \sin\alpha = GH$ 。

(3) 带负荷的牵引构件与输送机的导轨间摩擦阻力：

$$nG_{m2}\mu + G_2L_1\mu = nG_m\mu\cos\alpha + GL_1\mu\cos\alpha = qL_1\mu\cos\alpha + GL_1\mu\cos\alpha = qL\mu + GL\mu$$

因而

$$W_1 = nG_m\sin\alpha + nG_m\mu\cos\alpha + GL_1\sin\alpha + GL_1\mu\cos\alpha \tag{7-37}$$

或

$$W_1 = qH + qL\mu + GH + GL\mu$$

式中，n 为在输送机 L_1 长的部分上原木数量，单位为根；μ 为牵引构件支座与输送机导板间的滑动摩擦系数；W_1 为牵引构件在 AB 段上的运行阻力，单位为 N；q 为在输送机每单位长度所带物品的重力，单位为 N/m。

2)牵引构件在 CD 段上的运行阻力

牵引构件在 CD 段上的运行阻力 W_2 包括以下几种。

(1)牵引构件在 CD 段上的摩擦阻力 $G_2L_1\mu = GL_1\mu\cos\alpha = GL\mu$，若在牵引构件的下部设有导板，则 CD 段上的摩擦阻力为零。

(2)牵引构件在 CD 段上向下运行阻力：

$$-G_1L_1 = -GL_1\sin\alpha = -GH$$

因而

$$W_2 = GL_1\mu\cos\alpha - GL_1\sin\alpha \tag{7-38}$$

或

$$W_2 = GL\mu - GH$$

牵引构件在直线导轨总的运行阻力：

$$W_1 + W_2 = nG_m(\sin\alpha + \mu\cos\alpha) + 2GL_1\mu\cos\alpha \tag{7-39}$$

或

$$W_1 + W_2 = qH + qL\mu + 2GL\mu$$

若在牵引构件的回空部位没有导板，则

$$W_1 + W_2 = nG_m(\sin\alpha + \mu\cos\alpha) + GL_1\mu\cos\alpha = qH + qL\mu + GL\mu$$

式中，qH 为货物上升阻力，单位为 N；$qL\mu$ 为货物移动阻力，单位为 N；$GL\mu$ 为牵引构件本身沿导轨移动的阻力，单位为 N。

对于牵引构件是安装在滑动支座上的链条输送机 $\mu = 0.2 \sim 0.3$。

当输送机处于水平时，仰角 α 为零，$L_1 = L,\ H = 0$，式(7-39)可写为

$$W_1 + W_2 = qL\mu + 2GL\mu \tag{7-40}$$

当带滚轮的横梁安装在牵引构件上时，滚轮的轴随牵引构件一起移动成：

$$W_1 + W_2 = nG_m\mu + 2GL_1\mu = qL\mu + 2GL\mu$$

因而滚轮就能沿输送导轨而滚动。转动滚轮的计算图如图 7-24 所示。图中各力对转动滚轮轴力矩：

$$M = S_P\frac{D}{2} = Pf + P\mu_1\frac{d}{2} = P(f + \mu_1\frac{d}{2})$$

整理得出：

$$S_P = P\frac{2f + \mu_1 d}{D} \tag{7-41}$$

式中，S_P 为滚轮运动驱动力，单位为 N；f 为滚轮滚动摩擦距离，单位为 cm；μ_1 为滚轮轴颈的滑动摩擦系数；D 为轴颈直径，单位为 cm；P 为载荷，单位为 N。

对于具有轮缘的滚轮，则要在式(7-41)内乘以修正系数$K \approx 1.25$，这是考虑到轮缘与轨端之间及滚轮轴与输送机侧导向板之间的附加摩擦力。

计算牵引构件在输送机直线段的滚动运动阻力时，将式(7-33)中的 μ 用 $K\dfrac{2f+\mu_1 d}{D}$ 代替，则得

$$W_1+W_2=nG_m\left(\sin\alpha+K\frac{2f+\mu_1 d}{D}\cos\alpha\right)+GL_1K\frac{2f+\mu_1 d}{D}\cos\alpha \quad (7\text{-}42)$$

或

$$W_1+W_2=qH+qLK\frac{2f+\mu_1 d}{D}+2GLK\frac{2f+\mu_1 d}{D}$$

当输送机处于水平时，仰角 α 为零，$L_1=L, H=0$，因而：

$$W_1+W_2=nG_mK\frac{2f+\mu_1 d}{D}+2GLK\frac{2f+\mu_1 d}{D}=qLK\frac{2f+\mu_1 d}{D}+2GLK\frac{2f+\mu_1 d}{D}$$

d/D 的比值取为 1/7～1/5。考虑到轨道上常盖有一层脏物及其上面不够平滑，所以滚轮的滚动摩擦距离可取为f= 0.05～0.1cm，系数 μ_1 = 0.15～0.2。

此外还有沿支持滚轮上移动的牵引构件，其牵引构件是支撑在支持滚轮上，支持滚轮的轴固定不动，当牵引构件运动时带动支持滚轮运动。

2. 牵引构件在线路曲线区段上的运行阻力

牵引构件绕着被动轮运行时的运行阻力包括被动轮轴套内摩擦阻力及当牵引构件绕入和离开被动轮时由于其硬性所产生的阻力，现主要讨论被动轮轴套内的摩擦阻力。图 7-25 为牵引构件在被动轮上的阻力计算图。

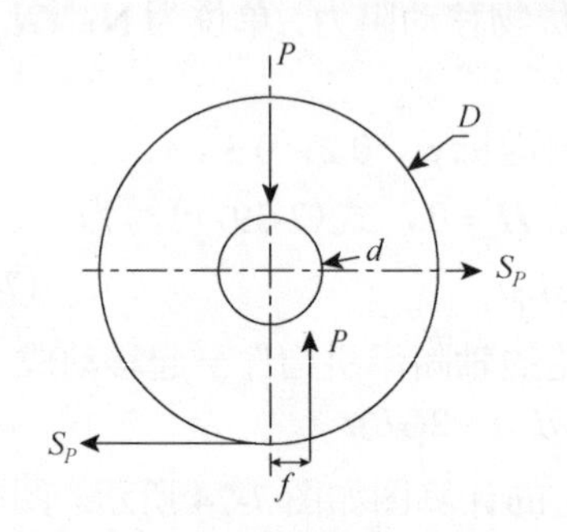

图 7-24　转动滚轮的阻力计算图

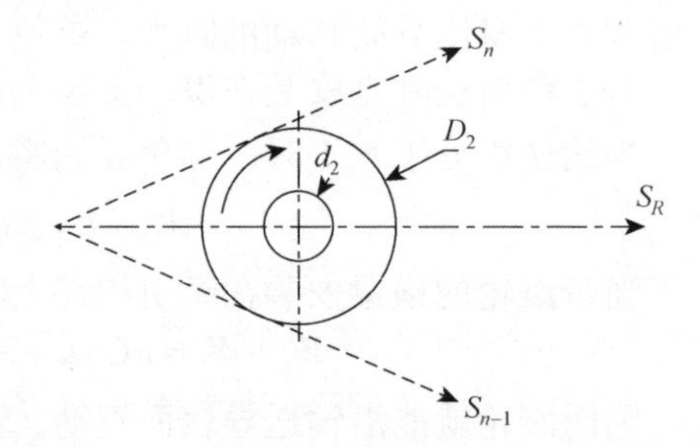

图 7-25　牵引构件在被动轮上的阻力计算图

牵引构件下行部分的张力是 S_n，上行部分的张力是 S_{n-1}，一般 $S_n \approx (1.05\sim1.1)$ S_{n-1}。

从图 7-25 可写出：

$$S_R=(S_{n-1}+S_n)\cos\beta$$

当牵引构件的上下部分平行时，$\beta=0$，则

$$S_R = 2.1S_{n-1}$$

被动轮轴套内的摩擦阻力 W_B 为

$$W_B = S_R\mu_2\frac{d_2}{D_2} = 2.1S_{n-1}\mu_2\frac{d_2}{D_2} \tag{7-43}$$

式中，β 为牵引构件上下部分之间的夹角；S_R 为作用在被动轮轴上的压力，单位为N；d_2 为被动轮轴颈直径，单位为cm；D_2 为被动轮节圆直径，单位为cm；μ_2 为轴套滑动摩擦系数。

对于链条输送机可以取：$d_2/D_2 = 1/7 \sim 1/5$，平均为1/6，代入 μ_2 和 d_2/D_2 的值，可以得到

$$W_B \approx 2.1S_{n-1} \times 0.15 \times \frac{1}{6} = 0.05S_{n-1}$$

此外还有牵引构件在绕入和离开被动轮时硬性阻力，由于链条输送机较常用，现讨论链条输送机的硬性阻力。

链条输送机的硬性阻力是指链条从链轮上绕入和离开时相邻链环间的接触部分摩擦力。其计算公式为

$$W_c = 2.1S_{n-1}\mu_4\frac{d_3}{D_2} \tag{7-44}$$

式中，d_3 为链条圆钢直径或铰接处链轴直径；μ_4 为铰接处的摩擦系数；D_2 为被动轮节圆直径。

确定了输送机的运行阻力后，且按照实际状况确定安装张力(具体计算见输送机械设计手册)，便可以计算出输送机械工作时所需的牵引力，从而可以确定所需驱动电机的功率。

复习思考题

7-1 什么是起重输送机械？是如何分类的？

7-2 起重机械的工作特点是什么？

7-3 输送机械的工作特点是什么？

7-4 林业起重机的特点是什么？

7-5 林业起重机由哪几部分组成？各自的作用是什么？

7-6 林业起重机有哪些基本参数？举例说明起重机的工作级别。

7-7 输送机械主要有哪几类？其技术参数有哪些？

第8章 精准林业技术

8.1 精准林业的概念与特点

森林资源具有生态、经济和社会等多重效益。精准林业是一种关于林业管理系统的战略思想，是信息科学技术在林业中的应用，是以知识为基础的林业微观管理系统。精准林业的思想与生态林业是一致的，它不仅仅是传统林业加信息技术，更重要的是它所包含的实时实地“对症下药”、变量投入的林业管理思想。面对我国人口众多，森林资源极其贫乏的严峻国情，有卓见的林业工作者都意识到走精准林业发展道路是现代林业发展的必然趋势，这是林业可持续发展的一个战略问题。

所谓精准林业(precision forestry)，是指尽可能地采用高新科学技术(如林木遗传工程、以全球卫星导航定位技术为代表的3S技术、数字通信、林业机械自动化、传感器技术、建立森林土壤分析类型、林地适应性评价、森林生态环境模拟、林木育种、施肥、生长监测、病虫火害防治及森林收获等)建立一体化、智能化、数字化的现代林业技术体系，进而最大限度地发挥生态、经济、社会效益，实现森林可持续经营和区域可持续发展。

精准林业的核心是森林的生长实现精准的计测和监测。其技术核心是利用遥感技术、地理信息系统、卫星导航定位技术、专家系统等建立林地管理、营林区管理、林班管理、小班管理、土壤数据、小班坡向、坡度、坡位、自然条件、立地分析、造林模式决策支持、森林光谱数据、病虫害信息、森林生长与空间结构信息系统，采取优化的森林空间结构调整理论和方法处方消除与减少这些差异，实现森林的健康和可持续经营。

精准林业的理论还仅仅处在概念的建立和少量分散式实验的阶段，远远未达到令人满意的程度。同时，林业领域的周期长、干扰多、区域大、变异大、条件复杂的特点也决定了精准林业不同于精准农业的特点。

(1)精准农业的研究对象是农田、农作物，而精准林业则是小班林木，小班是林业上一个经营单位，相同的经营条件属于同一个小班。

(2)精准农业与精准林业共同的研究目标是低投入、低能源、低消耗、高产出、信息化、智能化、保护生态环境。

(3)精准农业的技术核心是建立具有1m^{2}分辨率田间信息实时采集装置，目前开发难度大，难以做到实时和近实时的处理。精准林业一般以小班为信息采集单位。

(4) 差分全球定位系统作为空间位置数据采集器已经十分成熟，遥感技术提供高分辨率的土地信息和作物光谱信息已获成功，这对精准林业也是必要的。

(5) 地理信息系统配合农业专家系统用于农田土地管理。土壤数据、气候条件、作物苗情、病虫害发生趋势、作物产量的空间分布、分析、制图也十分成熟，从而为精准农业提供到 1m^2 分辨率的差异性和实施调控提供处方信息，进而实现科学种田、精准作业、充分生长，这也是精准林业所需要的。

(6) 作物栽培管理辅助决策系统与作物生产管理及长势预测模型、投入产出分析模拟模型和农业专家系统，根据产量差异性做出判断，提出科学处方，消除和减少差异，实现高产、稳产，这也是精准林业的目标。

(7) 精准农业的技术难题是在农业机械和其他机械运动状态下对田间信息(主要是土壤信息，如水分、氮、磷、钾、杂草和病虫害，作物苗情识别的传感器开发)进行实时采集，这些信息的采集只能建立在以后的实验室分析基础上。对于精准林业，在未造林区、更新区也有与精准农业相同的问题，但我国林区多是山地，机械运行困难，故这些问题相对于精准农业而言不很突出。精准林业的技术核心是森林的生长实现精准的计测和监测。

8.2　国内外精准林业发展概述

1. 国外研究动态

一些发达国家在精准林业相关技术的研究方面发展较快，如在森林土壤类型分析、林地适应性评价、森林生态环境模拟、林木育种以及生长监测和森林收获等领域已有成熟的应用。美国林务局为每个林管局和林业研究所配备了资源级 GPS 接收机，主要用于灾害监测和防治的飞机导航、林相图的自动更新和林区作业的定位服务。美国林务局和伊利诺伊大学联合开发的 Smart Forest 软件，实现了森林景观的可视化，以数字地面模型三维显示技术为基础，使用地理信息系统作为决策支持媒介来考察景观尺度的资源状况，在林业信息的支持下，可以从不同视角模拟观察森林景观及其变化。美国太空成像公司对原有的利用卫星遥感数据监测火灾的技术和方法进行了归纳、整理与合并，形成了一套基于互联网影像查询系统的、实用的火灾探测算法，该算法具有自适应和区域性敏感的特点，所以适合于区域和全球火灾监测，可以实时获取火灾位置等信息。Reid 等研究开发了 FLAMODEI，来存储和分析林业数据，主要具有森林现状分析、发展趋势预测、森林生态景观分析、观光风景区内的森林布局等功能，同时它还可提供林道、河流、边界等数据的查询。Dimitru 和 Otson 运用空间信息系统集成和卫星数据来确定森林覆盖率。技术路线是，通过像素尺寸的变化来判别树种是否有所增加，对比 Landsat TM 和 SP0Y-XS 遥感卫星摄像 2、3、4 波段得到的数据，可以得到林区内较为准确的信息。美国科罗拉多大学研究开发了一套航空录像的自动配准和校正系统，它是实时获取资源信息的遥感技术工具，克服了影像配准与几何校正的时间太长、费用太高、与精确地理信息系统匹配能力有限的缺点，在不增加过多硬件的基础上，极大地降低了人为干预的操作，主要用于监测森林病虫害。

2. 国内研究动态

福建农林大学交通学院研究开发了基于地理信息系统的木材运输决策支持计划系统，它综合运用线性规划和地理信息系统技术，可以协助计划者确定最小费用集运材路径、确定最佳楞场空间位置和木材流分配，目标是在需材单位订货和森林资源条件的约束下，木材集运综合成本最低。东北林业大学完成了基于 Web 和 3S 技术的森林防火智能决策支持系统的研究，实现了林火数据库、林火预报预防、林火蔓延模型、扑火指挥决策等方面的智能化、网络化管理，使系统能够在互联网上实现运行和信息传输，自动优化系统参数和自动修正模型参数，形成扑火指挥决策支持专家系统。

南京林业大学机电学院开展了利用以机器视觉、图像处理、全球定位系统、地理信息系统、数据库管理系统、决策支持系统、虚拟现实技术为代表的高新技术从事精确林业的构成、实现、应用等研究，开发了基于机器视觉的室内农药自动精确施用系统。该系统以实验室环境中所建的试验模型为研究对象，模拟农药施用的真实情况，用总结出的一套算法进行图像处理，并以此为依据做出决策控制喷头实现农药的精确施用，分析和探索了在自然环境中基于实时视觉传感技术的农药精确施用的可行性和效果。在实验室内开展了一系列的试验和研究，对施药过程中的运动模拟、树木图像采集、图像分割、施药决策、数据交换、喷雾执行等主要问题和技术难点进行了较为深入的探讨与研究，涵盖了基于实时视觉传感技术的农药精确施用的主要技术要点。实验室测试表明，该系统运行良好并有很好的户外应用前景，特别适用于路旁树木的病虫害防治，林木栽植株距较大时，与常规施药方法相比，可节省 50%以上的用药量。此外，该学院还开展了农药精确喷雾机时空数据分析与融合研究，目标是建立集 CCD 摄像头、全球定位系统、地理信息系统为一体的移动式农药精确喷雾系统。根据不同林业生产情况及病虫害发生类型、程度，利用此系统来对应控制特定区域做出可变量控制决策而实现农药精确对靶喷雾，最大限度地杜绝非目标农药沉积，减轻环境污染。

3. 精准林业在我国的发展前景

我国已经进行了一定规模的精准农业试点工作，部分技术、产品已趋成型，如由北京农业信息技术中心承担的北京市小汤山精确农业示范工程已进行了谷物测量、水分在线测量、田间信息采集、遥感监测作物长势、水分、病虫草害、防治环境监测、全球定位系统采样定位、导航、农业专家系统分析、农业机械的实时在线控制等试验。林业与农业相比有诸多不同，如森林资源类型多、区域差异大、周期长、干扰多、变化快且复杂，决定了精确林业实现的难度要比精确农业大。在我国，精确林业的理论框架逐步完善，技术体系初步建立，应用领域进一步扩大，产业部门逐渐形成。3S 技术及其他高新技术现已经广泛应用于森林资源清查、林地面积实时测量、林界划分、护林防火、飞播造林、荒漠化监测等领域。

8.3　3S 技术在精准林业中的应用

林业是生态建设的主体，我国林业与世界林业发达国家相比存在着相当大的差距，是经济与社会发展中一个十分薄弱的环节。随着我国经济的发展和人民生活水平的不断提高，林业的地位变得越来越重要。因此，对森林资源进行精准的监测与严格的管理，成为当前林业研究工作的重点。

随着科学技术的发展，以及精准林业的要求，拓展 3S 技术在林业中的应用已经成为一种趋势。在林区复杂的地理环境下，引入 3S 技术将大大减轻林业工作者的工作量。同时，工作效率和精度也将大大提高。

8.3.1　3S 技术及其在林业中应用的特点

3S 技术是 GPS、RS 和 GIS 的统称，是空间技术、传感器技术、卫星定位与导航技术和计算机技术、通信技术相结合的、多学科高度集成的、对空间信息进行采集、处理、管理、分析、表达、传播和应用的现代信息技术。我国 3S 技术的研究与应用晚于国外 10～20 年，但近年来发展迅速，已经被广泛应用于环境监测、资源监测、资源清查与管理、交通与通信、城市规划、灾害与灾情评估及全球气候变化研究等诸多领域，并已形成庞大的技术产业。随着三种技术的日益成熟和应用领域的日益扩展，其研究和应用开始向集成化方向发展，形成 3S 集成系统。在这种集成系统中，GPS 主要用于实时、快速、准确地提供目标物体以及各类传感器和运载平台空间位置；RS 用于实时地提供目标及其环境的相关信息特征，发现地球表面的各种变化，及时地对 GIS 进行数据更新；GIS 则是对不同来源的时空数据进行综合处理、集成管理、动态存取、智能分析。

1. GPS

GPS是美国自20世纪60年代开始历经20多年的开发于1994年部署完成的以卫星为基础的无线电导航定位系统。

该系统由分布在6个轨道上的24颗定位导航卫星组成，提供全能型、全球性、全天候、连续性和实时性的导航、定位与定时功能，能够为用户提供精确的三维坐标、速度和时间。在林业上，传统的一类资源清查中主要利用地形图结合航片进行样地定位，实测获取资源数据，劳动量大、耗时长。GPS的出现使林区样点定位发生了巨大的变化，从根本上解决了样地难以复位的情况。通过在林区建立GPS控制网体系，对某些点采用静态处理、相对定位的方式进行测量，从而获取高精度的控制点坐标，然后以这些点为基础，控制林区其他点位的测量。此外，GPS还可以用于遥感地面控制、伐区边界量测、森林灾害的评估以及各类造林工程检查验收等诸多方面。通过GPS的应用，改进了现行的森林资源调查方法，提高了森林资源调查精度，从而推动了林业管理精确化、科学化。目前，GPS已经作为林业调查的必备工具，广泛应用于各类调查和监测，极大地提高了调查精度，节省了调查时间，提高了工作效率。

2. RS

RS是在远离目标、与目标不直接接触的情况通过传感器收集被测目标所发射出来的电磁波能量而加以记录并成像，以供专业人士进行信息识别、分类和分析的一项综合性探测技术。遥感在林业上主要用于各类土地面积的判读、森林蓄积的量测和灾害的预测等。土地面积判读是通过一系列遥感解译标志和引入一些辅助参数(如高程、地貌等)，通过影像色调、光泽、纹理、几何位置、尺寸大小、高度等结合间接解译标志进行判读，在GIS操作平台上划分小班，填写属性因子，生成图并导出相应的Excel统计表。森林蓄积量判读是通过遥感影像各波段的灰度值及相应的比值，以树种、龄组、优势树种等因子作为自变量，以单位面积蓄积量为因变量建立回归模型，通过计算并标出相应树种的蓄积量。灾害预测则是通过对比不同时向下的遥感影像数据，根据影像之间的差异来判断确定灾害，达到预测的效果。

3. GIS

GIS是指在计算机软硬件支持下，对具有空间内涵的地理信息进行输入、存储、查询、运算、分析、表达的技术系统。过去，无论是森林资源的一类调查、二类调查还是三类调查，数据的统计及图表的制作主要是以手工为主，速度慢、效率低。而地理信息系统的出现以及与现代获取数据方式相结合的方法，大大改进了数据处理的方式，可以快速获取有关统计数据及图表。

8.3.2　3S 技术在精准林业中的应用现状

精准林业要求达到提高林业生产高效化程度、林业生产中降低成本、提高投入产出率、发展优质高效林业的要求以及环境保护、资源再生利用、林业可持续发展等方面的目标。由于其高度依赖 3S 技术，因此精准林业在 3S 技术发达的欧美国家发展迅速。

国内在 2001 年启动了“森林精准监测与重大病虫害遥感监测及预警系统研究”项目，实现了全球定位系统、全站仪、近景摄影、航片、航天遥感、GIS 等先进技术的精准林业技术集成系统，为我国精准林业的建立奠定了良好的基础。从 2002 年开始，有研究人员利用以 3S 为代表的高新技术从事北京市森林立地类型研究，对北京市的林型和立地类型进行了科学的划分。这些工作标志着我国对精准林业的研究由零散、个别的研究进入了系统集成与平台建立阶段。随着一些经济发达地区精准林业示范基地的建立，我国的精准林业将由试验转向生产，由技术形成产业。

林业是与 3S 技术最为密切的行业之一。特别是生物育种中的地理变异、生态学中的林火管理与景观分析、森林培育中的立地条件分析、林业经济管理的地图应用、森林经理中的资源环境调查与监测评价、森林保护中的病虫害监测、水保与荒漠化防治中的监测和评价、林业工程中的道路建设、采伐中的林图编绘等，每一项都离不开 3S 理论与技术。

3S 技术在精准林业中起着至关重要的作用。GPS 与 RS 在 3S 中扮演着数据源的角色，能解决传统测量在林业实地测量中的局限性，为 GIS 提供充分的空间位置数据及其他相关数据；GIS 则起着数据存储、信息挖掘、辅助决策等重要作用。从空间的角度定量地对林业资源进行描述，在获取大量数据的基础上为决策者提供详细的信息，为决策的制定提供参考。结合林业建设与现代科技发展的需要，建立实时的、自动的林业 3S 技术系统，实现森林资源与生态环境综合调查监测和评价、水土保持监测、森林病虫害监测、防火灭火、森林培育、采伐利用及更新的一体化和自动化，从整体上解决相关问题，有助于实现精准林业。

随同其他各种先进技术的发展，3S 技术已经广泛应用于国内外精准林业的建设。在我国，精确林业的理论框架也在逐步完善，技术体系初步建立，应用领域也在进一步扩大，产业部门逐渐形成。

1. 森林资源调查及动态监测

森林资源的可持续发展要求对森林资源进行合理管理和利用，长期以来，资源作为一个动态的有机体，资源信息得不到及时更新，造成对森林资源长期发展的预测预报环节薄弱，从而不能及时为相应的森林资源管理与决策部门提供足够的信息。随着3S技术的不断发展，特别是遥感与地理信息系统的日益完善，遥感数据可直接进入地理信息系统，实现了3S技术的一体化，可及时、准确、高效地对森林资源信息进行更新，对森林资源进行动态监测，促进精准林业发展。

在森林资源动态监测方面，也一直都很重视现代科学技术的运用。Green 等利用 Land-Sat MSS 和基于早期航空遥感的植被图来估计马达加斯加东部雨林的面积，监测其在1950～1985年间的森林植被的消减速率，分析了森林砍伐与地形坡度和人口密度的关系，并用森林周长/面积比来作为森林破碎化的一种度量。Ardo 等利用 Landsat SS 和数字高程数据分析了德国与捷克边境地区针叶林在长达18年的森林覆盖的变化、森林砍伐与高程及坡度的关系、森林退化与 SO_2 和 NO_x 等点污染源的距离及方向的关系等，取得了极具意义的研究成果。我国早在“六五”期间就完成了“应用遥感技术进行森林资源动态监测”的攻关项目，取得了可喜的成果。早在1994年，游先祥就利用遥感信息复合方法完成了森林分类和动态监测研究。

在森林资源调查方面，借助3S技术能为小班调查中属性的解决提供帮助。在单株木因子提取方面已经有很多专家对利用遥感影像提取树木因子做了大量的研究。如 Meyer 等早在1994年就对瑞士 Swiss 高原上的一处森林开展了利用高分辨率的红外航空影像进行半自动化树种识别的研究，平均精度达到了71%。Maltamo 等开展了通过结合微波影像和直径分布模型对单株木式样的识别来对预估整个林分特征的研究。Mats Erikson 通过利用高空间分辨率航空遥感影像和不同树木树冠的形态学特征来区分单株木，其精度最高的可达到91%。Leckie 等在加拿大西海岸的一片幼龄针叶林中利用高空间分辨率多光谱航空影像数据的半自动化单株木树冠识别林分区划和林分组成的研究。

2. 森林灾害监测

森林灾害主要包括森林病虫害、森林火灾等。利用3S技术监测森林灾害，方法科学，手段先进。地理信息系统在空间数据和相应数学模型的基础上，可以完成各类复杂的空间分析，从而为森林灾害的防治提供参考。

1) 森林火灾防治

(1) 林火预测。林火预测是综合一定时期内的气象要素、地形、可燃物的干湿程度、可燃物类型特点和火源等，对森林可燃物燃烧危险性进行分析预测。预防为主、积极消灭是我国森林防火的工作方针，有效地利用精准林业技术体系做好林火的预测预报工作在实际工作中有着重大的意义。

(2) 林火监测。林火监测是通过相关手段，对可能发生的林火信息实施及时获取、传递、分析和应用的过程，其直接作用就是指导人们对林火实施扑救。

目前我国通过卫星遥感，利用极轨气象卫星、陆地资源卫星、地球静止卫星、低轨卫星探测林火，能够发现热点，监测火场蔓延的情况、及时提供火场信息，它探测范围广、搜集数据快、能得到连续性资料，反映火的动态变化，而且收集资料不受地形条件的影响，影像真切。但是准确率低，需要地面花费大量的人力、物力、财力进行核实，尤其是交通不便的地方，火情核实十分重要。从卫星过境到核查通知扑火队伍时间过长，起不到“打早、打小、打了”的作用。为弥补这一不足，可以通过安装在前端采集站的数字云台巡回监控覆盖区域的林区火情，一旦发现火情，通过有线或者无线网络将采集的信息、数据传输到森林防火监控指挥中心，利用地理信息系统对发生的火情、火警区域实现定位，并实时做出分析判断，还可以结合短信发布平台第一时间通知防火相关领导和人员，相关领导可以在监控中心通过视频进行实时远程调度指挥，同时可以采用航空护林手段，利用飞机开展火场观察探测，并可将空中拍摄画面传输至指挥中心，给出全方位的林火监测画面。

(3) 林火扑救指挥。全面真实的林火监控画面实时传送至指挥中心，以 GIS 为核心的指挥平台将发挥重要作用，它在现有的森林资源数据库、林相资料、森林资源统计数据、防火力量的配置、人员分布情况、历史数据等资源基础上，使其数字化、规范化、矢量化。目的是实现森林防火信息的规范化、标准化管理，纵向达到和有关部门数据交换与信息共享，为各业务部门提供资源数据的查询、更新等相关服务，实现信息共享，充分发挥信息系统的资源优势，建立高质量、高效率的森林防火辅助决策系统，为领导决策和机关办公提供服务。

指挥系统可以提供最近扑火队前往火情点最短路径以及通往现场的主要道路和通行能力，提供防火隔离带的位置和阻火能力，以及赶赴火场的时间等重要信息。在扑救指挥管理中，相关部门为实时掌握消防人员的地理位置和行进路线，可通过结合 GPS 进行消防人员及车辆的定位监控，将林业火场和扑火队伍的情况动态显示，并根据火灾地区的地形、生态、天气情况应用科学的分析模型对火灾蔓延情况做出预测，以便快速掌握扑火进程，合理指挥调度，利于扑火工作的顺利、快速开展，便于指挥员下达正确的扑火指令。

指挥平台还可以针对林火后进行损失评估及档案整理，可通过过火范围标注和 GPS 点导入绘制，自动计算过火面积、过火日期、过火时间等，并根据林相图计算出森林资源损失，供决策部门参考。除此以外，地理信息系统还可以用于防火隔离带管理、防火预备方案、联防区域管理、瞭望台管理、交通道路管理、扑火设备及物资管理以及计划烧除管理等。

综上所述，当森林火灾发生时，卫星遥感画面、地面监控画面和空中航拍画面将同时传送至指挥中心。以3S技术为核心，充分运用数字化手段反映林火管理现状，建立具有自动化、智能化和网络化特点的数字林火管理系统，是林火管理现代化的重要标志，是当今世界各国森林防火工作发展的目标和方向。以森林火警为例，一旦发生火警，依照GPS坐标，立即根据报警在地图上自动查询显示火警位置情况，并根据该模型对林火发生蔓延的可能性进行分析并做出定量的预测，同时叠加防火设施信息、地形信息、水系信息、居民点信息、行政区划信息等，系统迅速通过GIS中的缓冲区模型分析计算，显示出火区周围重要保护目标、人员分布情况、各防火设施至火警点线路等，科学合理地制订各种扑火计划，为领导部门指挥防火扑救进行人员设备调动调配提供技术和方法支持。早在1987年5月6日到6月2日发生在我国大兴安岭的特大森林火灾，烧毁森林总面积达到115万 hm^2。气象卫星在火点开始阶段首先发现并准确确定了火点位置，在火点扩展阶段监测了其发展动态，在最后阶段对火灾损失进行了准确的评估，取得了显著的社会、经济和生态效应。我国还进行了机—星—地航空遥感试验，实现了侧视雷达扫描图像的实时数字传输，保障了对灾害事件的全天候监测，并快速地通过通信卫星向远距离发送。近年来，此类监测更是不断增加。

2)森林病虫害防治

在森林病虫害防治方面，国内相关专家利用陆地卫星TM数据开展早期灾害点(或虫源地)监测，利用航天遥感数据对虫源地实施的有效监测，这都为航天遥感技术用于重大森林病虫害的宏观监测和预警工作提供了实例。同时，专家们还基于3S技术提出了利用中低分辨率遥感卫星数据在时间序列上的累计环境变化响应，并结合GIS技术、人工智能等技术来共同监测松材线虫病的新方法。

3. 野生动物资源调查

在野生动物调查中，3S技术的应用主要表现在：可以利用GPS在行走调查样带时进行起始点的寻找及行走过程的导航功能，用以保证样带的准确性；利用遥感图像进行景观类型划分和野生动物栖息地监测，进而确定与野生动物生活密切相关的生态因子；利用GIS可以很方便地将野生动物数量、分布及其动态变化规律与其栖息地保护管理的状况关联起来，进行综合的分析，并将结果以图形或数据形式表示出来，形成各种调查报告及图面材料，为管理决策行为提供具有位置准确性的直观信息。国外已经有成功利用此技术的经验，如Pornse利用遥感技术对Knaha国家公园鹿的栖息地进行研究，为国家公园的规划管理提供了良好的决策支持。

4. 林业综合管理决策

3S技术在林业的综合管理决策上也发挥着举足轻重的作用。各种管理系统是建立在 GIS 开发平台上的决策支持系统，同时综合了专家系统和模型系统，它根据专家在长期的生产实践中积累的知识经验，建立作物栽培、统计趋势与预测、决策管理等相关模型，为精准林业的建设提供支撑。

8.4　人工智能在精准林业中的应用

随着整个社会信息化进程的不断加快，数字化和网络化的信息环境在加速形成。在以人为本的理念支撑下，人工智能技术在各个方面都得到了广泛青睐与应用。人工智能是一门知识工程学，以知识为对象，研究知识的表示方法、知识的运用和知识获取。它主要试图通过模仿如演绎、推理、语言和视觉辨别等人脑的行为，最大限度地提升计算机在实际运用中的价值。精准林业要有更快和长足的发展，需要 3S 技术、信息技术、决策技术、可变量控制技术作为支撑，而人工智能是这些技术的核心内容，是推动精准林业不断向前发展的引擎，所以林业系统的专家和学者无疑都要切实地考虑人工智能技术在精准林业中的运用和发展前景。

1. 人工智能在林业专家系统中的运用

目前，人工智能技术在国内林业中的应用主要是作为林业信息采集系统、林业信息处理与管理系统、林业决策支持系统、林业信息专家系统、林业预测支持系统。其中某些系统还处于实验阶段，还不能在林业领域内大力推广。而国外应用相当广泛的是林业专家系统，它是在林业专家知识水平上处理非结构化问题的有力工具，它能模拟林业领域里专家求解问题的能力，对复杂问题做出林业专家水平的结论。林业专家系统广泛地总结了不同层次的知识和经验，比任何一位林业专家都更具有权威性。

1) 林业专家系统的模型结构

与一般的专家系统相比，林业专家系统的知识工程库内存储了更多的林业专家的理论和实践知识，且在林业信息决策方面的判断更具有权威性。从软件结构的角度来分类，林业专家系统可以分为知识工程库系统、数据库系统、推理系统、控制系统、解释系统、数据模型分析系统、知识处理系统。其中推理系统主要由推理机来处理，并且在推理软件的程序端口嵌入人工智能程序并加以升级。用户通过界面与专家系统之间的交流由解释器来翻译。由此，经过笔者改进的林业专家系统结构如图 8-1 所示。

2) 林业专家系统运行的机理

林业专家系统运行的机理表现为：友好的人机界面，使专家、用户和计算机之间的通信交流更加流畅，并可指导用户使用；能及时向用户输出处理后的决策结果。专家把林业系统中专业性知识通过交互界面输入计算机中，计算机通过系统内部对知识进行处理，并将其存入知识工程库。

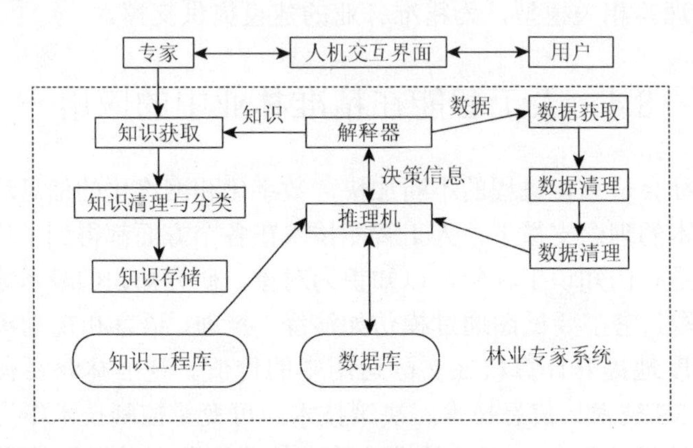

图 8-1　系统结构

知识工程库通过推理机与数据库进行交互，使推理机不断积累判断经验，为用户提供正确决策信息。用户向系统输入一定的数据格式要求求解，通过解释器和数据模型分析以后，再经过推理机的运作机制做出模糊求解，给用户一个正确答案。在系统的运行过程中采用的机制是人工智能的思维模式与推导过程。

2. 人工智能在林业预测支持系统中的运用

精准林业的研究目标是低投入、低能源、低消耗、高产出，既保护生态环境又有很高的效益。因此林木的栽培管理、作物产量的空间分布、生产管理及其长势预测、投入产出分析模拟等都需要一个很好的估计。通过预测系统对森林的生长实现精准的计测，人为实施调控，提出科学处方，进而实现科学种植、精准作业、提高产值的目标。

在预测系统中可以输入许多预测模型，如火灾预测模型、病虫害发生预测模型、木材消亡回归预测模型、苗情预测模型等。这些模型的输入是今后决策分析时的依据。

3. 人工智能在精准林业中的发展方向

随着技术的不断进步，人工智能技术正在以我们难以想象的速度发展。而我们所要做的就是把其他领域中的人工智能技术运用到精准林业中，给精准林业的应用和开发带来新的生命力。国家林业局信息化建设的目标是要建成一个集语音、数据、图像于一体的宽带综合业务数字网，实现数字化、宽带化、综合化、个人化，各林业局形成一个统一的林业信息通信网络系统。在这个大前提下，精准林业中的信息系统也必定要朝着网络化的方向发展，网络化的人工智能技术将占主导地位，因此我们要运用人工智能技术并挖掘其在网络中的高新技术应用，以更好地为精准林业服务。

复习思考题

8-1 精准林业技术的概念和特点是什么？简述精准林业技术的流程。

8-2 3S 和人工智能技术在精准林业技术中有哪些具体应用？

参 考 文 献

[1] 李宝筏. 农业机械学[M]. 北京：中国农业出版社，2003.
[2] 衣淑娟，张伟. 农业机械学[M]. 哈尔滨：东北林业大学出版社，2010.
[3] 蒋恩臣. 农业生产机械化[M]. 北京：中国农业出版社，2003.
[4] 何勇. 精确农业[M]. 杭州：浙江大学出版社，2003.
[5] 高焕文. 农业机械化生产学[M]. 北京：中国农业出版社，2002.
[6] 南京农业大学. 农业机械学[M]. 北京：中国农业出版社，1996.
[7] 北京农业机械化学院. 农业机械学[M]. 北京：中国农业出版社，1986.
[8] 镇江农业机械学院. 农业机械学[M]. 北京：中国农业机械出版社，1982.
[9] 耿端阳，张道林，王相友，等. 新编农业机械学[M]. 北京：国防工业出版社，2015.
[10] 张强，梁留锁. 农业机械学[M]. 北京：化学工业出版社，2016.
[11] 丁为民. 农业机械学[M]. 北京：中国农业出版社，2016.
[12] 东北林学院. 林业机械(营林机械理论与计算)[M]. 北京：中国林业出版，1990.
[13] 东北林学院. 林业机械(林业起重运输机械)[M]. 北京：中国林业出版，1992.